Chimie et expertise

Sécurité des biens et des personnes

Cet ouvrage est issu du colloque « Chimie et expertise. Sécurité des biens et des personnes », qui s'est déroulé le 12 février 2014 à la Maison de la Chimie.

« COLLECTION CHIMIE ET ... »
Collection dirigée par Bernard Bigot
Président de la Fondation internationale de La Maison de la Chimie

Chimie et expertise

Sécurité des biens et des personnes

René Amalberti, Patrick Arpino, Pierre Carlotti, Pierre Charrue, Guillaume Cognon, Laurence Dujourdy, Frédéric Dupuch, Bruno Feignier, François Fontaine, Bertrand Frère, Pereira-Rodrigues, Pauline Sibille, Gérard Sousi, Pierre Toulhoat, Patrick Touron, Bruno Vanlerberghe et Philippe Walter

Coordonné par Minh-Thu Dinh-Audouin, Danièle Olivier et Paul Rigny

Fondation de la Maison de la Chimie
edp sciences
l'actualité chimique livres

Conception de la maquette intérieure et de la couverture :
Pascal Ferrari et Minh-Thu Dinh-Audouin

Images de couverture :
Chimiste prenant une photo, scène de crime, chimiste dans laboratoire mobile, policier avec œuvres d'art : LCPP.
Appareil d'analyse, analyse de profils génétiques : INPS.
Images de la 4e de couverture :
IRCGN.

Iconographie : Minh-Thu Dinh-Audouin

Mise en pages et couverture : Patrick Leleux PAO

Imprimé en France

ISBN : 978-2-7598-1655-2

EDP Sciences
17, avenue du Hoggar, P.A. de Courtabœuf, BP 112
91944 Les Ulis Cedex A, France

Ont contribué à la rédaction de cet ouvrage :

René Amalberti
Conseiller sécurité du patient à la HAS
Directeur scientifique de la Prévention médicale-Groupe MACSF
Directeur de la Fondation pour une culture de Sécurité Industrielle (FONCSI)

Patrick Arpino
Ancien directeur de recherche au CNRS
Laboratoire d'Électrochimie, chimie des interfaces et modélisation pour l'énergie (ENSCP, Chimie ParisTech)

Pierre Carlotti
Directeur
Laboratoire Central de la Préfecture de Police (LCPP)

Pierre Charrue
Direction des applications militaires
CEA

Guillaume Cognon
Chef d'escadron de Gendarmerie
Département Environnement Incendies Explosifs
Institut de Recherche Criminelle de la Gendarmerie Nationale (IRCGN)

Laurence Dujourdy
Expert Stupéfiants
Institut National de Police Scientifique (INPS)

Frédéric Dupuch
Directeur
Institut National de Police Scientifique (INPS)

Bruno Feignier
Directeur Sécurité et Non-prolifération
Commissariat à l'Énergie Atomique et aux énergies Alternatives (CEA)

François Fontaine
Coordinateur de l'activité « Sécurité Globale »
Institut National de l'Environnement Industriel et des Risques (INERIS)

Bertrand Frère
Ingénieur Principal des Services Techniques
Département Environnement Incendies Explosifs
Institut de Recherche Criminelle de la Gendarmerie Nationale (IRCGN)

Armand Lattes
Professeur Émérite des Universités
Université Paul Sabatier (Toulouse)

Sandrine Pereira-Rodrigues
Chef de la section Intervention et produits inconnus au pôle Explosifs, Intervention, Risques chimiques
Laboratoire Central de la Préfecture de Police (LCPP)

Pauline Sibille
Ingénieur en Toxicologie
Laboratoire de Toxicologie de la Préfecture de Police
Institut National de Police Scientifique (INPS)

Gérard Sousi
Président Institut Art et Droit

Pierre Toulhoat
Directeur Scientifique
Institut National de l'Environnement Industriel et des Risques (INERIS)
Académie des Technologies

Colonel Patrick Touron
Officier de gendarmerie
Directeur adjoint de l'Institut de Recherche Criminelle de la Gendarmerie Nationale (IRCGN).

Bruno Vanlerberghe
Chef du pôle Explosifs, Intervention, Risques chimiques
Laboratoire Central de la Préfecture de Police (LCPP)

Philippe Walter
Directeur de Recherche au CNRS
Laboratoire d'Archéologie Moléculaire et Structurale (LAMS) UMR 8220/UPMC

Équipe éditoriale :

Minh-Thu Dinh-Audouin, Danièle Olivier et Paul Rigny

Sommaire

Partie 3
Les nouvelles techniques d'investigation

Avant-propos

Danièle Olivier et Paul Rigny, *Fondation de la Maison de la Chimie*

La Fondation de la Maison de la Chimie s'attache à faire prendre conscience à tous de ce que les progrès constatés de nos vies quotidiennes doivent à la chimie. Elle veut ainsi se pencher sur la réalité de ce qui nous entoure : les objets quotidiens, les vêtements, nos habitations, nos loisirs, nos médicaments, etc. Sans exception, ces progrès proviennent de développements proposés par les laboratoires de recherche en chimie et mis en œuvre par les industriels.

La Fondation a ainsi créé, en 2010, un cycle de colloques « Chimie et... », qui traitent successivement de domaines d'applications de la chimie. Depuis *La chimie et la mer*, le premier colloque, au plus récent, *Chimie et expertise, sécurité des biens et des personnes*, le premier de l'année 2014, ce sont onze colloques qui se sont ainsi déroulés. Chacun a réuni près de mille personnes, acteurs dans le domaine de la recherche en chimie ou dans les entreprises industrielles de la chimie, mais aussi étudiants orientés vers la chimie, venus en grand nombre prendre la dimension des applications qui leur sont ouvertes.

Les colloques sont l'occasion pour les participants d'écouter les meilleurs spécialistes des sujets traités – représentants des laboratoires à la pointe des applications concernées et représentants des industries engagées dans la fabrication et la promotion des objets ou l'élaboration des méthodes qui en permettent la mise en œuvre. Chaque présentateur fait l'effort de se mettre à la portée des non-spécialistes, sans cacher sa passion personnelle pour le sujet.

Les messages des colloques sont trop élaborés pour qu'on ne veuille pas les conserver afin de s'y reporter. C'est pourquoi une collection de livres « Chimie et... » a été ouverte par la Fondation de la Maison de la Chimie qui reprend les contenus des colloques et met les conférences sous forme de chapitres de livres qui pourront être diffusés à toute une variété de lecteurs : citoyens intéressés au progrès technique, professeurs désireux de trouver des supports concrets pour leur enseignement, élèves ou étudiants débutants voulant saisir les tendances de la recherche et de l'innovation.

La présente publication du livre *Chimie et expertise, sécurité des biens et des personnes* est le onzième volume de la série. Le sujet se distingue des autres par son tour moins industriel, moins tourné vers la fabrication d'objets, mais pourtant tout aussi concerné par le progrès scientifique et technique. **La sécurité est affaire de société** car il s'agit avant tout de répondre à des demandes des citoyens sur les fondements des contacts sociaux dans lesquels ils vivent. Ce sont les instances judiciaires, aidées des forces de police et de gendarmerie, qui sont en l'occurrence à l'œuvre. Celles-ci, voulant s'intégrer les possibilités les meilleures offertes par la technique, n'ont pas manqué de rencontrer la chimie, ses laboratoires et ses progrès, ici présentés dans les différents chapitres.

La Fondation de la Maison de la Chimie célèbre cette année son quatre-vingtième anniversaire. Cet âge pourrait paraître bien auguste déjà, mais notre collection montre qu'il faut le comprendre comme un âge toujours dynamique, où la chimie est toujours aussi cruciale à la civilisation et où il est toujours aussi nécessaire de se dépenser pour la faire connaître et apprécier à la juste valeur des services qu'elle rend.

Modernité oblige, cette richesse d'informations fournie par les livres de la collection est maintenant accessible par le site Internet www.mediachimie.org, que la Fondation a créé en 2012 à destination tant de l'enseignement de la chimie qu'à celle du grand public, curieux de connaître la réalité technique en profondeur. Que nos lecteurs se rendent sur ce site et cherchent les réponses à leurs questions... Nul doute qu'ils ne reviennent pour approfondir à la lecture, à côté de celles de nombreuses ressources proposées, de l'un des volumes de la collection « Chimie et... », l'un des onze parus, ou l'une des parutions futures.

Danièle Olivier,
Vice-présidente de la Fondation de la Maison de la Chimie

Paul Rigny,
Conseiller scientifique auprès du président de la Fondation de la Maison de la Chimie

Préface

Bernard Bigot *Président de la Fondation Internationale de la Maison de la Chimie*

Le thème de la sécurité est aujourd'hui au centre des préoccupations de la population dans tous domaines, parfois même peut-être un peu trop, car l'exigence zéro danger, zéro défaut est parfois impossible à atteindre et le principe de précaution ne doit pas devenir synonyme d'immobilisme. Ce thème est si large qu'un seul ouvrage ne peut en couvrir tous les aspects, et nous avons décidé de le traiter en deux parties, en ce qui concerne le domaine ciblé et l'objectif.

Ce premier ouvrage est focalisé sur l'enquête :

– l'enquête préventive en termes de fraude, de menace d'attentats, de risques d'accidents industriels ;

– en termes d'efficacité des enquêtes de vols, d'escroqueries, d'agressions, d'accidents industriels et d'attentats, afin de mettre en œuvre une juste répression pour dissuader la malveillance.

Un second ouvrage de la même collection prévu fin 2015 sera centré sur la sécurité environnementale et sanitaire.

La première partie présente la vision des enquêteurs du XXIe siècle du rôle joué et à jouer par les chimistes. Les directeurs des organismes et instituts en charge aujourd'hui en France, des enquêtes criminalistiques de toute nature, donnent leur point de vue : police criminelle, risque industriel, sécurité globale, et nous informent sur la place de la chimie dans les nouvelles techniques d'investigation qu'ils mettent en œuvre ou qui sont en cours de développement.

Les moyens techniques et scientifiques utilisés doivent être à la hauteur des enjeux pour fournir des technologies de plus en plus fiables et rapides en moyen de détection et de caractérisation, et pour pouvoir appréhender des scènes de crime ou d'accidents particulièrement complexes. La seconde partie fait le point sur les plus récents développements de la recherche chimique et physicochimique dans cet objectif, tandis que la troisième partie décrit sur des cas concrets, issus d'enquêtes réelles, les techniques, les protocoles et les stratégies mis en œuvre dans les investigations sur les stupéfiants, les explosifs et les accidents chimiques industriels.

Les experts scientifiques, et notamment les chimistes, sont non seulement devenus indispensables dans les enquêtes judiciaires pour fournir les preuves indispensables à l'établissement des faits, mais aussi pour tirer les conséquences qui permettent à l'État et à ses services de mieux assurer en tout lieu et en toute circonstance la sécurité du citoyen et la défense de ses droits.

Ils ont la parole dans leurs différents domaines de compétence tout au long de cet ouvrage dont la conclusion est un chapitre sur la perception des exigences actuelles du citoyen dans le domaine sécuritaire.

Il ne se passe pas une semaine sans qu'une série télévisée traite de manière spectaculaire de l'un ou l'autre des exemples expliqués dans cet ouvrage par les meilleurs experts au niveau national pour vous informer avec rigueur, exactitude et précision, et répondre honnêtement à nos interrogations et à nos inquiétudes ; je suis certain que vous en ferez une passionnante lecture

Bernard Bigot
Président de la Fondation Internationale de la Maison de la Chimie
Administrateur Général du CEA

Introduction

Armand Lattes est Professeur Émérite de l'Université Paul Sabatier (Toulouse).

1 Un peu d'histoire

Dès le XIIIe siècle, comme on le voit parfois dans les émissions de télévision, des policiers ou des personnes intéressées par les problèmes de sécurité effectuaient des recherches. Mais en raison des moyens limités dont ils disposaient, on ne peut vraiment pas parler de police scientifique ! Le premier exemple d'investigation reposant sur des travaux scientifiques est revendiqué par les canadiens : en 1859, Henry Holmes Croft, témoin au procès d'un certain docteur King, indiqua qu'il avait trouvé onze grains d'arsenic dans l'estomac du cadavre de Madame King, ce qui a valu bien évidemment la condamnation du docteur King.

En France, la police scientifique a été créée il y a un peu plus de cent ans. Le principal fondateur était le docteur Locard qui exerçait à Lyon (***Figure 1***). Il était lui-même élève du professeur Lacassagne (***Figure 2***) et a ouvert le premier laboratoire de police scientifique à Lyon en 1910. On imagine que les laboratoires de cette époque ressemblaient à celui de la ***Figure 3***.

Figure 1

Le docteur Edmond Locard.

Figure 2

Signature du professeur Lacassagne.

Figure 3

Laboratoire dans la première moitié du XXe siècle.

2 La chimie dans la police scientifique : une palette très diversifiée

Les émissions télévisées ont médiatisé depuis des années de nombreux exemples d'expertises de la police scientifique dans lesquelles intervient la chimie.

2.1. Révéler les traces de sang par le luminol

On y voit en particulier que l'on met en évidence assez facilement des traces de sang qui apparaissent par fluorescence quand on ajoute une molécule appelée luminol. La fluorescence du luminol est catalysée par le fer qui se trouve dans l'hémoglobine du sang (***Figure 4***).

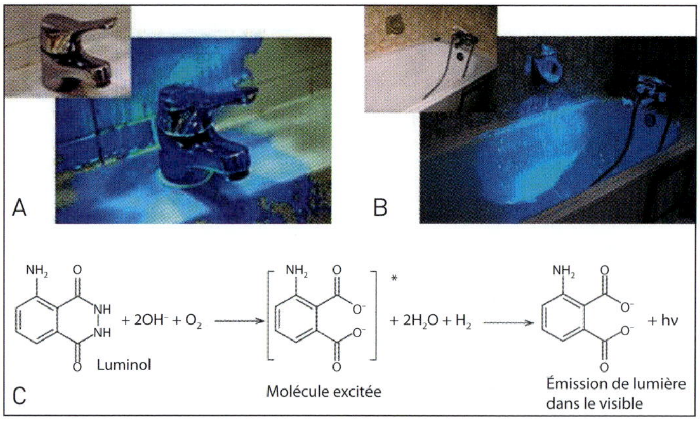

Figure 4

A et B) Détection de traces de sang par fluorescence du luminol ; C) réaction du luminol en présence de sang, conduisant à la fluorescence.

2.2. Détecter les chèques falsifiés et les faux billets

L'étude de l'encre pour la détection de chèques falsifiés (***Figure 5***) et l'analyse des fibres dans les faux billets (***Figure 6***) sont d'autres exemples.

Il est intéressant de constater qu'il y avait déjà des faux monnayeurs au temps des Gaulois. La ***Figure 7A*** montre une vraie pièce et la ***Figure 7B***, une pièce falsifiée à cette époque. Celle-ci est en cuivre recouverte d'argent (2 % d'argent),

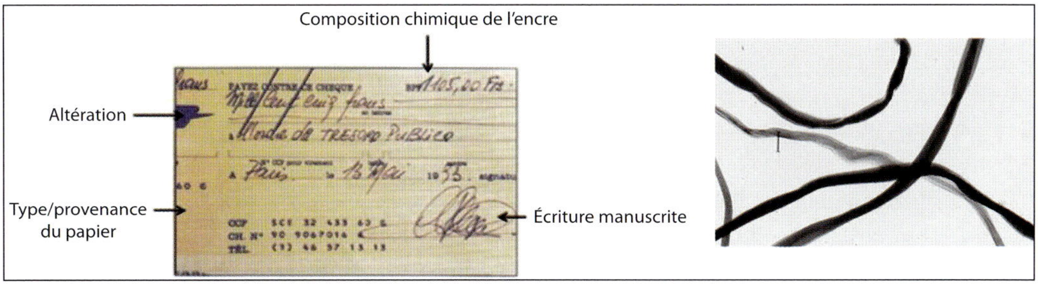

Figure 5

Expertise scientifique d'un chèque suspect. L'analyse met en évidence une réinsertion frauduleuse du chiffre 1 au niveau du montant délivré.

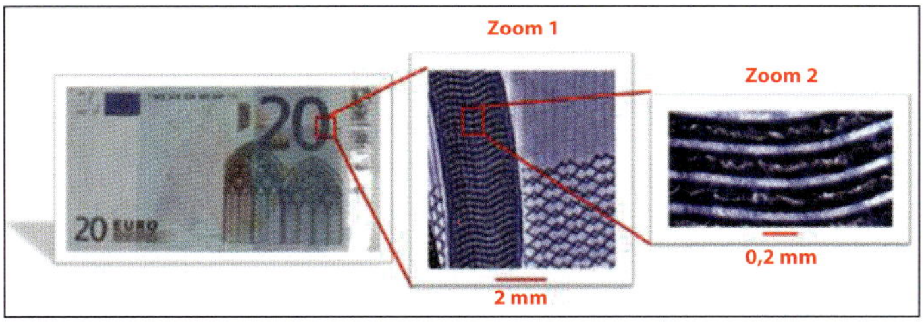

Figure 6

Image du billet analysé par imagerie moléculaire. Les imageries laser-doppler puis Raman de la région « zoom 1 » sont achevées avec une pixellisation de 100 µm et de la région « zoom 2 » avec une pixellisation de 25 µm.

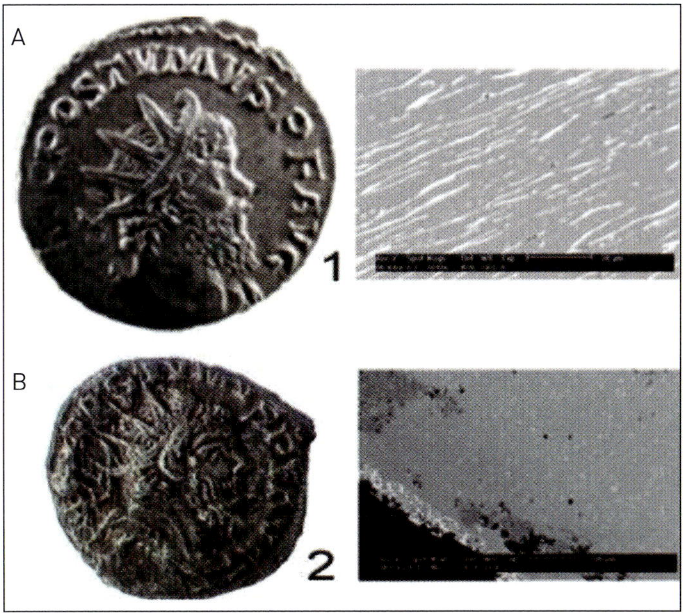

Figure 7

Pièces gauloises : pièce officielle (A) et pièce falsifiée (B), avec images par microscopie électronique.

alors que la pièce officielle est un alliage de cuivre et d'argent (17 % d'argent). Aujourd'hui cette fraude serait très rapidement mise en évidence, en particulier par microscopie électronique !

2.3. Détecter les fraudes alimentaires

La détection des fraudes concerne de nombreux autres domaines qui ne seront pas traités dans cet ouvrage. On peut citer la fraude aux grands crus (***Figure 8***). Par exemple, un indonésien, M. Kurniawan, a mélangé des crus et les a fait passer pour des vieux Châteaux Petrus. Malheureusement pour lui, il a commis l'erreur de mettre sur une bouteille une étiquette de 1929 alors que ce grand cru n'a été commercialisé qu'en 1934. Il n'y avait donc même pas besoin de l'analyse chimique pour détecter la fraude.

Il y a maintenant trois ans, des chinois à la tête d'une grande société laitière, extrayaient les protéines du lait pour les revendre sous une autre forme. Comme cela diminuait sensiblement le taux d'azote dans le lait, ils ajoutaient de la mélamine pour remonter ce taux (***Figure 9***). Cette molécule contient énormément d'azote, de telle sorte qu'avec 1 gramme de mélamine, on a l'équivalent d'environ 4 grammes de protéine. Mais cette molécule est toxique et a provoqué de nombreux décès, en particulier parmi les nourrissons. La quantité de produit ainsi fabriqué était considérable d'où les dégâts considérables provoqués par cette fraude.

Figure 8

La chimie peut dans de nombreux cas intervenir pour détecter les fraudes dans le vin.

2.4. Rechercher les stupéfiants

Nous parlerons beaucoup dans cet ouvrage du rôle que remplissent à la fois la gendarmerie et la police scientifiques dans la problématique des drogues (***Figure 10***). Comme nous le verrons, les drogues sont de différentes natures. Attirons, à titre d'exemple, l'attention des jeunes sur la « drogue des violeurs », drogue qui, sous forme de pilule mise discrètement dans un verre au cours d'une soirée, endort la victime qui ne se souvient plus ensuite de ce qui s'est passé (***Figure 11A***). Cette drogue peut être soit du rhodinol, de la kétamine ou du GHB (gamma-hydroxybutyrate).

Il faut savoir qu'il existe maintenant un produit mis au point en Israël par M. Abramson qui change de couleur au contact de l'une ou l'autre de ces trois substances. On trouve maintenant des verres dans lesquels se trouvent de petites tiges (***Figure 11B***), ou encore des pailles (***Figure 11C***), qui prennent une couleur rouge en présence de l'une de ces drogues.

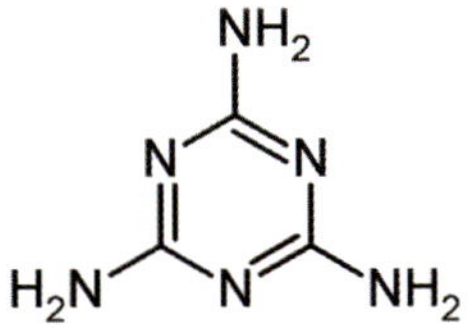

Figure 9

Lait trafiqué contenant de la mélamine (structure chimique à droite), intercepté par les autorités.

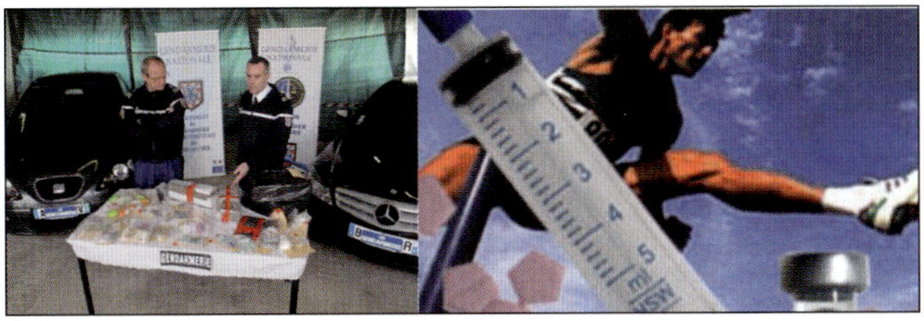

Figure 10

La recherche des drogues est une activité importante de la gendarmerie et de la police scientifiques.

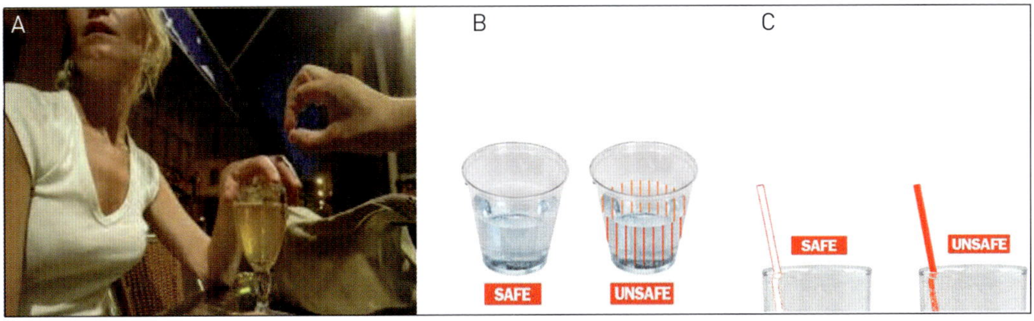

Figure 11

A) La drogue du violeur. Verres (B) et pailles (C) mis au point par M. Abramson et détectant les substances telles que le GHB, la kétamine ou le rhodinol.

2.5. L'expertise des œuvres d'art

Nous verrons dans cet ouvrage que la protection et la sécurité concernent aussi les biens culturels. Il s'agit par exemple de vérifier qu'un tableau est d'origine ou qu'il a été réalisé par un faussaire (***Figure 12***).

2.6. Lutter contre le terrorisme

Des exemples d'enquêtes et de protection contre des attentats terroristes seront également présentés. Les exemples traités concerneront surtout les attentats à l'explosif, mais l'utilisation de toxiques de guerre consti-

Figure 12

L'authentification des œuvres d'art peut faire l'objet d'enquêtes policières.

tue une menace bien plus dangereuse. Les attaques terroristes sont susceptibles d'être menées à l'aide de différents gaz tels que le gaz moutarde, l'ypérite, les gaz VX et le sarin (***Figure 13A***), qui sont des produits extrêmement toxiques. Le sarin a été utilisé par la secte Aum en 1995 à Tokyo (***Figure 13B***). Dans le métro de Tokyo, un attentat a causé douze décès, et plusieurs milliers de personnes ont été atteintes (***Figure 13C***). Dans le cas de tels attentats, il est indispensable d'identifier rapidement la nature du gaz. En 1995, les enquêteurs japonais ont d'abord pensé que le toxique utilisé était le cyanure et ont traité les personnes atteintes en conséquence. Fort heureusement, un professeur d'université qui était à l'écoute à la télévision a observé les symptômes et leur description et en a conclu qu'il s'agissait certainement du sarin. À partir de son intervention, les protocoles à suivre pour soigner les personnes atteintes par un gaz neurotoxique ont été mis en place.

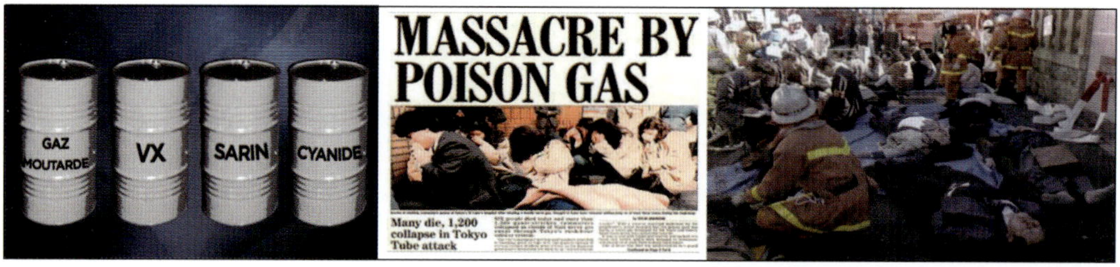

A B C

Figure 13

A) Différents gaz toxiques ; B) article concernant l'attaque par la secte d'Aum par le gaz sarin ; C) victimes de l'attentat du métro de Tokyo.

2.7. Protéger les informations

Pour terminer, il ne faut pas oublier la protection des renseignements (***Figure 14***) ; c'est un vaste sujet qui ne sera pas abordé dans cet ouvrage. La chimie n'en est pas totalement absente car une grande partie des constituants d'un ordinateur est passée entre les mains des chimistes, comme décrit dans l'ouvrage *Chimie et technologies de l'information* (EDP Sciences, 2014).

Figure 14

La protection des informations est un vrai sujet qui concerne la sécurité des biens et des personnes.

Partie 1

Les enquêteurs du XXIe siècle ont besoin des chimistes

La vision des Instituts et organismes nationaux

La police scientifique

Frédéric Dupuch est directeur de l'Institut National de Police Scientifique (INPS[1]) à Ecully.

Les séries télévisées, même si les faits rapportés sont plus ou moins proches de la réalité, ont beaucoup contribué à ouvrir l'image de la police scientifique au grand public.

Mais au-delà de cette mode médiatique, le **Chapitre de P. Arpino** de *Chimie et expertise, sécurité des biens et des personnes* (EDP Sciences, 2014) montre le développement et les progrès extraordinaires accomplis par la chimie de base et mis au service de la police scientifique et des techniques associées. Cependant, ces nouvelles méthodes ont un coût élevé dont il faut tenir compte dans une période de crise.

L'objectif de ce chapitre est donc de montrer la vraie stratégie conduite par les acteurs de la criminalistique, la réalité de ce qui se fait, les objectifs et les méthodes pour faire progresser la précision des enquêtes, et, dans tout cela, l'utilisation de la chimie au bénéfice de la lutte contre la délinquance.

1 La place de la chimie dans la lutte contre la délinquance

On distingue classiquement deux stades d'actions dans la lutte contre la délinquance : la prévention et la répression.

1.1. La prévention

La prévention consiste souvent en des mesures classiques de dissuasion telles que les patrouilles de police ou de gendarmerie, les agents de sécurité, ou en des protec-

1. www.police-nationale.interieur.gouv.fr/Organisation/Etablissements-publics/INPS

tions physiques telles que les portes et les alarmes électroniques.

La chimie y prend progressivement sa place sous l'angle des détections de substances suspectes, avec par exemple :

– l'introduction d'un test dans une boisson pour révéler la présence ou non de la « drogue du violeur »[2], occasion de rappeler aux jeunes filles qu'il faut se servir soi-même, ne pas lâcher son verre, vérifier que les canettes ou les petites bouteilles leur parviennent fermées et ne jamais accepter de verre non servi devant soi… ;

– l'utilisation de marqueurs codés, c'est-à-dire de produits invisibles à l'œil nu, apposés préventivement sur des objets, ou même vaporisés après un vol pour laisser des stigmates sur les auteurs d'infractions quittant les lieux.

1.2. L'investigation et la répression

C'est surtout au stade de la répression qu'intervient la chimie. Le terme « répression » n'a rien de péjoratif, il s'agit en matière de sécurité des biens et des personnes de la mission d'investigation que le code de procédure pénale considère comme intégrée juridiquement au métier de la police judiciaire.

2. La « drogue du violeur » qualifie le GHB (gamma-hydroxybutyrate), un psychotrope dépresseur se mélangeant facilement à l'alcool. Inodore et incolore, au goût très léger, il a été utilisé à partir des années 1990 pour provoquer chez les victimes de violeurs une désinhibition, voire un état hypnotique et une amnésie.

L'investigation est la constatation des infractions et la recherche des auteurs, dans le but de les présenter à la justice. C'est à ce niveau qu'intervient la police scientifique comme **outil d'aide à l'investigation** : elle n'existe que pour apporter son soutien à cette mission ; elle n'est pas une fin en elle-même, ne choisit pas ses dossiers et ne dirige rien, elle exécute ce que lui demandent les enquêteurs.

1.3. Les principes de la police scientifique

L'INPS suit toujours les principes de l'école d'Edmond Locard (***Figure 1***), père fondateur de la police scientifique et du premier laboratoire spécialisé en 1910, qui a su, voici cent ans, conceptualiser ce qu'est la police scientifique.

1.3.1. Le principe de l'échange

Lorsque vous allez et agissez quelque part, vous laissez des traces de votre passage : des empreintes de pas, des éléments biologiques, des traces papillaires (empreintes digitales ou palmaires), un bout de fil qui va tomber, un capuchon de stylo qui va choir… Et vous repartez emportant avec vous des traces des lieux ou de la personne au contact desquels vous vous êtes trouvé : de l'ADN, des cheveux (ou poils), des fibres, des morceaux de verre, de la terre… C'est **le principe de l'échange** qui est au cœur de la police scientifique, laquelle recherche les traces de ces échanges et les analyse pour montrer qu'il y a eu un contact. À charge pour l'enquêteur et le juge d'en tirer les conséquences. Dans

Figure 1

Edmond Locard, père fondateur du premier laboratoire de police scientifique.

bien des séries télévisées, y compris *Les Experts*, on parle fréquemment de ce principe d'échange de Locard, universellement prôné.

1.3.2. Le principe du croisement des sciences

Le second principe est celui du **croisement des sciences**, qui, pour Edmond Locard, mène à la vérité et consiste à utiliser toutes les techniques contemporaines disponibles. Avec cent ans de moins, Locard serait sûrement aujourd'hui un adepte du numérique car c'était un homme tourné vers l'avenir et l'utilisation de toutes les opportunités offertes par la science.

1.3.3. Une structure adaptée : l'INPS

Enfin, Edmond Locard avait compris que pour appliquer ces concepts, il fallait disposer d'une structure adaptée, un laboratoire. C'est ainsi qu'il créa, en 1910 à Lyon, le premier laboratoire de police scientifique, avec quatre ou cinq personnes, un bec Bunsen et un microscope, dans les combles du palais de Justice. L'**INPS** en est l'héritier.

2 L'Institut National de Police Scientifique (INPS)

2.1. Enquête et police scientifique

Avant de parler de l'INPS et de son utilisation de la chimie, il convient de percevoir comment, très schématiquement, s'organisent l'enquête et la police scientifique en France. (***Figure 2***) :

– les **services enquêteurs** recueillent les traces **sur le terrain** et réalisent les exploitations les plus simples, par exemple les recherches de traces papillaires par des méthodes relativement classiques. Il existe trois grandes « institutions » d'enquêteurs en France : la Direction Générale de la Gendarmerie Nationale (**DGGN**), la Direction Générale

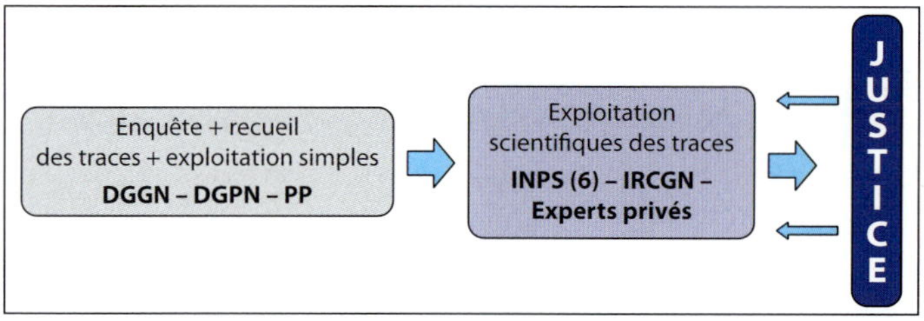

Figure 2

Les étapes de l'enquête.

de la Police Nationale (**DGPN**) et la Préfecture de Police (**PP**), qui couvre avec une certaine autonomie Paris et les trois départements de la petite couronne ;

– l'**exploitation scientifique des traces** : si les services enquêteurs réalisent un certain niveau d'analyses, il faut parfois passer à un second niveau d'exploitation scientifique. C'est là qu'interviennent les laboratoires plus spécialisés en criminalistique avec, dans le service public, deux entités : l'INPS avec ses six laboratoires, et l'Institut de Recherche Criminelle de la Gendarmerie Nationale (**IRCGN**) de Rosny-sous-Bois (voir le ***Chapitre de P. Touron*** dans *Chimie et expertise*, EDP Sciences, 2014).

Ce niveau est le seul domaine de l'activité régalienne de sécurité qui ne soit pas exclusivement réservé au pouvoir étatique, et des experts privés interviennent également tous les jours dans le domaine de la criminalistique ;

– l'**enquête et la justice** : services enquêteurs et laboratoires travaillent tous pour éclairer la justice, c'est-à-dire les magistrats qui sont destinataires de tous les documents d'analyse ou d'expertise. Ces magistrats peuvent également saisir directement des laboratoires et des experts pour obtenir un nouvel éclairage dans certains dossiers, mais c'est une situation moins fréquente. Il s'agit alors d'*ordonnances de commissions d'experts* qui viennent de juges d'instruction, ou parfois de réquisitions du procureur de la République.

2.2. L'intervention de l'INPS : une expertise nationale en réseau de proximité

L'INPS est un établissement public administratif (EPA) sous tutelle du ministre de l'Intérieur créé par la loi sur la sécurité quotidienne de novembre 2001 et actif depuis 2005. C'est une institution implantée dans les cinq plus grands bassins de criminalité et qui regroupe six laboratoires : Lille, Paris (pour deux laboratoires), Lyon (le berceau d'origine), Marseille et Toulouse (***Figure 3A***).

Sa mission et ses compétences sont nationales, mais les six implantations ont le mérite d'une offre de semi-proximité à travers la France.

L'INPS emploie 750 agents dont 154 sont habilités à réaliser des missions particulièrement spécialisées ; ce sont généralement des ingénieurs, qui ont tous un niveau de formation, de diplôme, d'ancienneté et d'expérience leur permettant d'être les signataires au nom de la personne morale INPS, elle-même expert agréé par la Cour de Cassation. L'INPS travaille pour tous les demandeurs, qui sont majoritairement les services de police, pour 84 %, (***Figure 3B***), mais également pour 5 % des ordonnances de commission d'experts, donc

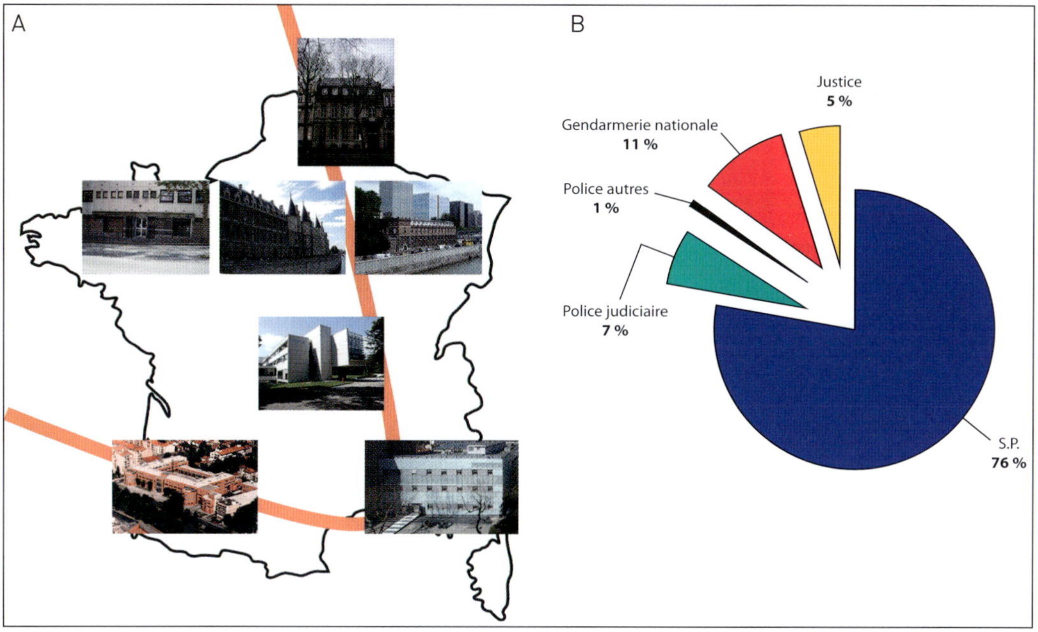

Figure 3

A) Les six laboratoires de l'INPS en France ; B) répartition des demandes d'analyses de l'INPS.

de réquisitions de parquet, et pour 11 % des sollicitations par des réquisitions de la gendarmerie, en particulier dans la moitié sud de la France où les implantations toulousaine et lyonnaise sont très sollicitées par les groupements de gendarmerie locaux.

2.3. Les différents domaines de la criminalistique

L'INPS est sollicité de plus en plus, pour des réponses toujours plus rapides et dans de très nombreux domaines de compétences (***Figure 4***, de gauche à droite et de haut en bas) :

– les **incendies-explosions** : avec intervention sur place pour comprendre d'où est parti le sinistre et trouver les substances accélératrices (voir les ***Chapitres de F. Fontaine*** et ***P. Charrue/B. Vanlerberghe*** dans *Chimie et expertise*, EDP Sciences, 2014) ;

– la **balistique lésionnelle**, comme sur la ***Figure 4*** où l'on peut voir une nuque qui a subi quelques atteintes préjudiciables à la santé ;

– l'**analyse des traces de pneus, de pas ou d'outils**, et tout ce que l'on peut faire avec des systèmes de moulage, de photos, de mesures, etc. ;

– la **balistique/munitions** : étude des munitions, des stigmates laissés par les percuteurs, les extracteurs, les rayures et autres, afin d'établir des liens avec les armes appréhendées ;

– les **billets**, qui ne sont pas que de l'argent, mais aussi le support de traces d'encres de maculage laissées par des valises sécurisées ou des distributeurs de billets. Les

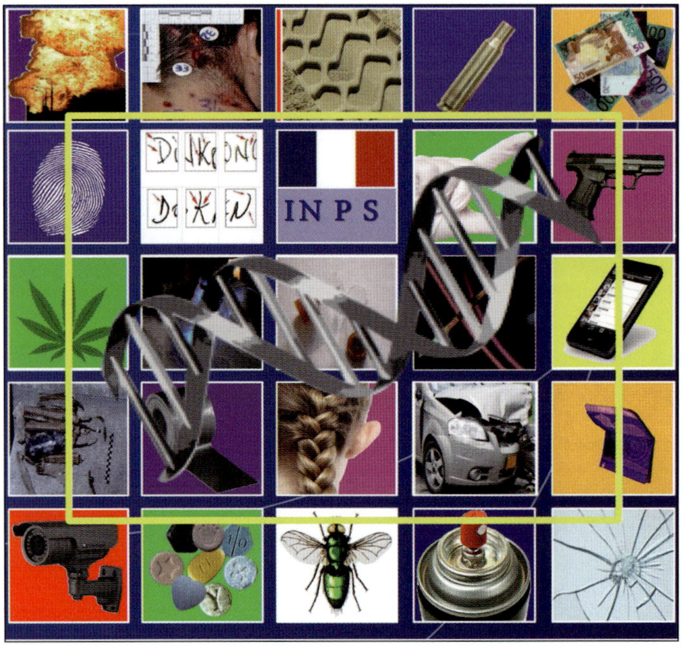

Figure 4

Illustration des différents domaines de la criminalistique.

billets sont également des absorbeurs de drogues, et la mesure du seuil d'imprégnation permet d'établir un lien avec un trafic ou un usage ;

– l'**analyse des empreintes papillaires** est une très vieille discipline dont Edmond Locard était « fanatique ». La première affaire criminelle élucidée par des empreintes papillaires le fut par Alphonse Bertillon à Paris : l'affaire Scheffer vers 1902. Les méthodes ont toutefois évolué : avant, on ne pouvait révéler les empreintes que sur des surfaces lisses non poreuses, alors que maintenant, on peut traiter des surfaces très diversifiées, avec des produits ad'hoc ;

– l'**analyse des écritures** concerne les écritures manuscrites, l'aspect graphologique et l'analyse des encres ;

– la **toxicologie** a pris de l'ampleur dans le cadre de la lutte contre l'insécurité routière, mais elle comprend également les soumissions chimiques et le médico-légal (voir le ***Chapitre de P. Sibille***, dans *Chimie et expertise*, EDP Sciences, 2014) ;

– **la balistique/armes** : on essaye de retrouver sur les armes les numéros qui ont été grattés, limés, voir si l'arme a déjà servi, sur le cas d'espèce ou sur un cas antérieur ;

– le **cannabis et autres drogues dites naturelles** : confirmer qu'il s'agit bien de drogue, déterminer le degré de pureté en principe actif, pour situer le détenteur du produit dans la chaîne de redistribution, et faire des liens entre les lots de drogue en travaillant sur les impuretés et solvants (voir le ***Chapitre de L. Dujourdy***, dans *Chimie et expertise*, EDP Sciences, 2014) ;

– les **recherches complexes de traces génétiques** ;

– les **résidus de tirs** : lors de l'utilisation d'une arme à feu, des nuages se créent, liés aux poudres de propulsion et à l'amorce (plomb, baryum, antimoine généralement), et se dispersent sur les vêtements et sur les mains ; selon la densité de produit et la présentation morphologique trouvées, on peut dire s'il s'agit de résidus de tir et donner des éléments de proximité entre le porteur et le coup de feu ;

– les **fibres** : on analyse leur composition (une demande assez rare) ;

– le **numérique** est peut-être l'un des rares domaines dans lesquels il n'y a pas d'intervention de la chimie ;

– les **engins explosifs improvisés**, dans lesquels on analyse de nombreux éléments pour déterminer la réalité ou non d'une fabrication artisanale dangereuse, ou pour orienter l'enquête à partir de l'identification de la composition explosive utilisée (voir le ***Chapitre P. Charrue/B. Vanlerberghe***, dans *Chimie et expertise*, EDP Sciences, 2014) ;

– les **scotchs, les adhésifs**, retrouvés dans les agressions à domicile, appelées en jargon policier les « saucissons », quand les victimes sont ficelées. Si, lors d'une perquisition, des rouleaux de scotch sont retrouvés chez des malfrats ou des suspects, l'étude des colles peut établir une correspondance ;

– les **cheveux** : c'est un autre angle du médico-légal et de la toxicologie. La mémoire chimique est différente selon que l'on étudie du sang, de l'urine ou des cheveux. Ces derniers ont la mémoire très longue, d'où peut-être certaines modes de tonsure !

– les **documents sécurisés** sont un axe particulier du travail exercé par les spécialistes des traces papillaires, avec des méthodes physique de révélation ;

– les **caméras de surveillance**, produisent parfois des images de mauvaise qualité lorsqu'elles sont grossies, il faut donc les retravailler ;

– les **drogues de synthèse**, avec des nouveautés chaque année, créées par des modifications de structure suffisantes pour échapper à la liste des produits prohibés ;

– les **insectes** : on peut par exemple étudier le développement des mouches sur les cadavres afin de situer le stade de putréfaction et remonter à la date de la mort (très peu de saisines) ;

– les **aérosols** et leur contenu, que ce soit de la peinture ou du gaz ;

– les **verres**, qu'il s'agisse d'optique automobile, pour établir, comme à partir des peintures, des liens dans le cadre d'accidents graves ou de délits de fuite, ou encore les vols au véhicule bélier quand une vitrine est enfoncée.

2.4. L'évolution des domaines d'enquêtes

La sphère de compétence de la police scientifique dépasse aujourd'hui largement celle de la police criminelle. En 2013, l'INPS a traité 78 000 réquisitions ou ordonnances de commissions d'experts pour analyser les traces récupérées sur des scènes d'infraction (***Figure 5***), dont la grande majorité (80 %) concernait des délits.

Il y a en France une généralisation du recours à la police scientifique. La courbe ascendante des saisines dans les laboratoires commence en 2005 (***Figure 5***), ce qui démontre une pratique débordant largement l'évolution de la criminalité qui, en France, n'a heureusement pas eu une ascension aussi fulgurante. La « vulgarisation » de la police scientifique est due au gros bloc bleu de la ***Figure 6*** : **l'analyse des traces ADN, base de cette énorme évolution quantitative**.

Le reste demeure cependant important comme par exemple la toxicologie, qui, avec 11 000 dossiers, est ma-

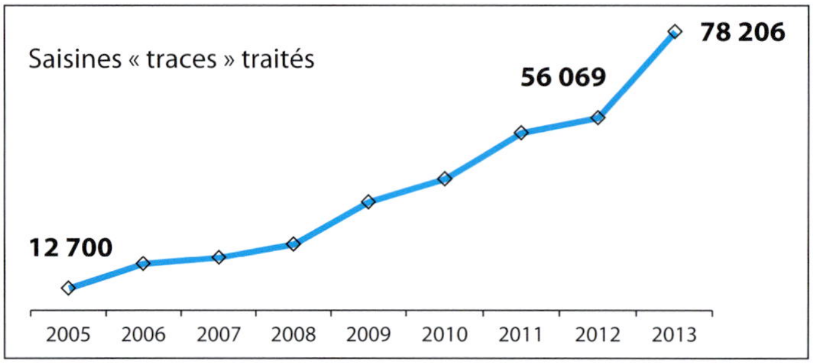

Figure 5

Évolution du nombre de saisines depuis 2005 : les actions de la police scientifique font intervenir toujours plus de chimie au service de la sécurité.

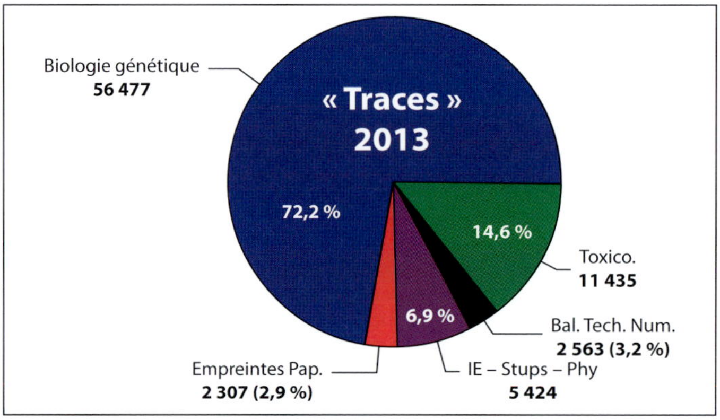

Figure 6

La part de l'analyse des traces « biologiques » dans les enquêtes criminalistiques en 2013 est largement majoritaire.

joritairement liée à la sécurité routière pour les recherches non pas d'alcool – car elles se font plutôt dans les services de police et les unités de gendarmerie par l'analyse de l'air expiré à l'aide d'un éthylomètre étalonné –, mais plutôt de psychotropes, pour lesquelles il faut toujours, s'agissant d'une confirmation dans la matrice sanguine, passer à des analyses en laboratoire.

La croissance des autres domaines est moindre mais réelle. La balistique augmente particulièrement, passant de 1 500 dossiers annuels dans la première décennie du siècle à 2 300 aujourd'hui.

3 Les méthodes criminalistiques

3.1. L'analyse génétique

La génétique prend une place écrasante et exige des accréditations (la biologie est accréditée à 100 % à l'INPS), ainsi que des investissements en matériel : trois à cinq plateformes robotiques et deux à six séquenceurs ADN[3] dans chaque laboratoire (***Figure 7***). Alors que l'exploitation criminalistique de l'ADN était encore ignorée il y a un quart de siècle, la cadence des analyses ADN est maintenant devenue industrielle. En 2013, 25 600 profils génétiques de suspects ont pu être déterminés dans les plus de 56 000 dossiers traités, et ont été transmis au fichier national dédié, pour essayer d'identifier les malfaiteurs. Ces 25 600 profils représentent en fait 188 000 prélèvements génétiques analysés (***Figure 8***). La police scientifique est devenue une industrie lourde d'expertises.

La montée en puissance de l'ADN ne concerne pas que l'analyse des traces relevées, mais aussi l'alimenta-

3. Un séquenceur ADN est un appareil permettant de déterminer en routine et de manière automatique l'ordre des bases nucléiques d'un échantillon d'ADN.

Figure 7

La génétique prend une place écrasante dans les analyses des laboratoires de police scientifique, qui disposent de plateformes robotiques et séquenceurs ADN.

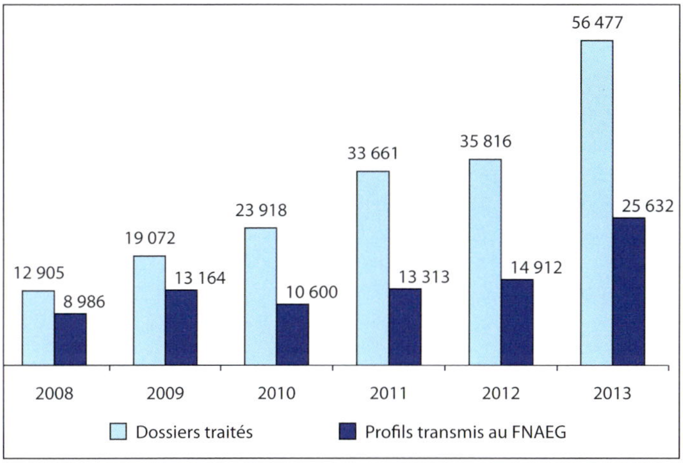

Figure 8

Évolution du nombre de génotypes traités et transmis au fichier national depuis 2008 par l'INPS à partir des analyses faites sur des suspects.

tion d'un fichier national, le Fichier National Automatisé des Empreintes Génétiques (FNAEG), avec le génotypage de « personnes mises en cause » ou de condamnés. En 2013, près de 212 000 profils génétiques « individus » ont été établis à cette fin par le seul INPS (***Figure 9***).

3.2. L'analyse physico-chimique

Hors ADN, 17 000 dossiers ont été traités dans les disciplines plus traditionnelles, liées directement aux analyses physico-chimiques, précédemment évoquées (billets, incendies/explosions, stupéfiants, encres...) (***Figure 10***).

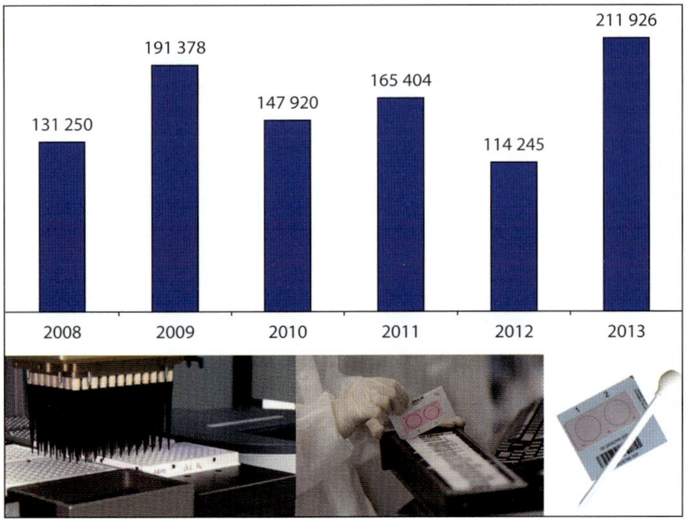

Figure 9

Évolution du génotypage automatisé des individus entre 2008 et 2013 (profils génétiques « individus » établis par l'INPS).

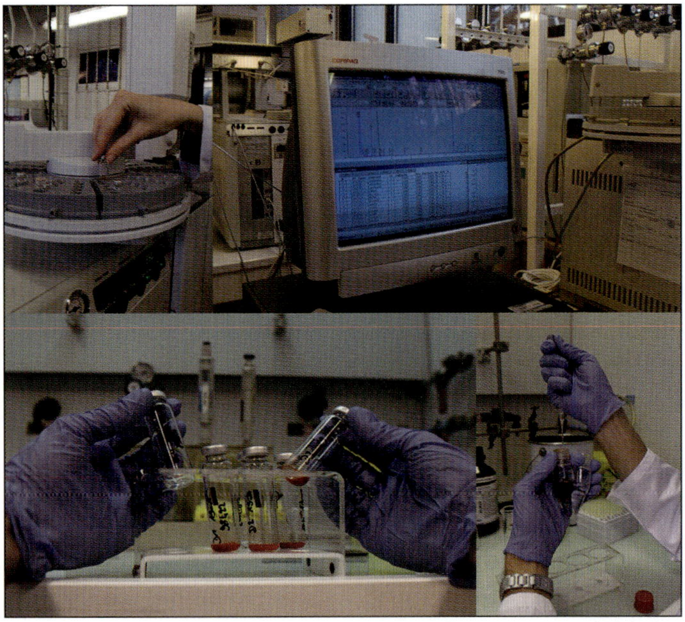

Figure 10

Les dossiers hors ADN sont au nombre de 17 000 par an.

La toxicologie y tient une grande part (***Figure 11***). Dans la diversité de la physico-chimie, 1 425 dossiers sont traités dont deux tiers sont des analyses de résidus de tirs résultant d'attaques ou de suicides ; il est important d'y répondre rapidement.

L'équipement analytique utilisé est très important, car ces analyses extrêmement diversifiées nécessitent un parc analytique important et performant. L'***Encart « Une chimie plurielle et moderne pour la police »*** donne une idée du nombre et de la qualité des

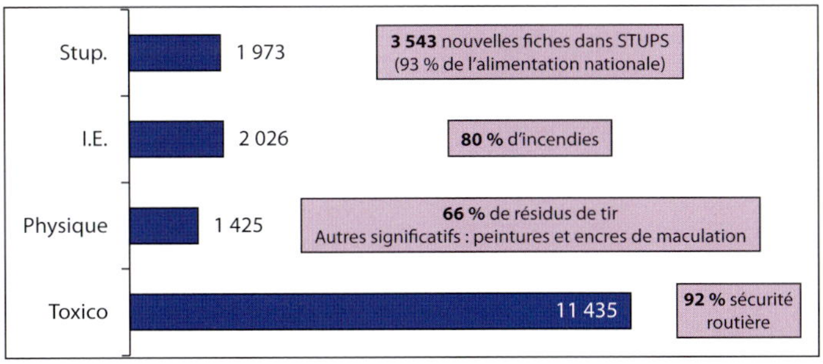

Figure 11

L'origine des analyses physico-chimiques.

UNE CHIMIE PLURIELLE ET MODERNE POUR LA POLICE

Plateformes CLHP-SM(SM) (6)
Plateformes CPG-SM-SM (3)
Plateformes CPG-SM (7 à 10 par site)
Plateformes CLHP-BDD (barrette de diode, 2 à 4 par site)
Plateformes MEB-EDX (6 – 1 à 2 par site)
Microscopes IR-TF (1 par site)

équipements, ainsi que des conséquences budgétaires, surtout quand on réalise qu'il y a sept à dix CPG/SM[4] par site, et six plateformes de microscopes électroniques à balayage[5].

Certaines techniques, telle l'ablation laser couplée à l'ICP/SM[6], n'existent que sur un seul site, ce qui ne pose pas de difficulté avec une bonne organisation logistique interne.

4 La R&D de la police scientifique : optimiser la chimie au bénéfice de la lutte contre la délinquance

La Recherche et Développement appuie une logique strictement opérationnelle (***Figure 12***) – quels sont les besoins des enquêteurs ? Comment traiter ces besoins au laboratoire pour aller toujours plus loin dans la performance et dans la qualité du service rendu ?

4. La CPG/SM (chromatographie en phase gazeuse/spectrométrie de masse) est une méthode d'analyse résultant du couplage de deux appareils : un chromatographe en phase gazeuse et un spectromètre de masse. Leur principe est décrit dans les **Chapitres de P. Sibille** et **G. Cognon/B. Frère** dans *Chimie et expertise, sécurité des biens et des personnes*, coordonné par M.-T. Dinh-Audouin, D. Olivier et P. Rigny, EDP Sciences, 2014. CLHP : chromatographie liquide à haute pression.

5. Un microscope électronique à balayage (MEB) produit des images de haute résolution de la surface d'un échantillon, par interaction entre un faisceau d'électrons projeté et la matière composant l'échantillon.

6. ICP/SM (spectométrie par torche plasma couplée à la spectométrie de masse) : voir le **Chapitre de P. Carlotti** dans *Chimie et expertise*, EDP Sciences, 2014

Figure 12

La démarche de la R&D de l'INPS.

Cette démarche est appliquée aussi bien dans les projets extérieurs de R&D auxquels est associé l'INPS, au niveau national avec l'Agence Nationale de la Recherche, ou au plan Européen avec l'ENFSI[7], que dans les projets internes à l'établissement, pour améliorer des méthodes qui paraissent perfectibles.

4.1. Exemples de projets de R&D

L'***Encart « Les projets R&D de l'INPS »*** liste les onze projets de recherche associée en cours entre 2011 et 2016.

Sur les analyses d'odeurs appliquées à la détection de substances suspectes (surtout des explosifs et des drogues), il est évident que nos techniques scientifiques ne sont pas encore aussi sensibles et efficaces que le nez du chien. En revanche, on sait cibler certains produits. Mais de façon générale, la meilleure technique est encore le flair du chien... ce qui génère des incertitudes en suivi judiciaire, car, en l'absence d'autres éléments, il est tout de même délicat de condamner une personne sur le témoignage d'un animal !

De leur côté, les sujets de recherche en balistique, en explosifs, en empreintes digitales et en stupéfiants permettent d'intégrer en amont de leur développement des technologies qui seront, peut-être, des outils futurs au service de l'enquête.

En interne, l'INPS développe des projets R&D « appliquée » dans trois domaines :

– **en biologie** : trois projets visent à améliorer les analyses de traces génétiques. Par exemple pour des prélèvements de traces dites « de contact » sur des lieux de cambriolage (ce qui représente un volume énorme), un screening efficace serait souhaitable. Un autre sujet concerne les analyses ADN dans le cas des vrais jumeaux, qui ont le même profil génétique. Il faut donc savoir jusqu'où le séquençage peut être poussé pour trouver des différences, cela avec un impact budgétaire tolérable. L'IPNS travaille également sur une simplification de la révélation des traces de sperme sur les tissus ; on utilise aujourd'hui des systèmes de transfert compliqués, longs et assortis de produits toxiques ; un nouveau mode est à l'étude ;

– **en toxicologie**, l'INPS développe un important projet sur l'extraction automatisée des cannabinoïdes. Le cannabis étant la drogue dominante dans les accidents de la circulation, ce système accélèrerait opportunément les analyses ;

– **dans le domaine des stupéfiants**, l'INPS développe en collaboration avec le Brésil un

LES PROJETS R&D DE L'INPS

Empreintes Digitales : CARTES

Explosifs : CAPTEX, EMPHASIS, ENFSI Monopoly 2012

Balistique : SUBSTITETE, SYLLABES

Stupéfiants : EDPS, CONPHIRMER, DOGGIES, ENFSI Monopoly 2012

7. ENFSI (« *European Network of Forensic Science Institute* ») est un réseau de laboratoires dont le but est l'échange d'expérience et de savoirs en sciences criminalistiques. Il est reconnu comme un groupe d'experts dans ce domaine.

programme sur le profilage de la cocaïne, afin de pouvoir identifier les transformations effectuées entre les pays de départ et la consommation en France.

4.2. Les projets d'amélioration

Malgré le volume d'activité record, les équipements à performance sans cesse accrue et les projets de R&D accompagnant la recherche d'efficacité, il reste encore de grandes marges de progrès, comme par exemple pour les délais de réponses, que les enquêteurs veulent les plus courts possibles.

Le problème ne concerne pas les urgences (affaires sensibles ou gardes à vues), où les analyses sont lancées immédiatement pour répondre, s'il le faut, dans le temps de la garde à vue. En quelques heures, des protocoles sont déployés pour, exemple classique d'homicide ou vol à main armée par arme à feu, répondre en traces papillaires, ADN et balistique.

La difficulté porte sur les analyses de routine (***Tableau***). Les normes que s'est fixées l'Institut correspondent aux attentes raisonnables des enquêteurs. Elles sont généralement respectées pour les analyses d'alcoolémie ou pour les psychotropes pour la sécurité routière. Mais elles le sont moins dans des cas comme le dosage et l'analyse d'une drogue. En incendies (pour trouver la substance accélératrice de base) et résidus de tir, c'est encore moins satisfaisant : le délai de quinze jours n'est respecté que pour le tiers des cas.

Tableau

Les délais d'analyses de routine.

Acte technique	Objectif INPS de délai réponse	Dossiers traités en 2013	Pourcentage dans les délais
Alcoolémie	3 jours	2306	96 %
Psychotropes et sécurité routière	10 jours	7558	98 %
Stupéfiants	10 jours	1761	42 %
Incendies	10 jours	1227	41 %
Résidus de tir	15 jours	886	37 %

Diminuer les délais demande un effort d'amélioration de l'ensemble du processus. En 2004, deux études du NFI (« *Netherlands Forensic Institute* »), sorte de modèle européen en criminalistique, ont montré que le temps analytique ne représente que 15 à 17 % du temps pendant lequel un dossier est détenu dans un laboratoire (***Figure 13***).

Ensuite, dans une période de crise budgétaire, les progrès scientifiques, même en faisant baisser les coûts uni-

Figure 13

Le temps « analytique » dans le traitement d'un dossier criminalistique.

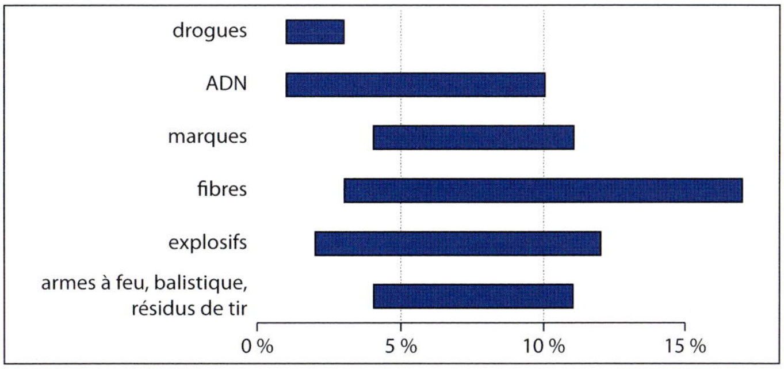

taires, sont de plus en plus ruineux avec l'augmentation de la demande, des produits de plus en plus sophistiqués et du matériel à entretenir et à maintenir.

Enfin, un troisième aspect en émergence est une *remise en cause des preuves scientifiques*. L'expert scientifique doit pouvoir répondre dans les Cours à des contestations frontales, y compris sur les bases de son métier, notamment dans des affaires de banditisme. Il faut s'y adapter.

La police scientifique du futur ?

La police scientifique devra s'adapter pour répondre en temps réel aux attentes de ses clients, magistrats et enquêteurs. Pour cela, plusieurs objectifs sont à atteindre :

– scientifiques : augmenter la flexibilité des techniques analytiques, mieux utiliser les appareils, glisser de certaines matrices (sanguine) à d'autres plus facilement exploitables (salive), être au plus près des enquêteurs ;

– organisationnels : mettre au point des méthodes de screening, revoir les processus d'accueil et d'orientation, mieux gérer les flux, accepter individuellement la pluridisciplinarité malgré les formations précises d'origines... ;

– interprétatifs : mettre au point des outils permettant de mieux éclairer la Justice sur le contexte des traces, sur l'effet des produits mis en évidence, etc. ;

– améliorer le rapport efficacité/coût des analyses.

En résumé, il s'agit d'être de bons disciples d'Edmond Locard, ouverts à toutes les sciences, pour travailler au mieux tous les échanges.

D'après la conférence du **Colonel Patrick Touron**

Les sciences forensiques et l'IRCGN

Après avoir effectué son service national dans la gendarmerie, le colonel Patrick Touron a hésité entre l'agrégation de biologie et l'École des Officiers de la Gendarmerie Nationale. Il a finalement choisi de devenir officier de gendarmerie puis a préparé un master de criminalistique chimique à l'Université des sciences criminelles de Lausanne. Il a travaillé dans différents pays comme la Palestine, avec pour mission de mettre en place un laboratoire de lutte anti-terroriste, et à Phuket en Thaïlande, comme chef du détachement français en charge de l'identification des victimes françaises du tsunami. Ses différentes missions, tant en France qu'à l'étranger, montrent la diversité des fonctions offertes par la gendarmerie. En particulier, il a commandé, à partir de 2008, le groupement de gendarmerie départementale du Bas-Rhin (67), soit 1 060 gendarmes répartis dans quarante unités, et il est désormais directeur adjoint de l'Institut de Recherche Criminelle de la Gendarmerie Nationale (IRCGN)[1], après avoir occupé les différents postes techniques de chef du département Incendies-explosifs de 1991 à 2000, puis celui de chef de la division criminalistique Physique-Chimie de 2004 à 2008.

Je suis un colonel de la gendarmerie mais aussi un scientifique, chimiste par passion. De nombreux chapitres de l'ouvrage *Chimie et expertise, sécurité des biens et des personnes* (EDP Sciences, 2014) font référence au métier de « chimiste analyticien ». Cette présentation va décrire la vision que nous avons de ce métier d'expert « foren-

1. http://www.gendarmerie.interieur.gouv.fr/fre/Sites/Gendarmerie/Presentation/Police-Judiciaire/Police-scientifique-IRCGN

sique » (les sciences forensiques regroupant toutes les sciences mises à contribution pour révéler et contextualiser les informations portées par les indices prélevés sur une scène d'infraction) dans la pratique à l'IRCGN, en illustrant, à travers différents cas pratiques, le quotidien de ce métier.

1 L'importance de la formation scientifique dans la criminalistique

Une notion importante à prendre en compte est la formation du plus grand nombre aux sciences. Nous sommes très sensibilisés sur l'importance de la formation du plus grand nombre aux sciences pour lutter contre l'illettrisme scientifique de nos sociétés afin de leur permettre de comprendre les résultats des expertises judiciaires. Le travail de P. Arpino (voir le ***Chapitre de P. Arpino***, dans *Chimie et expertise*), par exemple dans *L'Actualité Chimique*[2], ou le travail réalisé par l'IRCGN en lien avec l'éducation nationale qui inclut la criminalistique dans les programmes scientifiques des lycées pour illustrer les lois physiques ou chimiques, a un objectif clair, celui d'attirer les jeunes vers la chimie, la science, la rigueur, la réflexion, vers une méthodologie. C'est la raison pour laquelle le dernier document qui est diffusé dans tous les centres de documentation et d'information des établissements scolaires a un numéro spécial dédié à la criminalistique[3].

Il faut comprendre qu'en gendarmerie, nous recrutons des scientifiques (chimistes, physiciens, biologistes, etc.), qui deviennent gendarmes par une formation en école suivie d'une pratique sur le terrain de quelques années en tant que gendarme. Il est très important que les scientifiques des laboratoires soient également des gendarmes pour qu'ils adaptent leurs travaux aux besoins du terrain, de manière réaliste. On a en effet la crainte du professeur Tournesol, qui développe des outils inutilisables sur le terrain.

Je voudrais aborder la notion de vérité ou de preuve scientifique, ainsi que la notion d'expert. En effet, quand un chimiste donne un résultat analytique, son travail s'arrête au rapport de résultats. Lorsque l'on est expert et que l'on rend un résultat, suite à l'analyse d'un élément provenant d'une scène de crime, nous devons expliciter ce résultat aux magistrats mandants, et souvent, nous devons présenter notre rapport devant les juridictions de jugement, aux assises, et l'expliquer au président de la cour, aux avocats et aux jurés.

Par exemple, le commandant Cognon (voir le ***Chapitre de G. Cognon/B. Frère*** dans *Chimie et expertise*), spécia-

2. *L'Actualité Chimique* est la revue de la Société Chimique de France (SCF). Site : www.lactualitechimique.org. Voir en particulier les numéros spéciaux *La chimie mène l'enquête* (n° 342-343, juin-juillet-août 2010 et n° 3778-379, octobre-novembre 2013).

3. Textes et Documents pour la Classe, n° 1070, 15 février 2014, « *La police scientifique* ».

liste incendie, était récemment aux assises, suite à une investigation incendie qu'il a conduite, qui a abouti à la mise en cause d'un incendiaire. Cette mise en cause sur des éléments techniques doit être comprise de tous, y compris du mis en cause. C'est là qu'on se rend compte de l'importance de faire de la formation et de la pédagogie, puisque 90 % de son travail n'a pas été dans la rédaction de ses propres résultats mais dans l'explication de ce que signifient ses résultats dans le contexte et l'environnement de la scène d'incendie en question.

On se rend compte ainsi que la lutte contre l'illettrisme scientifique fait partie intégrante de la mission de prévention, d'éducation, de défense et de sécurité que l'on doit avoir auprès de tous les citoyens. En effet, si un juré, une victime ou un auteur n'est pas en mesure de comprendre un résultat scientifique présenté devant une juridiction, comment peut-on comprendre un jugement et finalement participer à une décision, ou encore accepter une décision judiciaire qui se base sur des éléments d'expertises scientifiques ?

2 De la scène de crime au laboratoire

2.1. Les multiples acteurs autour de la scène de crime

Lorsqu'il y a une scène d'infraction assez complexe, de nombreuses personnes interviennent (***Figure 1***), d'où l'importance de préserver les lieux et donc de réaliser un gel des lieux. L'objectif étant de ne pas perturber les traces laissées et surtout de ne pas rajouter les traces de personnes n'étant pas liées à l'infraction. Le point fort pour la gendarmerie est d'arriver à maîtriser la scène de crime par un dispositif criminalistique cohérent, présent sur tout le territoire national, de manière à pouvoir exploiter au mieux les indices présents, laissés ou emportés par l'auteur. On doit également maîtriser la communication autour d'un évènement grave afin d'éviter de gêner le travail des enquêteurs ou celui des criminalistes, car on est toujours confronté à la problématique de la rumeur, de la peur injustifiée ou de la mauvaise information. Ainsi pour nous, « il y a plus dangereux que l'ignorance, c'est

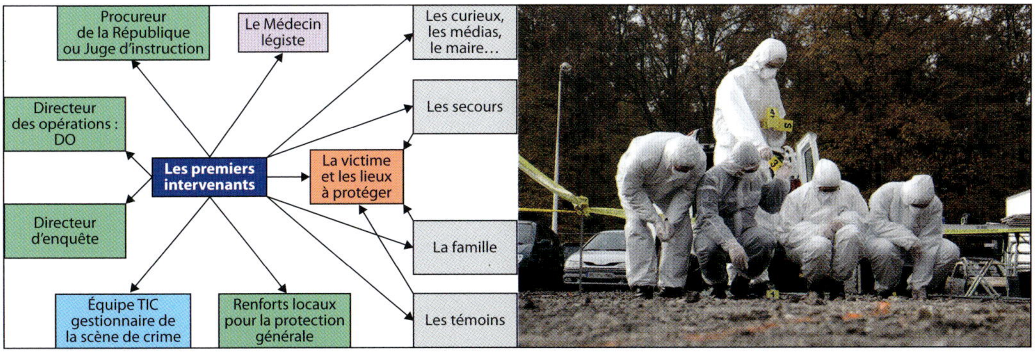

Figure 1

Les intervenants autour d'une scène de crime sont multiples.

lorsque certains ont l'illusion de la connaissance ».

2.2. La structure de la gendarmerie et la chaîne criminalistique

L'échelon local est le canton constitué de la brigade de gendarmerie qui possède des techniciens d'investigation criminelle de proximité. On a ensuite un échelon départemental où les gendarmes sont dotés de moyens techniques et matériels supérieurs. Enfin, le troisième niveau est le niveau national avec son laboratoire pluridisciplinaire et ses experts forensiques.

Le découpage de la chaîne criminalistique en gendarmerie est véritablement spécifique, cohérente et efficiente. Elle est répartie en trois niveaux qui s'emboîtent par subsidiarité :

– les techniciens d'investigations criminelles de proximité (TICP), au niveau des cantons (***Figure 2A***), doivent être capables de réagir immédiatement, de relever des empreintes digitales ou des traces d'ADN, et identifier les indices qui nécessiteront l'intervention de l'échelon technique supérieur ;

– les techniciens d'investigations criminelles (TIC), qui travaillent sur des plateaux criminalistiques au niveau des départements (***Figure 2B***) ; ils disposent de moyens techniques et de formations leur permettant de détecter, prélever et préserver tous types d'indices, et sont formés pour analyser sur leur plateau un grand nombre d'indices courants tels les empreintes digitales ou les documents.

– l'IRCGN, au niveau national, avec son laboratoire pluridisciplinaire et ses experts dans tous les domaines des sciences forensiques, assure la cohérence scientifique de cette chaîne criminalistique, et est en mesure de répondre à toutes demandes du terrain (***Figure 2C***). En effet, le principe général qui prévaut est que l'on doit offrir à n'importe quel citoyen victime, qu'il se trouve au sommet de la montagne ou dans la ville la plus dense, le même service en matière d'investigation post-infractionnelle, dans la recherche de l'auteur. Une fois qu'on a intégré cette notion, on peut comprendre le maillage de la gendarmerie et la gradation de ses spécialistes.

Ce découpage territorial, qui souhaite offrir à chaque citoyen une réponse de la même nature, impacte la qualité des personnels et la qualité des matériels dont on dispose à chaque niveau. Pour être efficace, la gendarmerie respecte le principe de suppléance, c'est-à-dire que chacun doit savoir à quel moment il s'arrête pour laisser la place au niveau supérieur. C'est la question de la rationalité scientifique, mais aussi des coûts et de la qualité de l'intervention. Ce grand principe de suppléance est une mesure d'efficience que l'on a mise en place et que l'on continue de suivre.

2.3. Les moyens de la gendarmerie

Au premier niveau, à l'échelon local, on trouve la police technique et scientifique de proximité : la criminalistique.

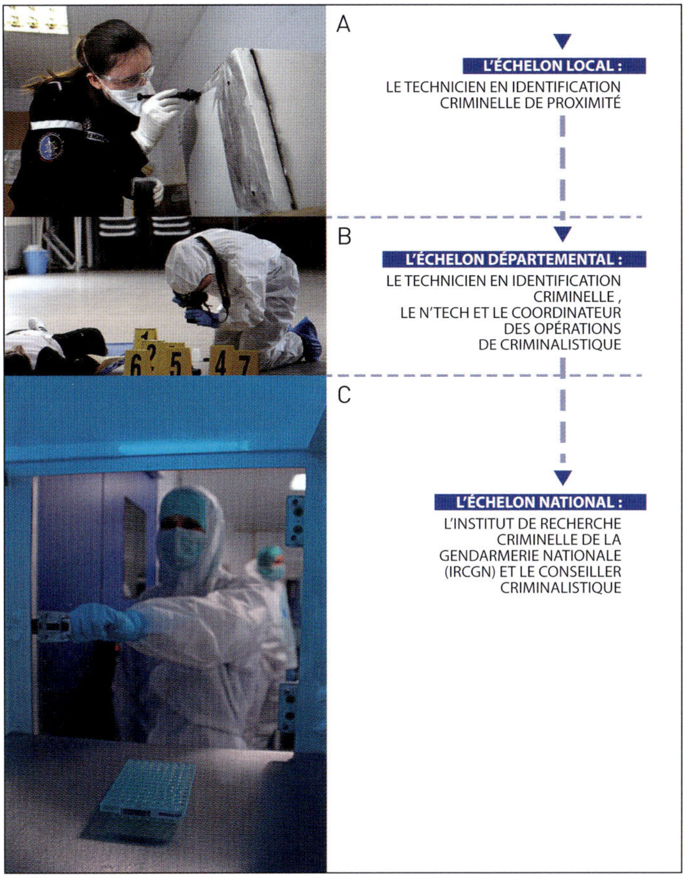

Figure 2

Le découpage territorial de la gendarmerie selon trois échelons : local, départemental et national.

Toutes les unités sont munies des matériels qui permettent de faire des détections et révélations d'empreintes digitales (***Figure 3A*** et ***B***) grâce à des poudres spécifiques et des prélèvements biologiques d'ADN (***Figure 3C***), ainsi que de fibres, de mégots de cigarettes, ou de tout ce qu'on peut trouver comme objet (indices) sur une scène d'infraction. Ils possèdent également un lot gel des lieux, constitué de piquets (***Figures 3D*** et ***E***), reliés par de petites bandes jaunes jouant un rôle très important, puisqu'une fois mises autour de la scène d'infraction, cela signifie que plus personne ne peut rentrer, mis à part des spécialistes d'un niveau supérieur qui sont sollicités pour chercher d'autres types d'indices.

Les séries télévisées représentent plutôt le niveau départemental avec ses plateaux criminalistiques (***Figure 4***) et l'intervention de spécialistes qui sont aussi enquêteurs (officiers de police judiciaire). À ce niveau-là, les gendarmes mènent l'enquête et font en même temps de la technique. Néanmoins, le temps de l'action et la multicompétence présentée dans

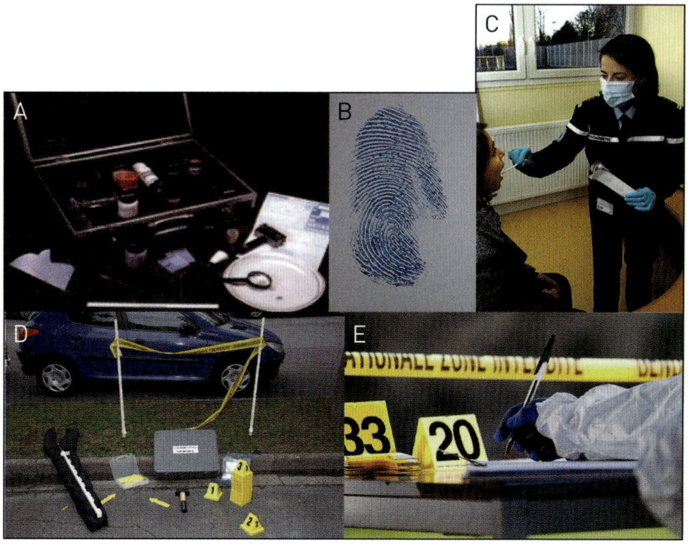

Figure 3

A et B) Matériel de révélation d'empreintes digitales ; C) prélèvement d'ADN ; D et E) piquets entourant une scène de crime/accident.

ces feuilletons n'est pas réaliste ou comparable avec ce que nous pratiquons. Ces personnes ont reçu une formation adaptée au besoin, reçoivent des matériels plus complexes qu'à l'échelon local et pratiquent davantage de chimie analytique. En effet, on utilise beaucoup de moyens chimiques de révélation d'empreintes sur des supports poreux (comme du papier) ou sur différentes surfaces non poreuses (verre, plastique, etc.). Ces gendarmes doivent maîtriser la chimie avec toutes ses contraintes HSE (Hygiène, Sécurité, Environnement) qui en résultent, ainsi que les formations nécessaires à l'emploi de méthodes d'essais normalisées. Ils réalisent également des études de documents afin de détecter des traces d'individus les ayant manipulés ou des traces de modification, puisqu'ils possèdent des moyens spectroscopiques qui permettent d'identifier dans plusieurs gammes de longueurs d'ondes des empreintes ou des falsifications de documents officiels. On travaille actuellement à pouvoir les doter de certains équipements qui sont désormais extrêmement compacts et très utilisés comme un infrarouge portable ou un Raman portable[4]. Ces instruments sont très

4. Un infrarouge (ou spectromètre infrarouge) est un appareil de mesure permettant de décomposer un faisceau lumineux dans la gamme de longueurs d'ondes correspondant à l'infrarouge. Un Raman (ou spectromètre Raman) est un appareil de mesure qui utilise une méthode non destructive d'observation et de caractérisation de la composition moléculaire et de la structure externe d'un matériau, en exploitant le phénomène physique selon lequel un milieu modifie légèrement la fréquence de la lumière y circulant. Ce décalage en fréquence correspond à un échange d'énergie entre le rayon lumineux et le milieu, et donne des informations sur le substrat lui-même. Les informations obtenues par la mesure et l'analyse de ce décalage permettent de remonter à certaines propriétés du milieu. Cette technique est complémentaire de la spectroscopie infrarouge.

Figure 4

Plateau technique départemental.

pratiques et permettent très rapidement d'identifier des poudres inconnues (stupéfiants, explosifs, précurseurs, etc.) dans un grand nombre de domaines.

3 L'organisation de l'IRCGN

En 2015, de grands locaux à Pontoise (val d'Oise) vont être aménagés pour l'Institut de Recherche Criminelle de la Gendarmerie Nationale (IRCGN, ***Figure 5***). Ils seront adaptés aux besoins modernes de criminalistique de la gendarmerie.

L'IRCGN est structuré autour de quatre grandes divisions dédiées à de grands domaines d'exploitation des indices que sont :

- la physique-chimie ;
- l'ingénierie numérique ;
- l'identification humaine ;
- la biologie génétique.

Chaque division est elle-même découpée en départements qui regroupent les experts par domaines forensiques ; il leur revient d'exploiter les indices et de les faire entrer dans la chaîne des preuves.

3.1. Les différentes divisions de l'IRCGN

L'organisation de l'IRCGN présente donc un découpage purement fonctionnel et opératif qui correspond aux besoins du terrain de manière à orienter les enquêteurs vers des départements clairement identifiés (***Figure 6***).

Figure 5

Futurs locaux à Pontoise (val d'Oise) de l'IRCGN pour 2015.

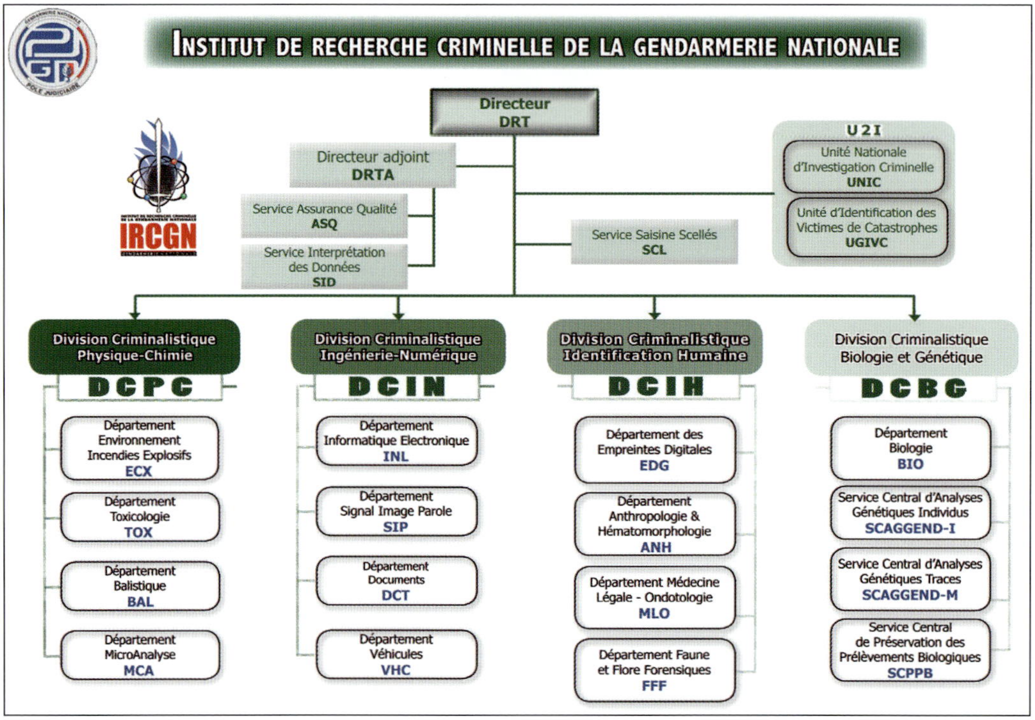

Figure 6

Les quatre divisions criminalistiques de l'IRCGN.

La partie **physique-chimie** est une activité traditionnelle et ancienne en criminalistique. Dans les laboratoires, jusque dans les années 1970-1980, il s'agissait de physique-chimie classique : la mécanique, l'environnement, l'incendie. Ces domaines ont toujours existé lorsqu'il s'est agit de « faire parler » des indices matériels.

Dans le courant des années 1990, on a assisté à une grande révolution avec l'exploitation facilitée de l'ADN dans nos laboratoires ; c'est l'arrivée de la biologie qui est un nouveau moyen d'identification formel des individus. À l'époque, pour identifier une personne, on avait les empreintes digitales et les photos. La biologie permet désormais d'identifier une personne, si bien qu'elle devient une division avec une partie exploitation du matériel génétique et une partie révélation des traces biologiques. C'est une véritable révolution criminalistique pour les enquêteurs, qui ne cessera de se confirmer avec la croissance de la spécificité et de la sensibilité de la technique.

Une autre division est l'**identification humaine**. Quel que soit l'état du corps, qu'il arrive frais, vivant, avec traces de sang ou à l'état de squelette, on doit être capable de l'identifier, de mettre un nom sur une personne qui a disparu. C'est un besoin qui arrive régulièrement, nous recevons des éléments de corps qu'il faut identifier. L'IRCGN est donc véritablement en bout de chaîne d'une investigation criminelle. On doit pouvoir non seulement identifier une personne, mais déterminer si elle a été tuée, et surtout en retrouver les auteurs. C'est une partie intégrante de notre mission que nous exécutons par l'exploitation des techniques disponibles dans nos laboratoires. On retrouve dans cette division les empreintes digitales, l'anthropologie (à partir des ossements), l'odontologie et la médecine légale.

Une division, celle de la **biologie génétique**, s'est spécialisée dans l'exploitation, l'analyse et la conservation si nécessaire de l'ADN prélevé sur des suspects ou détecté sur tous types de scènes d'infractions.

Nous avons aussi une division qui s'est renforcée et spécialisée dans les années 2000-2010, donc après les années 1990 qui ont été celles de la biologie, c'est la division de l'**ingénierie numérique**, qui a trait à l'ordinateur ou la technologie. On recrute aujourd'hui de plus en plus d'ingénieurs en cyber-« quelque chose » qui exploitent l'informatique ou le traitement du signal, pour pouvoir lire des données téléphoniques, faire de la géolocalisation, traduire les données cryptées qui sont protégées, ou encore modéliser des espaces. Il y a une partie « document », car nous travaillons beaucoup sur des documents falsifiés. Citons le vol d'identité, le vol de documents ou la transformation de documents, qui sont de vrais problèmes sociétaux. De même, il y a un département véhicule ; notre crainte est que l'on détourne, à des fins criminelles, les instruments qui équipent les véhicules modernes : les moyens informatiques ou électroniques pour, à titre d'exemple, déclencher un airbag à distance ou freiner brutalement, etc. Ce sont donc de vrais sujets de recherche, d'études et des examens que nous réalisons lors d'accidents suspects.

3.1.1. La division criminalistique physique-chimie

Pour la division criminalistique physique-chimie, nous disposons de l'ensemble des moyens analytiques modernes (***Figures 7***), de la chromatographie (CPG ou CPL/SM[5]) à la spectroscopie (RAMAN, FTIR, FLUO-X, etc.), en passant par l'ICP ou les microscopies électroniques à balayage (MEB). Donnons quelques exemples illustrant l'emploi de ces techniques.

Pour le département balistique, on peut se demander à quoi la chimie peut servir ? On peut citer deux études.

La première concerne un projectile qui doit être identifié. Le projectile passe à travers le canon d'une arme, ce canon est habituellement rayé pour améliorer la balistique du projectile, et ces rayures laissent des microtraces sur la balle qui permettent ensuite d'associer le projectile au canon

---

5. La chromatographie CPL/SM (chromatographie en phase liquide couplée à la spectrométrie de masse) est une méthode d'analyse qui combine les performances de la chromatographie en phase liquide et de la spectrométrie de masse afin d'identifier et/ou de quantifier précisément de nombreuses substances. Voir le ***Chapitre de C. Cognon/B. Frère*** dans *Chimie et expertise, sécurité des biens et des personnes*, coordonné par M.-T. Dinh-Audouin, D. Olivier et P. Rigny, EDP Sciences, 2014.

de l'arme. Avec certains fusils de chasse, les canons sont lisses, donc il n'y a pas de rayures associant spécifiquement le projectile à une arme. Citons le cas de trois chasseurs qui partent à la chasse dont seul deux reviennent, le troisième étant retrouvé mort par balle. Quelle arme a tiré sur le chasseur puisque l'on ne retrouve que des plombs sans rayure spécifique ? C'est un problème qui nous a préoccupés de longues années.

L'arrivée de l'ICP/SM[6] a été une révolution technique puisque l'on arrivait, en plus d'autres analyses, à doser dans les alliages de plomb les rapports isotopiques de plomb, et obtenir ainsi des groupes homogènes de plomb. Ainsi, dès qu'on rencontrait ce type d'accident de chasse, on saisissait l'ensemble des munitions détenues par chacun des acteurs potentiels, on analysait le plomb des projectiles, on pouvait lotir les munitions et ainsi associer un lot à un chasseur, le comparer avec la composition du projectile retrouvé dans la victime. C'est donc une problématique historiquement mécanique (association canon lisse à un projectile) résolue de manière purement analytique. Ainsi, la chimie, avec des outils extrêmement performants comme l'ICP/SM, a permis de résoudre ce vieux problème de balisticiens et d'enquêteurs. Tout cela est publié et employé par les enquêteurs et les experts du laboratoire[7].

Un deuxième cas concerne la partie balistique, où l'on peut se poser la question de l'utilité de la chimie. En effet, le grand problème pour un enquêteur est de savoir, lorsqu'on retrouve une arme sur une scène de crime, si elle a tiré récemment ou si le temps du tir est incompatible avec le cas en cours. Nous avons tous cette image télévisuelle de série B de la victime mortellement blessée par une balle et de l'enquêteur qui respire le bout du canon de l'arme retrouvée sur place, annonçant : « *l'arme vient de tirer* ». Maintenant, nous pouvons scientifiquement formaliser cela. Les chimistes le peuvent grâce aux nouvelles techniques de prélèvement et d'analyse. Typiquement, nous sommes en mesure, à l'aide des fibres SPME[8], de piéger l'ensemble des gaz présents dans le canon d'une arme au

6. L'ICP/SM (spectrométrie par torche plasma couplée à la spectrométrie de masse) est une technique d'analyse reposant sur la séparation, l'identification et la quantification des éléments constitutifs d'un échantillon en fonction de leur masse, basée sur le couplage d'une torche à plasma générant des ions et d'un spectromètre de masse quadripolaire qui sépare ces ions en masse. Voir le Chapitre de B. Bigot dans *Chimie et enjeux énergétiques*, coordonné par M.-T. Dinh-Audouin, D. Olivier et P. Rigny, EDP Sciences, 2013.

7. « Comparaison of bullet Alloys by chemical analysis: use of ICP-MS method » (1998), *Forensic Science International*, **91**: 197-206.

8. Les fibres SPME (« *solid phase micro-extraction* », micro-extraction sur phase solide) sont des fibres en silice fondue, placées à l'intérieur d'une aiguille creuse amovible où une phase stationnaire est greffée. C'est une technique qui permet de réaliser une extraction et une concentration de composés se trouvant à l'état de traces dans un liquide ou un gaz.

Figure 7

Les moyens analytiques de la gendarmerie.

moment où l'on récupère cette arme, de les analyser par la spectrométrie de masse à haute résolution[9], d'étudier leur décroissance avec le temps, de prendre ensuite une mesure de comparaison, et de comparer la courbe de décroissance obtenue afin de dater le tir. On analyse spécifiquement les HAP (hydrocarbures polyaromatiques) qui décroissent avec le temps, et l'on obtient une datation du tir précise à quelques jours[10].

9. Voir le ***Chapitre de G. Cognon/ B. Frère***, dans *Chimie et expertise*, EDP Sciences, 2014.

10. « Évaluation de la date d'un tir » (2007), *Canadian society of forensic Science*, Vol 40 N° 2, 65-85.

La chimie peut ainsi répondre à d'autres questions qui peuvent nous paraître très importantes. Typiquement, face au cas où un individu possède dix fusils de chasse chez lui, tire sur un voisin et dit qu'il n'a jamais tiré, il est très difficile aux enquêteurs de prouver le contraire hors des analyses scientifiques. De même, si un chien sent quelque chose, ce n'est pas une donnée scientifique réfutable donc pas employable dans un procès. L'IRCGN travaille donc à mettre en place des techniques qui permettent d'obtenir les résultats d'identification d'un chien, mais de manière à être utilisés à un procès pénal.

D'où l'importance de la notion de science. Pour nous, une science est quelque chose de réfutable, de démontrable, avec une incertitude de mesure sur un résultat connu, c'est quelque chose qui est publié, et dont la technique est reconnue par des pairs. On est réellement dans cette démarche-là, d'autant plus que l'on travaille dans le domaine de la vérité. Comme on présente nos résultats à des personnes qui ne sont pas forcément des spécialistes, on ne doit surtout pas les induire en erreur ou instiller un doute par une explication qui ne soit pas assez claire. Cet aspect du travail des experts de l'IRCGN est très important pour nous et pour les justiciables.

3.1.2. La division criminalistique ingénierie et numérique

La division criminalistique ingénierie numérique regroupe toutes les personnes qui traitent du signal, de l'informatique ou de l'électronique. Ils ont tous plusieurs ordinateurs par bureau, souvent démontés, et connaissent très bien leurs sujets. Le traitement du signal va de l'exploitation des données d'une boîte noire de couleur orange retrouvée lors d'un accident d'avion, aux traitements vidéo, en passant par les téléphones ou les disques durs.

On peut se demander si les chimistes sont utiles à ces personnes. En effet, ils le sont sur l'exploitation des documents, sur l'analyse des peintures automobiles (***Figure 8A***). Par exemple, j'ai été expert sur l'affaire de l'accident de voiture de la princesse de Galles, qui a eu lieu il y a presque quinze ans maintenant. On avait mis en place une technique d'analyse par spectrométrie infrarouge couplée avec une analyse de spectroscopie à rayons X à dispersion d'énergie (EDS, « *Energy Dispersive X-ray Spectroscopy* », en anglais) pour les éléments minéraux. On avait constaté, en intégrant ces résultats dans des bases de données de peintures automobiles, qu'il y avait dans un premier temps plusieurs types de couches de recouvrement, plusieurs types de peintures, et que l'on pouvait faire des classements pour différencier ces peintures automobiles. De plus, lorsqu'on a monté notre collection, on était capable d'identifier formellement pratiquement 30 % du parc automobile Français. Actuellement les bases de données beaucoup plus complètes permettent d'identifier quasiment tout le parc automobile du fait de l'extension de l'incrémentation de cette base à tous les laboratoires de forensique européens. Ainsi, concernant le véhicule accidenté, on a ainsi analysé le fragment de peinture blanche retrouvé sur la Mercedes noir, et l'on a pu identifier une marque de peinture automobile qui a été portée d'origine par les Fiat Uno de l'époque. Ce qui a eu une très grande importance dans l'enquête. Il faut savoir également que les spécialistes en accident avaient retrouvé un bout d'optique de véhicule et qu'ils avaient aussi identifié une Fiat Uno. Parmi les traces d'un choc précédent l'accident, nous avions aussi retrouvé des traces du pare-choc de la Fiat Uno. J'avais de plus précisé aux enquêteurs ainsi qu'au juge que l'on était sûr qu'un choc préalable à l'accident avait eu lieu entre cette Mercedes et une Fiat Uno de couleur blanche et qu'il ne s'agissait pas d'un véhicule Turbo diesel, qui ne portait pas les mêmes éléments. Cela avait produit un silence chez les enquêteurs. En effet, ils comprenaient comment on identifiait une peinture, une optique ou un polymère de pare-choc, mais ils ne comprenaient pas comment il était possible d'exclure un carburant. C'est à ce moment-là que j'ai mesuré l'importance de pouvoir parfaitement expliquer ce que je disais, car les éléments combinés ne se retrouvaient pas sur les véhicules Turbo diesel à l'époque. C'est pourquoi il ne faut pas rester dans sa technicité et donner le résultat brut de ses analyses, mais expliquer son raisonnement aux autres pour qu'ils comprennent le résultat, d'où l'importance de la communication.

Citons également les électroniciens qui récupèrent des composants électroniques contenant des informations volées, sur des équipements servant au vol de données numériques « Skimmer ». Beaucoup de ces composants sont cryptés, par les malfaiteurs, de manière à nier un vol de données par exemple, lorsqu'ils sont interpelés par les forces de l'ordre. On a besoin d'avoir accès aux éléments des puces pour révéler le vol de données et permettre une poursuite judiciaire (**Figure 8B**). Un travail collaboratif entre experts forensiques et enquêteurs est donc

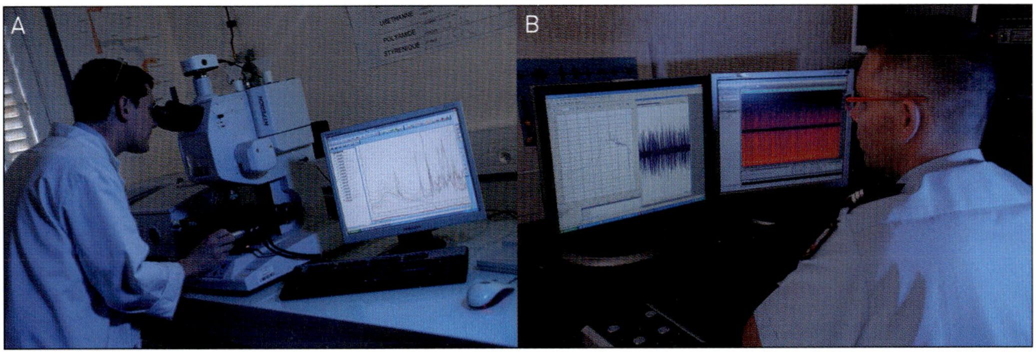

Figure 8

A) Analyse des peintures automobiles ; B) analyse de composants électroniques.

nécessaire afin d'éviter que le travail de l'un empêche le travail de l'autre, et au contraire que leur action se combine pour permettre la révélation de la vérité.

3.1.3. La division criminalistique identification humaine

Je présenterai la division biologie génétique dans le même temps que la division qui traite de l'identification humaine, car l'activité biologique se retrouve dans ces deux divisions, même s'il s'agit d'une activité de masse, spécifique et quasi industrielle dans la première.

Au sein de cette division identification humaine, se trouve l'unité (révélation de traces de sang) qui utilise par exemple le luminol (***Figure 9A***). C'est un produit chimique permettant de révéler par catalyse d'infimes traces de sang. Au laboratoire, nous avons beaucoup travaillé sur ce produit avec l'industriel pour en faire le BlueStar, un produit qui est plus efficace que le produit brut initial. On a fait beaucoup de chimie en travaillant sur les tampons pour le stabiliser et accroître ses performances ainsi que sa durée de luminescence. Ainsi la chimie permet des évolutions dans de nombreux domaines des sciences forensiques, comme avec les empreintes digitales avec la mise au point d'un colorant rehaussant le signal des empreintes détectées[11]. Il faut savoir que les techniques de révélation d'empreintes digitales évoluent en permanence. Chaque année on met en place de nouvelles méthodes d'essai, de nouvelles techniques que l'on diffuse auprès des enquêteurs du terrain.

Dans un autre domaine, nous pouvons citer l'utilité des insectes nécrophages (***Figure 9B***), grâce auxquels nous pouvons dater l'heure de la mort d'une victime. Ainsi un médecin légiste arrive à donner une date de décès d'un cadavre entre deux à cinq jours en se basant sur des observations cliniques. Le point de départ du décès d'une personne est très important car on peut rechercher à quoi a eu accès cette personne dans cet environnement, qui a-t-elle pu croiser à ce moment-là ; s'il y avait des caméras, cela permettrait de cibler les investigations des enquêteurs. La datation de la disparition d'une personne est donc vraiment un point important. Pour cela, les insectes sont très utiles, d'autant plus en zone gendarmerie où des personnes peuvent être plus isolées. En effet, moins de vingt minutes après le décès, les premières colonies d'insectes viennent coloniser le mort et pondre sur les victimes, en particulier sur leurs plaies. Ainsi lorsqu'on arrive après cinq, sept ou dix jours, on retrouve des insectes en pleine phase de développement. On prélève alors l'insecte, on l'élève jusqu'à l'état adulte et on sait que telle famille d'insectes a besoin de tant de degrés de température pour se développer. La température est un élément clé de la datation. Donc une fois que l'on a la période complète et le

11. « LumicyanoTM: A new fluorescent cyanoacrylate for a one-step luminescent latent fingermark development » (2013), *Forensic Science International*, **233** : 104-112.

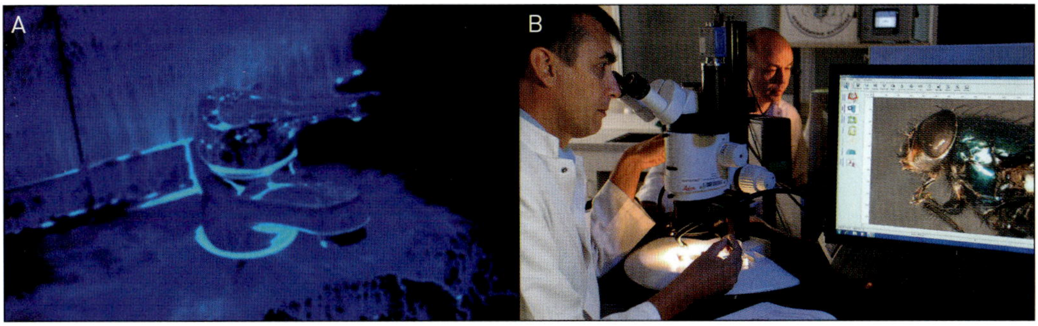

moment où on l'a trouvée, on arrive naturellement à trouver à quel moment la larve a été pondue. C'est donc le grand principe général pour dater la mort d'un cadavre. Cette technique marche très bien et ces experts traitent une centaine de dossiers par an.

Prenons le cas où un corps est complètement dégradé, où il n'en reste quasiment plus rien, pas même d'insectes vivants, et où l'on ne trouve que des pupes[12], on sait que la phase complète a eu lieu, mais la grande question est de savoir si la personne est morte il y a six mois, huit mois, dix mois, un an ou deux ans. C'est une vraie question, non résolue par les naturalistes. Les chimistes peuvent là encore apporter leur aide aux entomologistes légaux. Nous avons publié un article sur le sujet récemment[13]. L'idée est de travailler sur les pupes, en particulier les couches de lipides qui entourent ces pupes, et d'étudier leur vieillissement en fonction du temps. Le vieillissement des lipides portés par les cuticules permet une estimation de leur dégradation et une datation quant à leur durée d'exposition à l'air. Les chimistes, par leurs outils analytiques, apportent de nombreuses opportunités dans tous les domaines des sciences forensiques. La datation est un des éléments clés si l'on veut connaître « l'heure du crime », et l'on dispose de beaucoup de techniques sur ce sujet.

4 L'unité nationale d'investigation criminelle

Nous disposons d'une équipe d'investigation projetable en tous points du territoire national et outre-mer. Quand les scènes d'infractions sont relativement complexes ou particulièrement dangereuses comme des sites industriels, on doit être capable d'effectuer des investigations sur site, afin de rechercher la vérité et savoir précisément ce qu'il s'est passé. Les

12. Chez les insectes diptères, la pupe est le stade intermédiaire entre l'état de larve (appelée asticot) et celui d'imago, au cours de la métamorphose.

13. GC-MS analysis of cuticular lipids in recent and older scavenger insect puparia. An approach to estimate the postmortem interval (PMI) (2014). *Anal Bioanal Chem*, **406** : 1081-1088.

Figure 9

La division criminalistique identification humaine :
A) révélation de sang au luminol ;
B) étude des insectes ayant colonisé un cadavre.

spécialistes doivent pouvoir se rendre sur n'importe quel site où il y a eu une explosion par exemple, pour savoir si celle-ci est d'origine industrielle, accidentelle ou criminelle (voir aussi le ***Chapitre de F. Fontaine*** dans *Chimie et expertise*). Il est très important d'avoir rapidement une information ; il n'y a rien de pire que la rumeur. Être capable d'envoyer des experts dans un environnement complexe fait donc partie de notre travail. De plus, la gendarmerie dispose de capacités de projection rapide sur tous sites le nécessitant en hélicoptère ou en avion (***Figure 10A*** et ***B***). C'est une partie opérationnelle qui concerne aussi les chimistes experts : on se déplace et on vient avec tous les équipements pour procéder à des investigations pertinentes et des prélèvements adaptés.

On peut aussi mobiliser des capacités de modélisation (***Figure 10C***). En effet, quand il y a une explosion ou une catastrophe, avant de faire disparaître les indices lors des investigations ou que l'on ne voie plus rien – car il faut parfois remettre en état le site rapidement afin de diminuer le traumatisme entraîné sur les victimes –, il nous faut agir très rapidement, et il est impératif de développer des moyens de modélisation 3D de ces grandes scènes d'infraction ou d'accidents (crash d'avion, explosions, etc.).

Ainsi, par la suite, on se déplace et on repositionne l'ensemble des indices. Par exemple, cela a été fait récemment sur un train qui a basculé. Cela veut

Figure 10

L'équipe d'investigation sur le terrain est capable de modéliser des capacités de modélisation.

dire que l'on travaille dans un milieu complétement fermé, du fait d'une contamination possible de l'atmosphère. C'est véritablement fantastique de faire de la chimie de cette manière (en milieu contaminé) où rien ne peut se faire comme au laboratoire : même si on essaye de réaliser des mélanges, on doit revenir à des techniques analytiques de base comme les tests colorimétriques, on doit reprendre de petits lecteurs ultra-violets, des petites bandelettes, etc. Et lorsqu'on est complètement harnachés, si l'on veut faire des révélations ou des analyses sur des échantillons, on ne peut plus sortir d'éléments de la zone contaminée. Il y a donc toute une démarche intellectuelle qui a été mise en place pour pouvoir procéder sur place à des échantillonnages et faire de l'analyse, afin d'informer les enquêteurs sur la cause des contaminations ou de l'accident. Le plus dur pour moi a été de faire rentrer les petites pipettes dans les tubes à essai avec les surgants résistants à la déchirure, aux acides et aux solvants (***Figure 10D***) !

4.1. L'unité de gendarmerie d'investigation des victimes de catastrophes

L'identification des victimes de catastrophes (***Figure 11***) est aussi une mission de l'IRCGN, réalisée grâce à ses capacités d'identification humaine reposant sur ses experts anthropologues, odontologues, experts en empreintes digitales dégradées et médecins légistes. Ainsi, à l'étranger, dès qu'il y a une personne potentiellement française découverte morte, on doit l'identifier et être en mesure de donner les circonstances probables du décès. La moitié de nos missions d'identifications se passe à l'étranger. L'IRCGN envoie plusieurs fois dans l'année des équipes à l'étranger, un peu partout dans le monde, qui vont procéder à l'identification des personnes françaises qui auraient disparu ou qui auraient été retrouvées décédées, comme c'était le cas pour l'affaire du tsunami ou du crash d'avion.

4.2. L'assurance qualité

L'assurance qualité et le respect de la norme 17025 (***Tableau***) constituent la garantie tant aux justiciables qu'au mandant de la fiabilité de nos résultats d'analyses. L'IRCGN se soumet volontairement à ces contrôles et exigences, car fiabiliser nos résultats est plus qu'une exigence scientifique, c'est aussi un respect que l'on doit à nos concitoyens de garantir une justice rendue sur des résul-

Figure 11

Missions d'identifications de victimes de catastrophes.

tats les plus fiables possible. Nous sommes environ 230 scientifiques et 4 secrétaires. Lorsqu'un échantillon rentre au laboratoire, à l'Institut, l'expert fait de la science rigoureuse, traite l'ensemble de son dossier, et cela du début jusqu'à la fin des analyses et la production du rapport. Mais au moins, on connait l'ensemble de nos données et on a la maîtrise totale de notre sujet.

Cependant, nous sommes tout à fait conscients que l'innovation ou la créativité ne se développe que dans le débat. Ainsi, on adore cette partie « débat, explication », comme l'a dit P. Arpino, qui a l'occasion de venir nous soutenir dans les actions de développement (voir le ***Chapitre de P. Arpino*** dans *Chimie et expertise*). L'accréditation est un point clé car on doit être soumis à la question, nous aussi. En effet, les avocats doivent pouvoir venir critiquer et évaluer notre travail (sur ses aspects scientifiques). Cela ne nous pose aucune difficulté. Des auditeurs externes, désignés par le COFRAC, viennent vérifier que nous travaillons correctement et respectons la norme 17025, ce qui est un minimum dans ce métier.

4.3. Les incendies

Évoquons deux cas sur les incendies (***Figure 12***). Ce sujet est davantage développé dans le ***Chapitre de G. Cognon/B. Frère*** dans *Chimie et expertise.*

Lorsque l'on a un site incendié, il existe toute une méthodologie qui permet d'arriver à localiser les points de départ de feu et de déterminer

Tableau

L'assurance qualité à l'IRCGN.

Extrait de la révue COMPÉTENCES 1er trim. 2014

	Balistique	Documents papiers	Empreintes digitales	Enregistrements audios et vidéos	Identification de véhicules	Investigation numérique légale	Incendies et explosifs	Microanalyses criminalistiques et traces	Scène de crime, d'accident ou d'attentat	Stupéfiants
IRCGN 1-1916	X	X	X	X	X	X	X	X	X	X
INPS Paris 1-2061	X		X					X		
INPS Lyon 1-2322										X
INPS Toulouse 1-2316			X				X			
INPS Lille 1-5566			X							
LCPP 1-1350							X			
Banc national d'Épreuve des Armes et Munitions 1-2211	X									
DGGN 1-5588			X							

Figure 12

La gendarmerie en intervention après un incendie.

le nombre de foyers. Ainsi, on se focalise sur un foyer et on effectue un prélèvement d'un résidu incendie dans un petit bocal. On utilise ensuite les techniques chromatographiques classiques qui permettent de retrouver les produits avec lesquels le feu a été déclenché : de l'essence, du white-spirit ou du gasoil, etc.

Citons la chromatographie gazeuse bidimensionnelle[14] (***Figure 13***). On a une colonne de 25 ou 50 mètres apolaire, et l'on rajoute en sortie, après un refroidissement focalisant les produits séparés, une petite colonne polaire de l'autre côté. On peut grouper les différentes familles d'un composé et les identifier, et l'on est capable d'aller très loin sur les capacités séparatives tout en accroissant la sensibilité. Au laboratoire a été développée cette technique de travail chromatographique afin d'identifier, à partir d'un profil d'essence spécifique et même individualisant, une marque d'essence voire une société qui la délivre, ce qui constitue une excellente piste d'enquête. C'est un travail avec des problématiques purement statistiques. Il faut savoir qu'une essence, composée de plusieurs centaines de produits différents, selon qu'elle est évaporée à froid ou à chaud ou brûlée, change son profil

Figure 13

Chromatographie classique bidimensionnelle.

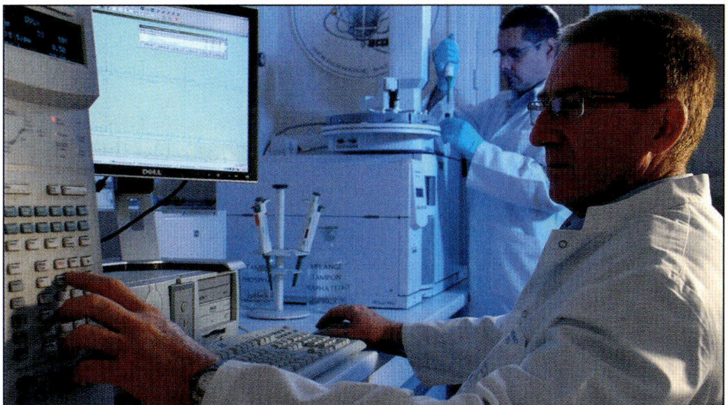

14. La chromatographie classique bidimensionnelle résulte du couplage de deux séparations chromatographiques de nature différente. Le principe est de découper le premier chromatogramme en plages de quelques secondes. Tous les composés recueillis sont ensuite soumis à une nouvelle chromatographie dont les critères de séparation diffèrent de la première. Pour plus de détails, voir le **Chapitre de G. Cognon/B. Frère**, *Chimie et expertise, sécurité des biens et des personnes*, EDP Sciences, 2014.

chromatographique, et l'on est obligé d'en tenir compte dans nos interprétations. C'est tout un programme qui a été développé à l'IRCGN.

4.4. Le skimming

N'omettons pas l'aspect de l'évocation du numérique actuel, qui est très importante. Cela concerne typiquement le skimming, qui consiste à voler vos données quand vous mettez votre carte bleue dans le lecteur (***Figure 14***). C'est le seul cas où j'aborderai l'aspect prévention, et ce, de manière éloignée avec la chimie, mais comme nous sommes tous concernés, cela m'est apparu important de l'aborder.

On a identifié un groupe de mafieux qui avait trafiqué un petit terminal de paiement électronique. Lorsque vous mettiez votre carte, vous payiez, la carte bleue fonctionnait, le numéro aussi, le magasin était payé, tout allait donc bien, avec une seule particularité : on avait mis une petite puce et un émetteur Bluetooth à l'intérieur du lecteur qui faisait que vos données et le code pin de votre carte étaient copiés. Puis le malfrat revenait en fin de soirée, il interrogeait le terminal à distance et téléchargeait les éléments volés par Bluetooth, et il les revendait ensuite dans un autre pays afin de procéder à une utilisation frauduleuse de votre CB. Cela a commencé à se répandre, et heureusement que l'on avait une première affaire qui est sortie dans une brigade de gendarmerie pour nous avertir. C'était un commerçant qui trouvait étrange que la carte bleue ne s'enfonçait plus aussi bien dans le lecteur. On a ainsi très rapidement constaté le système.

Un ingénieur de l'IRCGN a fait un rétro-engineering du système de piratage, il a découvert la puce mémoire et le système Bluetooth de transmission. Il a alors créé une application détectant cette fraude, que nous avons téléchargée sur les téléphones des gendarmes qui se basaient sur la détection du Bluetooth utilisé par le pirate qui avait une signature spécifique (***Figure 15***). Cela détectait le lecteur spécifique qui avait servi à faire la compromission. On a ainsi pu retrouver en France une centaine d'appareils qui commençaient à être disséminés, en train de capter des milliers de données.

On peut voir le côté opérationnel de notre travail avec l'exemple suivant. Comme on dit souvent : « *Gendarme un jour, gendarme toujours !* ». L'ingénieur a compris que l'important était aussi d'interpeller les auteurs, il a donc conçu un petit système électronique spécifique : quand l'auteur arrivait pour télécharger les données captées par son système, il y avait bien

Figure 14

Le skimming, ou vol de données sur carte bleue.

marqué « téléchargement en cours », mais en réalité l'appareil envoyait un SMS au service de sécurité et au gérant du magasin, de manière à ce qu'on puisse le localiser. C'est ainsi qu'on a pu attraper les malfaiteurs en flagrant délit. C'était finalement une équipe multi-couches, donc mafieuse, composée de personnes qui piégeaient les appareils, d'une autre qui venait les récupérer, d'une qui concevait les systèmes et d'une autre enfin qui revendait les données. Un signalement en brigade de gendarmerie, un expert de l'IRCGN et des enquêteurs patients ont évité à des milliers de personnes les tracas d'un vol d'argent sur leurs comptes. C'est le travail de l'ombre et le quotidien des actions de prévention que nous conduisons à l'IRCGN.

Figure 15

Reprogrammation des terminaux de lecteurs de cartes bleues.

Les chimistes au service de la vérité

L'avenir est déjà présent. Jusque dans les années 1970, les physico-chimistes étaient les rois de l'exploitation des indices découverts sur les cènes de crime (poison, explosif, etc.). L'ADN représente la révolution des années 1980 dans les laboratoires forensiques. La biologie devient la reine jusque dans les années 2000. À l'heure actuelle, il est clair que c'est vraiment l'informatique et le cyber qui priment. Actuellement, si nous ne sommes pas vigilants, on est capable de nous voler nos données ou notre identité, de les exploiter et d'en faire un maximum d'argent sans que nous-mêmes ne puissions réagir. C'est donc véritablement le défi de demain. D'ailleurs, on recrute en ce moment chaque année des informaticiens et des électroniciens.

Pour le recrutement, voici un conseil aux jeunes : renseignez-vous dans les centres de documentation si vous êtes intéressés, mais ne vous leurrez pas, pour travailler au laboratoire, c'est compliqué. Les personnes qui intègrent l'IRCGN ont généralement commencé par l'acquisition d'un savoir opérationnel, c'est-à-dire un travail de gendarme dans la brigade de gendarmerie, puis ils arrivent au laboratoire s'ils disposent des compétences techniques (Ingénieurs, Master, etc.) qui serviront de socle à leur formation d'expert. La particularité de l'IRCGN, c'est qu'une fois sélectionné, tous ont vocation à devenir expert dans leur domaine de compétence. La formation ne s'arrête donc jamais.

Contrairement aux séries télévisées, l'expertise est longue et très spécialisée. Même si nous disposons de l'ensemble des techniques, les experts se spécialisent dans des domaines afin de pouvoir garantir les résultats. En soi, la chimie permet effectivement d'avancer dans beaucoup de domaines. Réussir à résoudre une affaire criminelle en révélant des traces invisibles à l'œil nu par l'emploi de révélateurs chimiques spécifiques, ou remonter une filière de drogues par l'analyse de marqueurs de synthèse individualisant, dater un crime par l'étude d'une dégradation chimique, détecter une fraude ou identifier un auteur, c'est à la fois gratifiant et satisfaisant. C'est avant tout un investissement personnel, le goût du travail bien fait et un esprit d'équipe. Donc, quel que soit votre désir de métier, faites-vous plaisir dans vos études, découvrez les merveilles qu'offre la chimie au quotidien, émerveillez-vous, c'est le plus important qui soit !

Pierre Carlotti

La chimie au service de la sécurité de nos concitoyens

Pierre Carlotti est directeur du Laboratoire Central de la Préfecture de Police (LCPP)[1].

1 Le Laboratoire Central de la Préfecture de Police (LCPP)

1.1. Historique du laboratoire

Le Laboratoire Central de la Préfecture de Police a été mis en place en 1878 sous le nom de Laboratoire municipal de chimie (***Figure 1***). Sa première mission a été de saisir et d'analyser les denrées alimentaires et « tous objets quelconques pouvant, par leur usage, intéresser la santé ». Un des enjeux majeurs à l'époque était la qualité du vin et du lait, d'abord coupé d'eau par des marchands indélicats, puis, avec le raffinement des techniques de surveillance, mélangés avec divers produits pour échapper à cette surveillance. Les particuliers étaient invités à venir faire analyser au laboratoire les produits suspects de fraudes. A suivi l'éternelle lutte du fraudeur et de l'organisme de contrôle, le premier utilisant des méthodes de plus en plus sophistiquées pour échapper aux techniques d'analyse de plus en plus précises mises au point par le second, poussant ce dernier

1. Le LCPP est un organisme scientifique pluridisciplinaire placé sous l'autorité du Préfet de Police qui intervient à Paris et en petite couronne sur toutes les questions de sécurité des personnes et des biens, de salubrité et de pollution (site : www.lcpp.fr).

Figure 1

Le laboratoire municipal de chimie en 1894.

à toujours améliorer ses techniques d'analyse. Le dosage de la présence éventuelle de margarine (inventée en 1869) et d'huiles végétales dans le beurre peut être cité comme un des dossiers les plus difficiles de cette période.

Très vite, dès la fin des années 1880, le périmètre d'action du laboratoire a été élargi à la sécurité des théâtres face au risque d'incendie. L'incendie de la seconde salle Favart (opéra comique) en 1887, dû à l'éclairage au gaz, coûte la vie à 84 personnes (***Figure 2***). Le laboratoire est alors mis à contribution d'une part pour mettre au point des procédés d'ignifugation qui sont ensuite imposés aux théâtres, et d'autre part pour limiter l'emploi du gaz d'éclairage par l'éclairage électrique naissant. L'incendie du bazar de la charité en 1897 (129 victimes) et sur la ligne 2 du métro en 1903 (84 vic-

Figure 2

L'incendie de la salle Favart en 1887.

times) ponctuent cette période et mettent à contribution les experts du laboratoire.

Dans les années 1880, commence aussi une vague d'attentats anarchistes. Ces derniers raffinent leurs dispositifs de mise à feu et il n'est vite plus possible de laisser les agents de police traiter seuls les objets suspects. Les chimistes du laboratoire sont alors mis à contribution. Dans les années 1890, les attentats se multiplient, ce qui conduit à la création du service des explosifs, qui assure toujours aujourd'hui le déminage pour Paris et la petite couronne. La sécurité générale des habitants de Paris et de la petite couronne a aussi été très vite un enjeu, avec notamment la recherche des causes des intoxications au monoxyde de carbone, malheureusement encore d'actualité.

Avec la croissance de l'agglomération parisienne, la question de la gestion des eaux usées est devenue critique. Le laboratoire a été chargé, en 1926, d'examiner et de contrôler périodiquement les fosses septiques. Dans les années 1950-60, la qualité de l'air commençant à être perçue comme un enjeu important, le laboratoire a mis au point des analyseurs en continu de polluants.

Aujourd'hui, 135 ans après sa fondation, le laboratoire central de la préfecture de police, qui a pris ce nom en 1968, est la direction d'appui scientifique et technique de la Préfecture de Police de Paris. Ses missions recouvrent tous les domaines de la sécurité des habitant de la petite couronne et de Paris, à la fois pour les risques chroniques, les risques accidentels et la malveillance. Il s'appuie à la fois sur un travail d'intervention sur le terrain, avec des activités d'analyse et de modélisation, et trois services de permanence : la permanence des explosifs, la permanence générale et l'astreinte chimique. La permanence des explosifs assure la mission de déminage sur Paris et la petite couronne. La permanence générale intervient en complément de la permanence des explosifs ou seule quand il n'y a pas de problématique d'explosifs, afin d'aider les services de secours à décider des mesures de mise en sécurité à prendre, accumuler du retour d'expérience pour améliorer la prévention et aider les équipes d'enquête à déterminer les causes des sinistres par une mission de police scientifique. L'astreinte chimique a vocation à assurer la mise en œuvre d'une unité mobile d'analyse chimique afin de permettre une levée de doute la plus rapide possible en cas de suspicion de risque chimique (***Figure 3***).

Figure 3

Le véhicule de l'astreinte chimique.

1.2 La chimie au laboratoire central

Le laboratoire central, au service de la sécurité des habitants de Paris et de la petite couronne, utilise les sciences chimiques au quotidien, pour les investigations suite à sinistres ou actes malveillants, mais aussi pour la caractérisation des dangers, tant en risque aigu (présence dans l'air ou l'eau de toxiques en concentrations telles qu'il y a un danger immédiat) qu'en risque chronique (présence de produits qui ont un effet sur la santé à long terme, par effet cumulatif) (***Figure 4***).

La chimie est l'un des outils majeurs de la démarche scientifique employée au laboratoire central. Cet outil a deux aspects : la démarche analytique et l'ingénierie.

La **chimie analytique** permet de constituer une sorte de photographie de l'état dans lequel se trouve un produit au moment de sa collecte. Elle consiste à analyser des produits et des substances afin de déterminer leur nature et ainsi de répondre à des questionnements divers, dans un délai contraint (voir la partie 2 de ce chapitre). La démarche analytique emploie toute une panoplie de méthodes, présentées dans la partie 3.

L'**ingénierie** permet de procéder à des reconstitutions et à des simulations. Un exemple d'application peut être l'évaluation de diverses recettes d'explosifs improvisés. Un autre domaine, qui est l'un des défis majeurs posés au laboratoire et à ses partenaires du monde entier, reste

Figure 4

Toxicité aiguë et toxicité chronique : exemple du dioxyde d'azote.

Seuils de toxicité aiguë (INERIS)

Concentration	Temps (min)				
	1	10	20	30	60
Seuil des effets létaux significatifs – **SELS**					
• mg/m³	406	222	184	165	137
• ppm	216	118	98	88	73
Seuil des premiers effets létaux – **SPEL**					
• mg/m³	320	188	169	150	132
• ppm	170	100	90	80	70
Seuil des effets irréversibles – **SEI**					
• mg/m³	197	113	103	94	75
• ppm	105	60	55	50	40
Seuil des effets réversibles – **SER**					
• mg/m³	10	10	10	10	10
• ppm	5	5	5	5	5

Exemples de niveaux réglementés en toxicité chronique

0,4 ppm en tunnel (CETU)
3 ppm lieux de travail (INRS)

On raisonne sur la dose

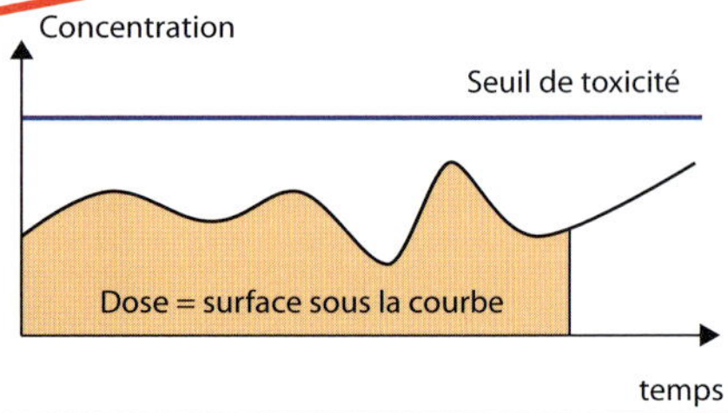

la mise en place de modèles de pyrolyse et de combustion robustes et fiables dans les logiciels d'ingénierie de la sécurité incendie, couplant la prise en compte des divers états de la matière, la réactivité des composants et les divers phénomènes de transfert de chaleur par conduction, convection et rayonnement. Ces aspects sont présentés dans la partie 4.

Au-delà de toutes les informations que peut apporter la chimie, il importe de situer ces éléments au sein d'une démarche d'expertise. La chimie (et plus largement l'utilisation de techniques scientifiques avancées) n'est qu'une toute petite partie du processus qui permet d'identifier des risques et éventuellement des responsabilités. Chacune des analyses permet d'apporter des éléments de preuve, un point de vue, et c'est l'ensemble de ces points de vue qui doit, par le biais d'une démarche d'expertise, servir à reconstituer une vision globale d'une problématique (***Figure 5***). Cette vision passe en général par la construction de scénarios de déroulements possibles, qui sont confortés ou écartés par l'analyse de l'ensemble des éléments de preuve. Une analyse systématique de l'ensemble des scénarios imaginables est presque toujours hors de portée d'une méthode purement déductive, et l'expert doit avoir une bonne intuition pour présélectionner un nombre relativement réduit de scénarios possibles.

2 Quelles sont les questions posées à la chimie ?

Comme on vient de le voir, face aux diverses situations pouvant mettre en danger la sécurité des personnes et des biens, les services d'investigation et de prévention font souvent appel à des éléments factuels issus des sciences chimiques. Cependant, le type de questionnement est très varié (***Figure 6***).

La première chose à déterminer est le degré d'urgence

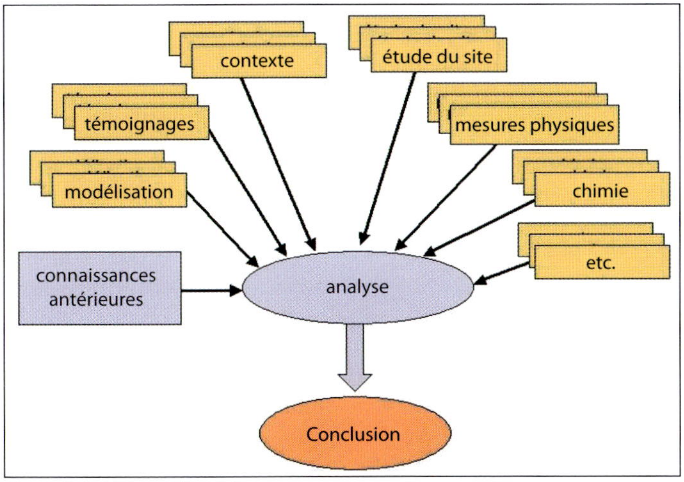

Figure 5

La chimie, élément de preuve dans un processus d'expertise.

Figure 6

Les questions posées à la chimie.

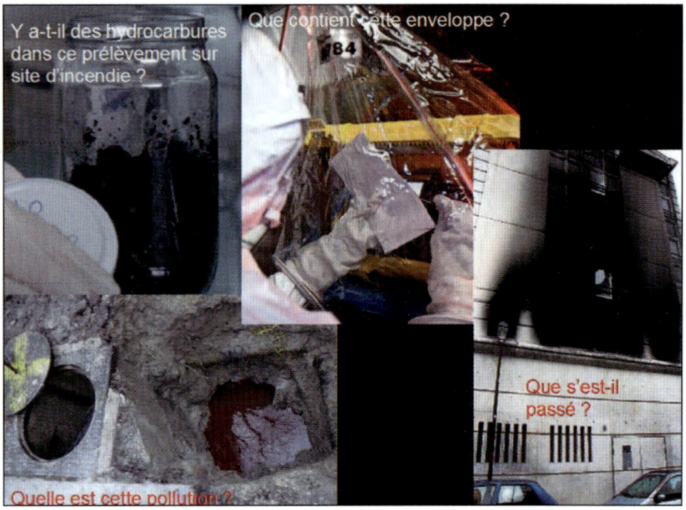

de la réponse. Quand il n'y pas d'urgence spécifique, un prélèvement sur le terrain suivi d'une analyse poussée en laboratoire, croisant les méthodes d'investigation, est possible. À contrario, il est parfois indispensable de fournir une réponse très rapide sur le terrain, comme par exemple quand il y a suspicion de déversement de gaz pouvant rendre nécessaires des mesures de protection immédiate. Entre ces deux extrêmes, dans de nombreux cas, il est possible d'analyser en laboratoire des échantillons relevés sur le terrain, mais en respectant une contrainte temporelle stricte. C'est par exemple le cas lorsque des analyses doivent se faire dans temps de la garde à vue d'un suspect.

2.1. Déterminer la composition d'un prélèvement

La première famille de réponses que peuvent apporter les sciences chimiques est la détermination de la composition, précise ou approximative, d'un prélèvement. C'est ce l'on appelle la chimie analytique : on cherche à faire une « photo », la moins floue possible, de ce qui a été prélevé. On parle d'analyse qualitative lorsque les méthodes d'analyse permettent simplement de déterminer la présence ou non d'un composé, sans chercher à en déterminer la quantité, et d'analyse quantitative dans le cas contraire. Comme on le verra, ces deux démarches sont complémentaires, car elles ne répondent pas au même questionnement. La question la plus classique posée aux sciences de chimie analytique est de déterminer si, dans des échantillons collectés sur le terrain (après un incendie, une explosion, ou tout autre événement de ce type), certaines substances sont présentes ou non. Ainsi, sur une scène d'incendie, on pourra procéder à la recherche d'accélérants de combustion (par exemple de l'essence ou du white-spirit), ce qui orientera vers un incendie volontaire (au sujet des incendies, voir le ***Chapitre de G. Cognon/B. Frère*** dans *Chimie et expertise. Sécurité des biens et des personnes*, EDP Sciences, 2014). Après une explosion, on recherchera des résidus d'explosifs (au sujet des explosions, voir le ***Chapitre de P. Charrue/B. Vanlerberghe***, *Chimie et expertise*, EDP Sciences, 2014), ce qui permet souvent d'identifier la filière d'approvisionnement et donc d'aider l'enquête en l'orientant vers des personnes ayant pu avoir à la filière concernée. Le même type de recherche peut aussi se pratiquer sur les mains ou les vêtements de personnes suspectées par les enquêteurs d'avoir participé à l'acte malveillant.

Une autre question concerne les produits inconnus. Face à une substance inconnue, il importe de déterminer le plus vite possible si elle est dangereuse, et si oui quel est le type de risque (explosion, risque chimique, risque biologique). En cas de suspicion de risque biologique, on cherchera à réaliser une levée de doutes la plus rapide possible, afin que les autorités puissent décider de traiter médicalement ou non les personnes qui ont pu se trouver en contact avec le produit. Pour cela, les méthodes chimiques, qui se concentrent sur quelques espèces chimiques caractéristiques des agents biologiques, sont moins précises que les méthodes biologiques, mais nettement plus rapides. Il est important de souligner que la quantité de produit actif (et dangereux) peut être minime par rapport à la masse totale de l'échantillon.

Tous les risques ne sont pas issus d'actes malveillants. Leur origine peut aussi être accidentelle, parfois à doses faibles. C'est en particulier le cas pour certains faits de pollution de l'air, des eaux et des sols. On se situe là souvent dans le domaine des risques chroniques. Il importe de savoir quel est la source de la pollution afin de la faire cesser. L'analyse des polluants permet alors de croiser avec les sources possibles pour déterminer la source réelle.

2.2. Comprendre des mécanismes réactionnels

La seconde famille de réponses que peuvent apporter les sciences chimiques est la compréhension de mécanismes réactionnels. Trois domaines sont d'une importance majeure. Tout d'abord, la connaissance des réactions chimiques dangereuses qui peuvent se produire par le mélange de produits courants (par exemple des produits ménagers), afin de former les services de secours à éviter les situations à risque.

Le second domaine est l'analyse des diverses formulations d'explosifs artisanaux que l'on peut trouver sur Internet : les dosages des constituants doit-il être très précis ? Sont-ils très instables et donc susceptibles d'exploser pendant leur fabrication ? Quel est leur capacité de destruction ?

Le troisième domaine majeur est la modélisation simplifiée

des mécanismes réactionnels complexes afin de faire des simulations prédictives. Les applications sont en particulier la pollution atmosphérique et la dynamique de l'incendie. Dans ces cas, les mécanismes réactionnels mettent en jeu des centaines de réactions chimiques concurrentes entre une multitude d'intermédiaires réactionnels, qu'il est trop complexe de modéliser tous, d'où le besoin de modèles simplifiés.

3 Les outils de l'analyse chimique

Pour répondre aux questions posées ci-dessus, l'expert possède une panoplie d'outils, qui sont maintenant présentés. Il doit donc, en fonction de la problématique, choisir dans cette panoplie les analyses à pratiquer. En ce sens, le travail de chimiste pour l'investigation est un vrai travail d'expertise, les outils fournissant des éléments de preuve qu'il doit ensuite croiser pour arriver à une conclusion certaine.

3.1. Les outils pour les échantillons substantiels

Une première famille de méthodes d'analyse est plus physique que chimique, et porte sur des échantillons composés complets (corps solides, poudre, etc.). L'analyse optique dans les longueurs d'onde visibles reste un outil fondamental. Elle permet d'orienter les méthodes d'identification chimiques pour divers types d'échantillons : analyse de la forme de grosses particules en suspension dans une solution ou piégées sur un filtre, analyse de l'état de surface d'un corps solide, analyse de la taille et de la répartition de pores, etc. Un progrès récent est à noter dans ce domaine avec la mise sur le marché de microscopes numériques qui permettent, par reconstruction sur ordinateur à partir de vues focalisées sur des plans précis, de ne pas avoir de limitation de profondeur de champ et d'avoir une vision tridimensionnelle des objets observés. L'imagerie par microscope peut être couplée à un spectroscope infrarouge à transformée de Fourier (voir ci-dessous pour la spectrométrie infrarouge à transformée de Fourier), ce qui permet, pour un échantillon plat (préparé par coupe ou par compactage), de corréler l'aspect visuel et le spectre de réponse infrarouge, afin d'analyser les produits composites.

La détermination des caractéristiques thermiques et calorifiques est un moyen d'analyse complémentaire qui permet d'identifier des compositions de mélanges complexes. La bombe calorimétrique permet de mesurer le pouvoir calorifique supérieur d'un échantillon, c'est-à-dire l'énergie totale qu'une combustion complète de l'échantillon peut dégager. L'analyse thermogravimétrique consiste à mesurer la variation de masse d'un échantillon lors d'un chauffage lent et contrôlé (quelques degrés par minutes) partant de la température ambiante jusqu'à 1 000 °C (***Figure 7***). Lors de ce chauffage, on peut ainsi identifier les températures pour lesquelles des

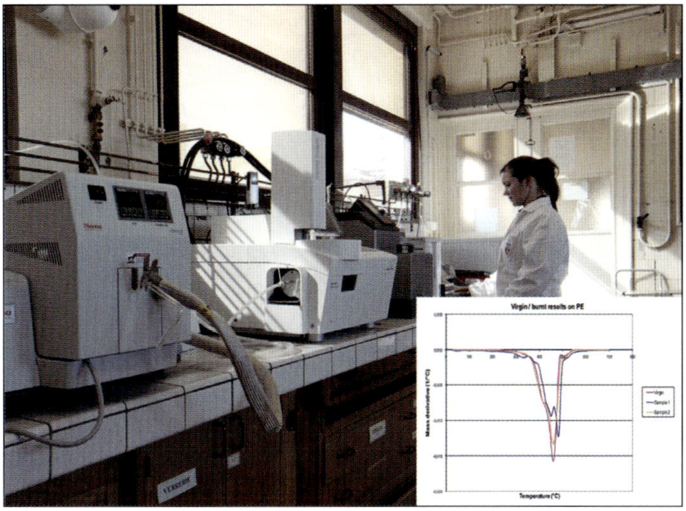

Figure 7

L'analyse thermogravimétrique.

pertes de masse particulières se produisent et les associer à des changements de phases ou à des réactions chimiques. Ce dispositif peut être couplé à un spectromètre infrarouge pour caractériser les espèces émises en fonction de la température. Un dispositif de calorimétrie différentielle à balayage, qui consiste à mesurer les échanges de chaleurs entre l'échantillon à analyser et un matériau de référence au cours d'une chauffe contrôlée, peut être couplé à l'analyseur thermigravimétrique. Cela permet de mesurer les chaleurs latentes de changement de phase et les enthalpies de réaction.

3.2. La préparation et le conditionnement des prélèvements

Une spécificité de la chimie analytique appliquée aux questions de l'investigation est le choix et la préparation des prélèvements (***Figure 8***). La recherche de traces d'hydrocarbures suite à un incendie est un bon exemple, car la complexité de la méthode de préparation est représentative des méthodes utilisées dans les autres domaines d'analyse. Les traces d'hydrocarbures peuvent être des résidus non évaporés, piégés dans les matériaux qui ont été pris dans l'incendie, ou peuvent se trouver sur les mains ou les vêtements de personnes.

La technique utilisée pour la préparation sur des prélèvements est de les chauffer une heure à 90 °C dans une enceinte étanche afin que les hydrocarbures s'évaporent et que les gaz présents dans l'enceinte contaminent par diffusion un adsorbant placé dans un tube métallique de format adapté aux chargeurs des appareils d'analyse. La température est alors abaissée à la température ambiante, ce qui fixe un échantillon de

Figure 8

La préparation des analyses de recherche de traces d'hydrocarbures.

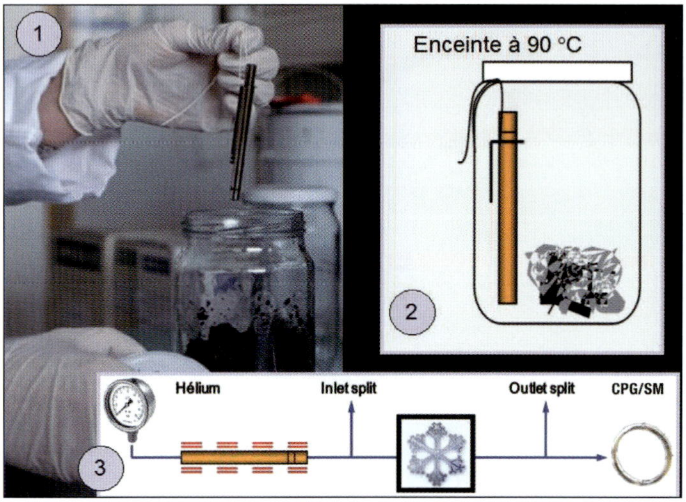

l'atmosphère de l'enceinte sur l'adsorbant du tube.

Le tube est ensuite chargé dans l'appareil d'analyse, qui va désorber les gaz présents par chauffage. Cependant, la cinétique de cette désorption est trop lente (une dizaine de minutes) pour que l'échantillon de gaz en sortie soit directement utilisable par une colonne de chromatographie en phase gazeuse. Afin que l'émission de l'échantillon soit suffisamment contrôlée dans le temps, il est une nouvelle fois piégé sur un corps froid, maintenu à -40 °C (seuls sont bien sûr piégés les composants qui se condensent à une température plus élevée que celle du piège). Une fois le corps froid suffisamment chargé en composés à analyser, il est chauffé d'une façon quasi instantanée (quelques secondes) afin de délivrer en une fois tout son contenu à la colonne chromatographique (voir ci-dessous la présentation des méthodes chromatographiques).

On voit que cette méthode de préparation est complexe et passe par plusieurs étapes au cours desquelles les traces d'hydrocarbures éventuellement présentes subissent des changements de phase. Elle demande donc un soin tout particulier. De plus, bien évidemment, elle suppose que le conditionnement initial des prélèvements ait été fait dans des récipients parfaitement étanches. La même méthode est employée de façon indirecte pour les analyses de résidus sur les mains des suspects. Dans ce cas, on fait porter des gants aux personnes concernées pendant une quinzaine de minutes, ce qui les fait transpirer, et on recueille les gants ainsi qu'une compresse ayant servi à essuyer la transpiration sur les mains pour analyse.

3.3. Les outils d'identification de molécules

Les méthodes présentées ci-dessus sont adaptées pour

des corps composites, mais ne permettent pas d'identifier des molécules. Les outils spécifiques conçus dans ce but sont maintenant présentés. D'une manière générale, la méthodologie est d'abord de séparer les molécules constitutives, puis de les analyser.

On a déjà vu ci-dessus deux méthodes de séparation de molécules d'un échantillon complexe, l'identification visuelle de zones homogènes et l'analyse des gaz émis par analyse thermogravimétrique. Les deux autres méthodes majeures pour la séparation des molécules sont la chromatographie (en phase gazeuse ou liquide) et l'électrophorèse capillaire[2].

La chromatographie

La chromatographie, qui comprend de nombreuses variantes, est la technique la plus employée. Elle consiste séparer les constituants d'un mélange homogène liquide ou gazeux en jouant sur la différence de vitesses de diffusion de ces constituants lorsqu'ils sont transportés par une phase mobile (gaz ou liquide) sur un substrat fixe (***Figure 9***). La technique la plus ancienne, qui a plus d'un siècle, et d'où la chromatographie tire son nom, consiste à faire migrer par capillarité une substance colorée sur un papier buvard. Le jeu des mobilités et des affinités des différents constituants conduit à les séparer, et le résultat est une série de taches de couleurs différentes sur le papier buvard. Dans les laboratoires d'aujourd'hui, le buvard est remplacé soit par un tube capillaire fin et très long (de 10 à 100 mètres de long) recouvert d'une phase fixe, soit par une colonne contenant la phase fixe. Chacun des constituants a un temps de parcours différent, ce qui permet la séparation.

Figure 9

Pour imager la chromatographie : exemple de l'affinité des passants aux échoppes de bouquinistes (Edouard Léon Cortes 1882-1969, Bouquinistes sur les quais de Seine.).

Source : Adagp, Paris 2014.

L'électrophorèse capillaire

L'électrophorèse capillaire sépare des constituants électriquement chargés en les faisant migrer le long d'un gradient de champ électrique dans un électrolyte qui module la mobilité en fonction de la taille de constituant. Elle permet notamment d'identifier les cations inorganiques présents dans les résidus de certains explosifs.

Quelle que soit la technique de séparation, elle doit être suivie d'une étape d'identification des molécules séparées. Les méthodes les plus employées sont, outre la

2. Voir aussi le ***Chapitre de P. Sibille*** dans *Chimie et expertise. Sécurité des biens et des personnes*, EDP Sciences, 2014 et le chapitre de J.-L. Veuthey dans *La chimie et le sport*, EDP Sciences, 2011.

spectrométrie infrarouge à transformée de Fourier déjà citée, la spectrométrie de masse et la détection par ionisation de flamme. Le principe du détecteur à ionisation de flamme est de faire brûler le gaz à analyser dans une flamme d'hydrogène, en présence d'un champ électrique. Les composées organiques forment des ions qui sont collectés par une électrode, et la charge des ions permet de les identifier. Ce type de détecteur est simple et robuste, mais est limité aux composés organiques.

La spectrométrie de masse

La spectrométrie de masse permet de séparer des composants en fonction du rapport de leur masse sur leur charge électrique (***Figure 10***). Elle a été mise au point la J. J. Thomson en 1912 pour séparer des isotopes du néon, et s'est révélée au fil des années une méthode d'une grande richesse. Le principe est d'abord d'accélérer les ions par un champ électrique, puis de les soumettre à un champ magnétique, qui courbe les trajectoires en fonction du rapport de leur masse sur leur charge électrique.

La spectrométrie infrarouge

La spectrométrie infrarouge (***Figure 11***) à transformée de Fourier consiste à analyser le spectre d'absorption dans l'infrarouge de l'échantillon, qui est directement relié aux fréquences propres de vibration des liaisons chimiques de la molécule. Cette analyse passe par une transformée de Fourier du signal brut comme intermédiaire de caractérisation.

Ces trois méthodes fournissent des résultats complexes à interpréter, sous la forme générale de courbes comportant plusieurs pics. Les courbes correspondant à la plupart des molécules sont référencées dans des bases de données, et une analyse par ordinateur de ces bases de données propose à l'opérateur

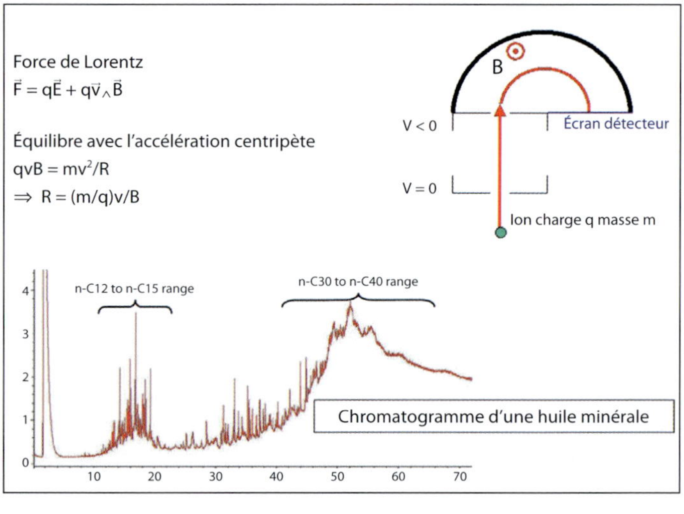

Figure 10

Schéma de principe de la spectrométrie de masse et chromatogramme d'une huile minérale.

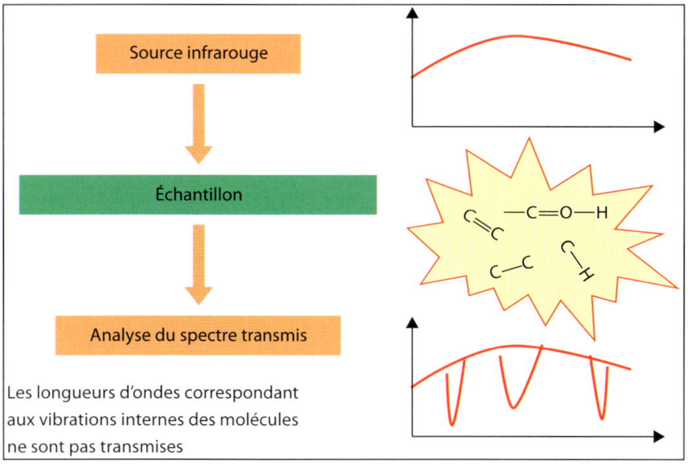

Figure 11

Schéma de principe de la spectrométrie infrarouge.

un choix des constituants possibles avec un niveau de confiance, à charge ensuite pour l'opérateur d'analyser la pertinence des suggestions issues de la base de données.

Parfois, et en général pour les analyses sur le terrain qui ne permettent pas les méthodes les plus raffinées, l'étape de séparation est omise, et on se base sur des méthodes plus globales, comme la spectroscopie Raman, ou on utilise un système de détection par ionisation de flamme.

3.4. Les outils d'identification des éléments non organiques

Lorsqu'il est nécessaire d'identifier des éléments non organiques, les méthodes présentées ci-dessus ne sont pas exploitables, et des méthodes spécifiques sont nécessaires. On parle d'analyses élémentaires car on ne recherche plus l'identification de molécules, mais bien celles des éléments non organiques du tableau de Mendeleïev.

La fluorescence X

La fluorescence X consiste à exciter l'échantillon par un rayonnement électromagnétique incident de petite longueur d'onde (rayon X) (voir le ***Chapitre de S. Pereira-Rodrigues***, *Chimie et expertise*, EDP Sciences, 2014). Ce rayonnement éjecte par effet photoélectrique des électrons de la couche interne des atomes, les mettant dans un état excité. La désexcitation se fait par la transition d'un électron d'une couche superficielle vers la couche interne, qui est accompagnée de l'émission d'un photon X dont l'énergie est donnée par la différence d'énergie entre sa couche électronique de départ et la couche interne. L'analyse de ces énergies permet d'identifier l'élément excité (***Figure 12***).

La spectrométrie par torche à plasma

La spectrométrie par torche à plasma consiste à envoyer l'échantillon dans une flamme

Figure 12

Schéma de principe de la fluorescence X.

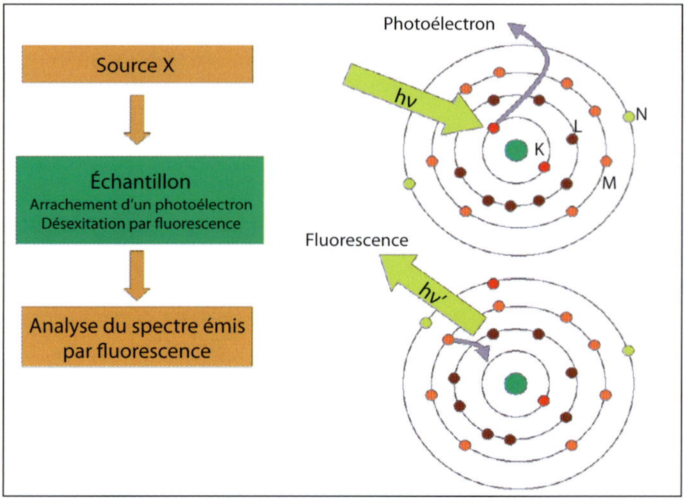

extrêmement chaude (jusqu'à 8 000 °C) afin que les éléments soient ionisés sous forme de plasma, c'est-à-dire un état de la matière où les noyaux atomiques sont débarrassés de leurs cortèges électroniques. Ils sont ensuite analysés par un spectromètre de masse qui permet de les identifier. Cette méthode nécessite de préalablement minéraliser les échantillons, c'est-à-dire de les débarrasser de toutes les molécules de carbone et d'hydrogène. Cette méthode permet d'identifier la plupart des éléments non organiques.

3.5. La démarche d'analyse

La démarche d'analyse dépend de la question posée. Si la question posée est de déterminer si un accélérateur de flamme ou un constituant d'explosif est présent dans un prélèvement, l'outil est choisi en fonction de l'espèce recherchée.

Lorsque la question posée est plus vaste, par exemple pour la détermination de la composition d'un mélange inconnu, que ce soit en cas de suspicion de menace malveillante ou en cas de pollution de l'air, d'eaux ou de sols, il est nécessaire de croiser les méthodes d'analyse. Par exemple, en cas de pollution de sol par une huile minérale, la recherche du détail de la composition en hydrocarbures et de particules métalliques permet d'identifier une pollution par huile moteur usagée. La recherche de la composition en hydrocarbures se fera par chromatographie, et la recherche des traces métalliques se fera par fluorescence X ou par torche à plasma.

Parfois, l'ensemble des techniques analytiques doit être mobilisé pour comprendre en détail le produit inconnu (***Figure 13***). Chacune de ces techniques donne une information partielle sur un échantillon préparé à partir du prélèvement (présence d'hydrocarbures, identification de liaisons typiques de cer-

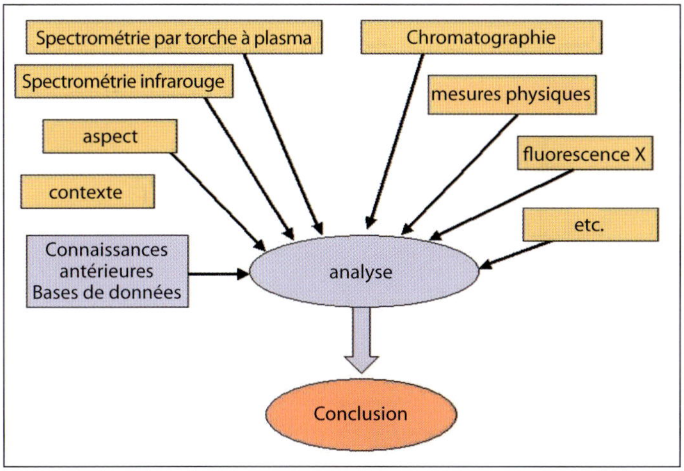

Figure 13

Démarche d'identification d'un produit inconnu.

taines molécules, présence d'éléments métalliques), et le travail d'identification est une véritable expertise, qui nécessite, sur la base des éléments de preuve rassemblés, de construire des scénarios plausibles et de les confronter aux résultats des mesures.

4 Comprendre les mécanismes réactionnels pour mieux prévoir et expliquer

Au-delà de la chimie analytique, il importe de comprendre certains mécanismes réactionnels pour prévenir des situations à risque et expliquer le déroulement de certains sinistres, voire prévoir l'évolution d'une situation.

4.1. Les réactions chimiques dangereuses

Un premier domaine est la connaissance des réactions chimiques dangereuses qui peuvent être provoquées par mégarde. Par exemple, le mélange de sulfures avec de l'acide peut conduire à la formation d'hydrogène sulfuré H_2S et mettre en danger des personnes (***Figure 14***). De nombreux autres mécanismes réactionnels sont dangereux et il importe de les identifier pour les prévenir.

La chimie peut aussi être employée à des fins malveillantes, notamment pour préparer des explosifs avec des moyens relativement limités, en se servant de recettes mises en ligne sur Internet (***Figure 15***). Pour les acteurs de la sécurité, il importe donc d'évaluer ces recettes sous plusieurs angles : difficulté de préparation et de respect des proportions, stabilité pendant la préparation et les manipulations, puissance de l'explosif, méthodes de neutralisation, capacité de détecter à distance les explosifs, capacité d'identifier les explosifs employés à partir des résidus post-explosion. Cette évaluation se fait dans un premier

Figure 14

Exemple réel de réaction chimique dangereuse : des sulfures présents dans des eaux usées stagnantes réagissent avec des acides utilisés pour déboucher des canalisations ; la réaction produit de l'hydrogène sulfuré qui intoxique gravement une personne du fait du dysfonctionnement d'un siphon.

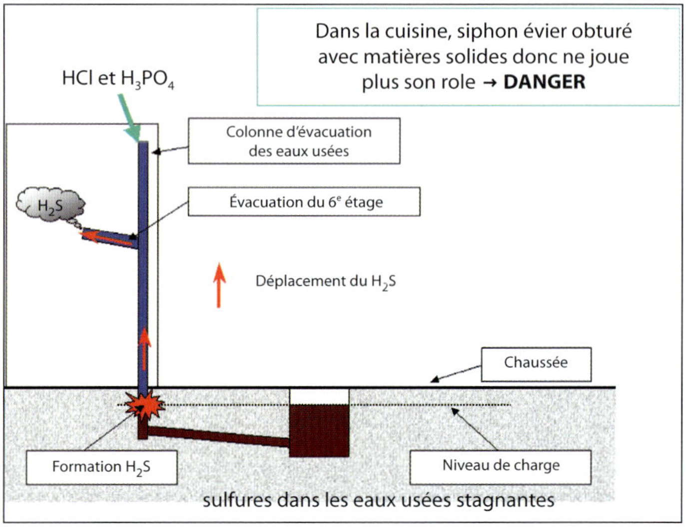

Figure 15

Petits gâteaux réalisés à partir d'explosifs artisanaux.

temps par une estimation théorique de la dangerosité, ce qui permet de mettre au point les mesures de sécurité pour la réalisation de travaux de synthèse et d'essais en laboratoire.

4.2. La modélisation de l'incendie

Dans les domaines de la maîtrise du risque, on distingue en général l'aléa de la vulnérabilité. Par exemple, en risque sismique, l'aléa est donné par le comportement du sol, et est caractérisé par la probabilité de survenue d'un séisme d'ampleur donnée ; la vulnérabilité dépend de la capacité résistante du bâtiment soumis à un séisme d'intensité donnée. En ce qui concerne le risque feu, cette distinction n'est pas pertinente, car l'aléa initial (survenue d'une source d'inflammation initiale, étincelle ou point chaud) n'est pas directement relié à l'intensité du feu, celle-ci dépendant plus de la vulnérabilité des objets présents à proximité de la source d'inflammation initiale.

Longtemps, la démarche de prévision des conséquences d'un incendie reposait néanmoins sur la distinction aléa/vulnérabilité : le foyer pris en compte était décidé à priori à dire d'expert et on étudiait l'effet de ce foyer supposé connu. Cette démarche peut déjà être fort complexe à mettre en œuvre quand on veut comprendre le mouvement des fumées et les températures atteintes en divers endroits d'un bâtiment complexe. On utilise pour cela des logiciels de mécanique des fluides stratifiée (c'est-à-dire prenant en compte précisément les différences de masse volumique entre les fumées chaudes et l'air frais).

Cependant, cette démarche ne permet pas de prévoir la propagation d'un feu à divers éléments combustibles présents dans un bâtiment. Elle ne permet pas de reconstituer comment et à quelle vitesse en fonction des conditions de ventilation, par exemple, un feu de poubelle causé par un mégot mal éteint va se propager à un canapé situé à proximité, puis comment ce canapé, générant par pyrolyse une forte quantité de gaz imbrûlés, va éventuellement conduire à l'inflammation d'autres éléments de mobilier dans d'autres pièces lors de la rencontre entre ces gaz imbrûlés et l'oxygène présent dans de l'air frais. Un modèle permettant une prévision précise d'un tel cas sur la base de la géométrie des locaux et des caractéristiques physico-chimiques des matériaux reste aujourd'hui au-delà de nos capacités.

Une des difficultés de ce problème est de passer de la petite échelle (celle du matériau, où l'on peut supposer les grandeurs caractéristiques de l'échantillon uniforme ou, le cas échéant, celle des essais en laboratoire sur des produits finis de petite dimension), à l'échelle du feu réel. Pour ce faire, deux approches sont généralement employées.

La première consiste en la définition d'un mécanisme réactionnel simplifié à l'échelle matériau. Chaque réaction de ce mécanisme est associée à des paramètres empiriques déterminés par des analyses de type thermogravimétrique utilisant une ou plusieurs courbes de montée en température fixée, tant sur la dégradation thermique en phase solide que pour la combustion. Cependant, cette approche souffre de limitations diverses, liées à la fois à l'interprétation physique des modèles utilisés, au calcul des grandeurs associées, à la difficulté de définir un mécanisme réactionnel à priori et à l'impossibilité de procéder de manière fiable à un changement d'échelle. Ce dernier point s'explique par le fait que ces approches contiennent les paramètres empiriques et dépendent de l'histoire de la sollicitation thermique des matériaux, conduisant à une forte complexité pour transposer les résultats d'un essai – représentatif d'une sollicitation thermique fixée – sur un cas réel – où la sollicitation dépend de la dynamique du feu.

La seconde approche se base sur des essais au feu à petite échelle de type cône calorimètre, postule la linéarité des phénomènes de dégagement de chaleur lors du changement d'échelle, qui s'exprime par des produits de convolution entre l'énergie dégagée à petite échelle et l'aire en flamme à toutes échelles. Cette méthode se heurte *de facto* à la fois aux difficultés de prédiction de l'évolution de l'aire en flamme (tant par le biais de corrélations empiriques que sur la base d'un modèle physique) et aux non-linéarités de la combustion aux échelles supérieures.

Le Laboratoire central travaille donc, en lien avec des acteurs académiques français et étrangers, à construire une modélisation de la combustion de solides ne comportant aucun paramètre dépendant de l'histoire de la sollicitation et prenant en compte les principales non-linéarités des phénomènes. Un premier passage à l'échelle supérieure sera ensuite réalisé, en utilisant ce travail comme une description locale de la matière, avec prise en compte de phénomènes de convection et de conduction. Une seconde montée d'échelle visera à décrire avec les méthodes développées le cas de la combustion d'une surface plane horizontale de grandes dimensions par rapport à la source initiale.

Le modèle sera confronté aux résultats expérimentaux de feux de matelas initiés par une attaque ponctuelle. Il pourra ensuite être couplé aux logiciels de prédiction du mouvement des fumées (***Figure 16***).

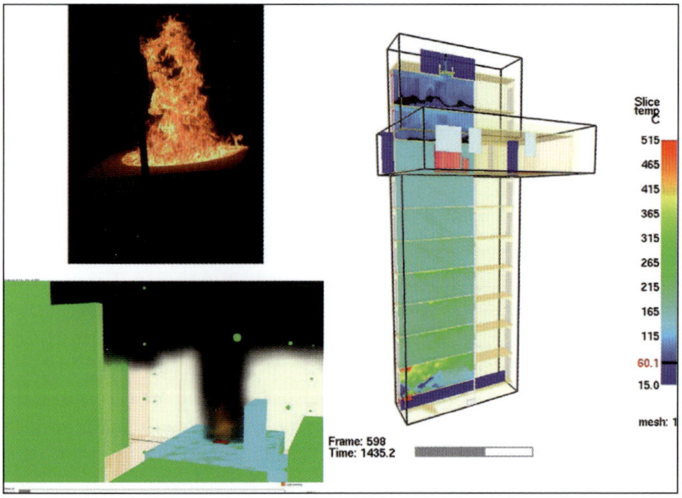

Figure 16

Modélisation de l'incendie : exemple de la combustion d'un matelas (comparaison essai/simulation) ; enfumage d'une cage d'escalier (l'incendie au premier étage fait des victimes dans l'appartement du 8e étage du fait d'une propagation par une cage d'escalier non encloisonnée).

La recherche face aux nouvelles menaces

Pour conclure, le tour d'horizon des usages de la chimie dans la vie quotidienne du Laboratoire central, le mieux est d'insister sur les enjeux de recherche. Dès les années 1880, on l'a vu, la lutte entre le fraudeur et l'organisme de contrôle conduisait le laboratoire à mener des recherches pour mettre au point de nouvelles techniques d'analyse. Peu après, le risque incendie dans les théâtres l'amenait à faire progresser la prévention par des recherches sur l'ignifugation, et l'émergence de la menace terroriste le conduisait à mener des recherches sur des menaces émergentes.

La situation n'a en fait guère changé aujourd'hui : le laboratoire travaille à faire progresser sans cesse ses méthodes d'analyse pour détecter des produits autrefois indétectables. Il utilise la recherche pour faire progresser la prévention en proposant des solutions. Il travaille à anticiper les menaces émergentes par une veille active. Ce travail se fait en réseau avec des organismes académiques et scientifiques.

Remerciements

Je tiens à remercier des personnes qui travaillent au Laboratoire central pour les nombreuses discussions techniques très profitables que j'ai pu avoir avec elles.

Pierre Toulhoat

Des produits aux installations

Apport des sciences chimiques pour renforcer la sécurité

Pierre Toulhoat est Directeur Scientifique de l'Institut National de l'Environnement Industriel et des Risques (INERIS). Il est aussi professeur associé à l'Université Lyon 1 et membre de l'Académie des Technologies.

La capacité en termes de prévention, d'intervention et d'enquête à mettre en œuvre pour dissuader la malveillance ou intervenir en temps réel dans les risques liés aux activités industrielles est plus que jamais au centre des préoccupations de la société. C'est dans ce cadre que l'Institut National de l'Environnement Industriel et des Risques a été crée ; ses missions sont rappelées dans l'***Encart : « Les missions de L'INERIS »***. L'apport de la chimie, partout présente, sera mis en lumière sur des exemples de cas réels.

1 La chimie théorique et la prévision des risques

Les plus récentes méthodes de la chimie théorique sont utilisées pour prévoir les propriétés dangereuses de certains produits, notamment leur explosibilité, la sensibilité à l'impact, l'inflammabilité, en évitant ainsi le recours à des expérimentations qui sont non seulement dangereuses, mais aussi coûteuses et longues.

Il est aussi possible de prévoir par modélisation les incompatibilités chimiques de certains

LES MISSIONS DE L'INERIS

L'Institut National de l'Environnement Industriel et des Risques (INERIS) (***Figure 1***) est un Établissement Public Industriel et Commercial (EPIC) créé en 1990, à partir du Centre de Recherche des Charbonnages de France. Il est placé sous la tutelle du ministère de l'Écologie. Plus de 600 personnes y travaillent, avec un budget de 80 millions d'euros. Ses missions sont de réaliser ou de faire réaliser des études et des recherches permettant de prévenir les risques que les activités économiques, industrielles font peser sur la santé, la sécurité des personnes et des biens, ainsi que sur l'environnement, et de fournir toute prestation destinée à faciliter l'adaptation des entreprises à cet objectif.

L'INERIS intervient pour 20 % de son activité dans différents domaines en recherche : sur des programmes de recherche sur fonds publics ou sur appel à projet de l'Agence Nationale de la Recherche, ou encore sur des projets européens. La majeure partie de ses missions est l'appui aux pouvoirs publics, pour valider des outils et des méthodes d'évaluation des risques de pollution, pour développer des outils de réduction des risques et des pollutions, et aussi pour gérer des bases de données des dispositifs de surveillance en appui aux autorités régaliennes*. L'INERIS mène aussi des expertises réglementaires de l'expertise-conseil et assure de la formation pour les entreprises.

Figure 1

L'INERIS, à Verneuil-en-Halatte (60).

**Régalien : se dit des fonctions politiques et administratives qui dépendent directement de l'État ou de son représentant légal.*

types de produits donnant lieu à des réactions violentes qui conduisent à des explosifs improvisés : la mise en présence de composés relativement banals au départ peut générer des mélanges extrêmement préoccupants, et cela peut aussi être utilisé pour le détournement malveillant de telles substances, ou encore pour réaliser des explosifs improvisés[1].

Les molécules représentées sur la ***Figure 2*** sont deux exemples typiques de ce type de molécules, que l'on peut malheureusement synthétiser assez facilement à partir de produits achetés dans le commerce : l'hexaméthylène triperoxide diamine (HMTD) et le triperoxyde de tricycloacétone (TATP). Ces molécules, utilisées depuis quelques années par un certain nombre de groupes terroristes, sont des explosifs dits primaires, extrêmement dangereux, sensibles notamment aux chocs, aux impacts. L'INERIS a développé des recherches pour prévoir les propriétés dangereuses de ce type de molécules.

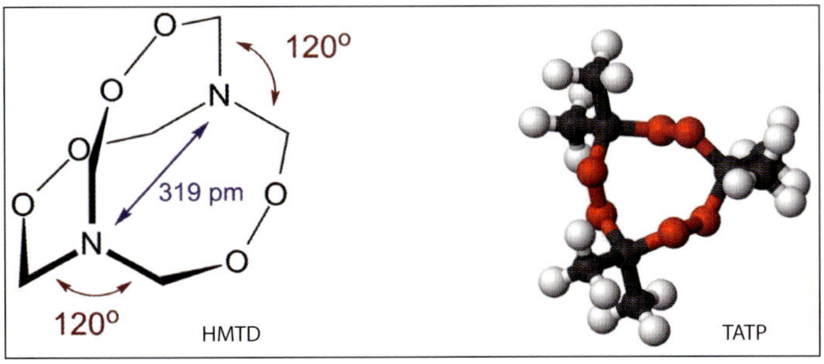

Figure 2

HMTD et TATP, deux molécules explosives dont on peut prévoir les conséquences.

1.1. Approche prédictive issue de la chimie théorique : le modèle QSPR

D'une façon générale, la chimie théorique dispose de méthodes de criblage efficaces et rapides pour l'identification de l'explosibilité de substances dangereuses, simplement à partir de considérations sur la structure moléculaire et en utilisant des méthodes statistiques appelées QSPR (« *Quantitative Structure-Property-Relationship* ») : ce sont des relations quantitatives entre la structure d'un composé et ses propriétés basées sur les calculs de chimie quantique. Ce travail est développé depuis plusieurs années entre l'INERIS et l'École d'ingénieurs Chimie ParisTech (équipe du professeur Carlo Adamo).

La ***Figure 3*** résume le principe d'une modélisation du type QSPR : sur une molécule donnée, on rassemble d'une part ce qu'on appelle les « descripteurs moléculaires », tels que la constitution du cortège d'atomes qui constituent la molécule, la répartition de ces atomes dans l'espace, ou encore les propriétés électroniques et quantiques déduites de modèles théoriques dits *ab initio*[2]. D'autre part, on utilise l'ensemble des propriétés expérimentales dont on dispose

1. Au sujet des explosifs, voir aussi le ***Chapitre de P. Charrue/B. Vanlerberghe*** dans *Chimie et expertise, sécurité des biens et des personnes*, coordonné par M.-T. Dinh-Audouin, D. Olivier et P. Rigny, EDP Sciences, 2014.

2. La méthode *ab initio* est une méthode de chimie numérique basée sur la chimie quantique.

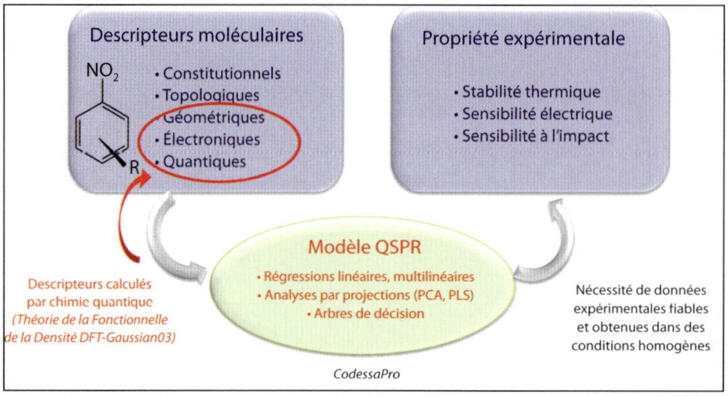

Figure 3

Le principe du modèle QSPR.

pour constituer une base de données.

Les méthodes prédictives sont élaborées à partir de composés bien connus pour être extrapolées ensuite à des composés pour lesquels on se propose de prévoir les propriétés chimiques. Cette démarche utilise différents outils mathématiques tels que la régression linéaire et multilinéaire, l'analyse par projection, ainsi que des méthodes statistiques.

1.2. Prévision de l'explosibilité des produits

Les études ont été réalisées sur des composés du type nitroaromatique, nitramine ou nitroaliphatique[3]. Prenons l'exemple du trinitrotoluène (TNT), cet explosif bien connu qui fait partie de la famille des nitroaromatiques, afin de cibler les propriétés suivantes : les chaleurs de décomposition, les températures de décomposition, la sensibilité à la décharge électrique et la sensibilité à l'impact.

Dix modèles, basés sur le principe QSPR et répondant aux principes de validation de l'Organisation de Coopération et de Développement Économique (OCDE), ont été mis au point. En effet, les modèles développés doivent être homologués dans le cadre des démarches règlementaires que les industriels notamment doivent appliquer pour permettre l'autorisation de mise sur le marché de leurs produits si on suspecte des propriétés dangereuses. Ces modèles permettent, à partir de calculs et de données préalables, d'extrapoler et de prévoir de manière maintenant extrêmement précise, les propriétés de nombreux produits en se dispensant d'efforts expérimentaux lourds et dangereux.

1.3. Exemple de prévision de la dangerosité potentielle de couples de composés : l'accident d'AZF

Des travaux en cours d'achèvement permettent par exemple de prévoir les incompatibilités entres substances. L'un des exemples traités a été l'une des hypothèses suggérées comme source de l'explosion d'AZF à Toulouse en 2001 : l'incompatibilité chimique entre le nitrate d'ammonium (qui était stocké sur place) et des composés comme le dichloroisocyanurate de sodium (DCCNa) (***Figure 4***). La modélisation théorique de la réaction entre ces deux produits

3. Nitroaliphatique : molécule non aromatique possédant le groupement fonctionnel NO_2 ; nitramine : molécule possédant le groupement fonctionnel NNO_2 ; nitroaromatique : molécule aromatique possédant le groupement fonctionnel NO_2.

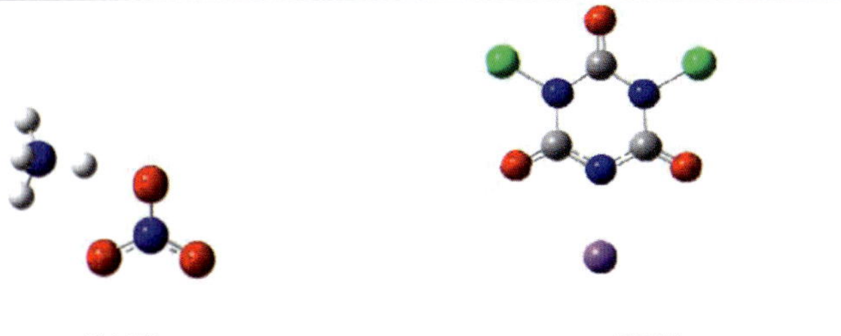

Figure 4

Le nitrate d'ammonium et le dichloroisocyanurate de sodium, deux molécules incriminées dans l'explosion d'AZF à Toulouse, le 21 septembre 2001.

montre qu'elle peut générer des conséquences extrêmement néfastes et notamment l'explosion importante intervenue sur le site d'AZF.

En utilisant la méthode *ab initio* de chimie théorique, il a été possible de prévoir les niveaux d'énergie des différents états intermédiaires (appelés les états de transition) qui existent entre les deux molécules initialement mises en contact, et des produits finaux. À partir des niveaux d'énergie de ces états intermédiaires qui illustrent le chemin réactionnel, on peut calculer des vitesses de réactions, donc qualifier des propriétés d'explosivité, puisque plus la vitesse de réaction est élevée, plus les réactions sont à caractère explosif.

Ces approches prédictives connaissent un assez beau succès au niveau international car elles permettent de prévoir assez bien les risques et les dangers qui résultent de l'association de ces composés dangereux.

2 L'action en situation d'urgence

L'INERIS est à la disposition des pouvoirs publics en cas de situation d'urgence et se mobilise grâce à une cellule appelée « Cellule d'Appui en Situation d'Urgence ». Cette cellule est d'astreinte 24 h/24 et intervient en moyenne cinquante fois par an pour aider les pouvoirs publics et les services de secours à intervenir dans des situations accidentelles ou de crise.

L'exemple de l'accident de Lubrizol

En janvier 2013, à l'usine Lubrizol de Rouen, s'est produite une émission accidentelle de composés soufrés malodorants, suite à une défaillance sur une unité de production de dithiophosphates de zinc. L'INERIS a réalisé des mesures sur site grâce à un laboratoire mobile immédiatement dépêché sur place et a reconstitué « la nature de la source » en agrégeant les diverses données obtenues pour obtenir la quantité de produits préoccupants émis afin de faire des calculs d'impact. Les données de chimie analytique, les données sur la compréhension du procédé, mais aussi des outils de modélisation en mécanique des fluides, ont été conjointement utilisées afin de simuler la dispersion à la fois à l'échelle locale et à grande échelle, en relation avec les données météorologiques.

2.1. Les moyens de mesure mobiles

La ***Figure 5*** illustre les différents moyens de mesure mobiles intégrés dans les camions, de véritables laboratoires qui reposent pour un certain nombre d'entre eux sur des systèmes d'analyses chimiques miniaturisés, automatisés : micro CPG/SM[4], systèmes de détection de particules, d'analyses de gaz et de mesures de débit et de températures. Tous ces moyens ont pu été mobilisés instantanément quand s'est produit ce problème autour de l'installation Lubrizol.

4. Une explication du principe de la chromatographie, de la spectrométrie de masse et de leur couplage CPG/SM est donnée dans le ***Chapitre de P. Sibille*** dans *Chimie et expertise*, EDP Sciences, 2014.

2.2. Reconstitution de l'accident

Le graphe de la ***Figure 6*** permet de reconstituer l'évolution des gaz émis au moment de l'accident : une courbe continue en vert correspond aux quantités émises d'isopropylmercaptan, qui est le composé émis malodorant. Les barres verticales bleues puis violettes représentent le nombre d'appels téléphoniques des riverains, simultanément enregistrés par les centres d'appels. Les calculs

Figure 5

Les différents équipements mobiles utilisés sur le lieu d'un accident.

Source : INERIS.

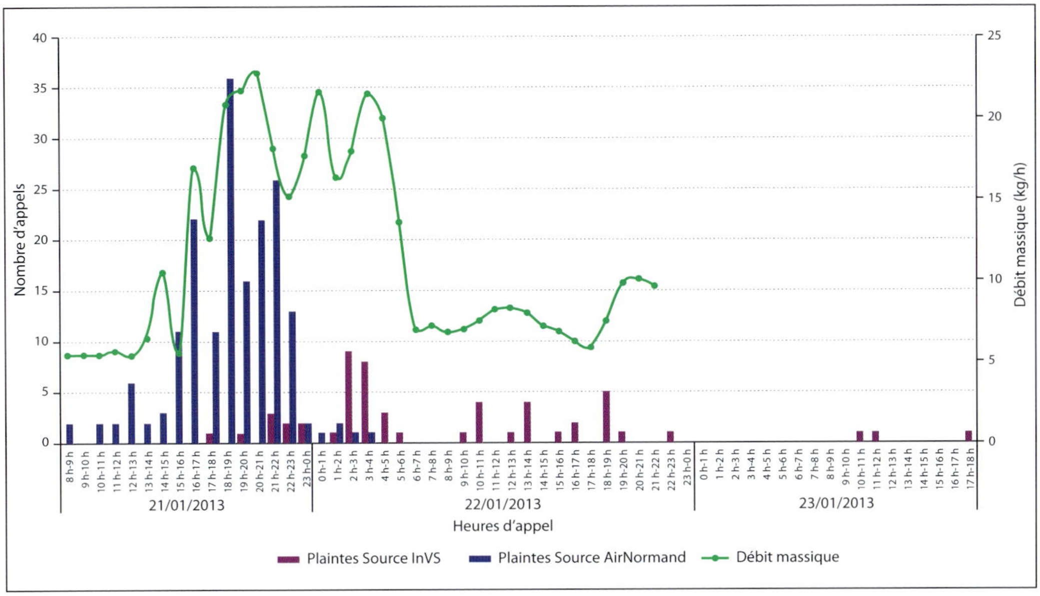

de quantités de produits émis peuvent être ainsi corrélés avec l'intensité des préoccupations des riverains qui percevaient l'odeur de ce mercaptan. Cette reconstitution de l'évolution du terme source a été importante pour ensuite simuler et prévoir la dispersion des panaches de ce composé.

2.3. Simulations de l'évolution des panaches de polluants

Sur les cartes de la ***Figure 7***, avec une partie A à l'échelle locale et une partie B à l'échelle régionale, sont reportés les panaches simulés des émissions de mercaptan en fonction du temps écoulé après l'accident. Sur la partie A, on reconnaît la boucle de la Seine et la ville de Rouen, et l'on voit que la position du panache varie en fonction de la direction des vents, et en fonction du temps qui s'est écoulé depuis l'accident. Il a été ainsi possible à l'échelle locale de réaliser une approche prédictive des zones polluées en fonction de l'évolution de la météo à quelques heures, pour permettre aux pouvoirs publics soit de faire évacuer les lieux, soit de simplement demander aux habitants de se protéger, car ce composé malodorant était heureusement peu toxique aux doses auxquelles il a été ressenti par la population. Les modélisations à plus grandes échelles de la partie B montrent que le panache s'est déplacé d'abord sur la région parisienne, puis au bout d'un jour et demi jusque dans le sud de l'Angleterre où l'odeur a été parfaitement ressentie.

Le travail des chimistes analyticiens associé au travail des modélisateurs permet donc de reconstituer des situations réelles et d'aider les pouvoirs

Figure 6

Graphique présentant en fonction du temps après l'accident : en vert le débit massique d'isopropylmercaptan, en bleu et violet le nombre d'appels (sources respectives : AirNormand et InVS).

Source : travaux menés à la Direction des Risques Chroniques de l'INERIS.

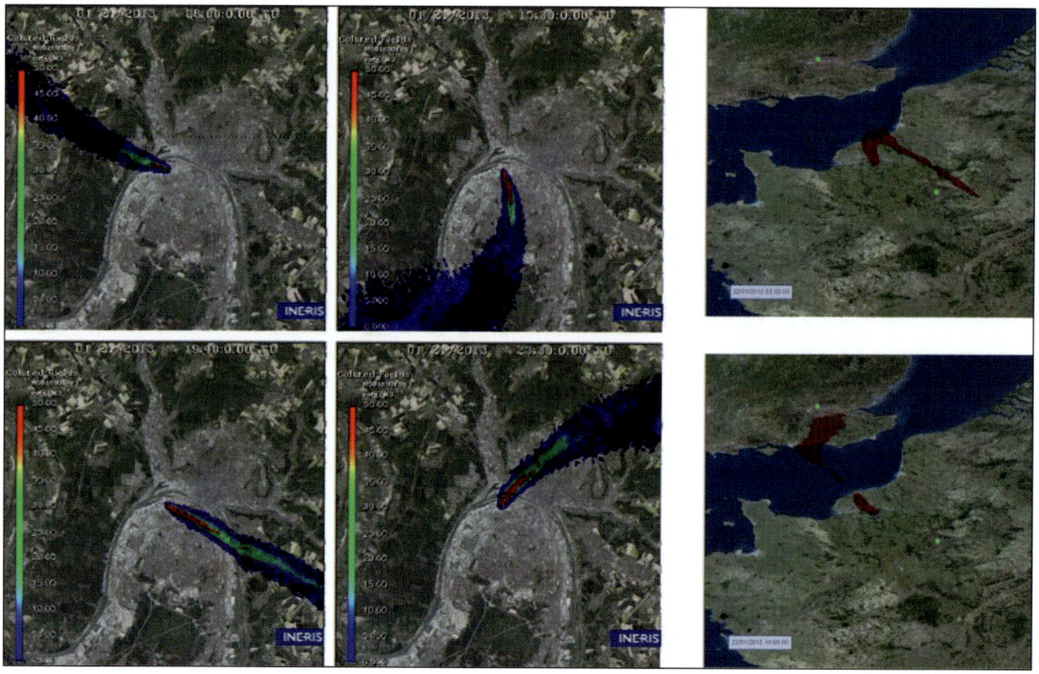

A B

Figure 7

Simulation à l'échelle locale (A) et à l'échelle régionale (B) du panache de polluants suite à l'accident de l'usine Lubrizol à Rouen.

publics à prendre les mesures de prévention, de précaution et de mise à l'abri des populations en cas de suspicion d'effets toxiques importants.

3 Recherche de la causalité du désordre

L'exemple de la rivière Dore

L'exemple de la rivière Dore permet de d'illustrer la recherche de la causalité d'un désordre. Dans une rivière tranquille du Massif Central, les sociétés de pêche se sont aperçues que les poissons commençaient à avoir un aspect étrange : une hypertrophie des gonades (glandes sexuelles) associée à une inhibition de la ponte pour les femelles, puis à l'apparition d'intersexualité chez les poissons avec apparition d'ovocytes imparfaits dans les tissus des gonades des mâles. Ces perturbations endocriniennes avaient été constatées en aval d'installations industrielles (***Figure 8***).

Pour rechercher la cause de ce désordre, l'INERIS a couplé les études d'effets biologiques et la chimie analytique, et retrouvé les molécules responsables de ces effets sur les poissons. De plus, les poissons sont des organismes sentinelles, qui permettent d'alerter sur les risques liés à la consommation ou à l'utilisation des eaux de cette rivière, dans la chaîne trophique jusqu'à l'homme. Cette recherche a été réalisée dans le cadre d'une collaboration entre les équipes de l'INERIS et les équipes de chimistes analyticiens de l'environnement (équipe d'Hélène Budzinski à Bordeaux).

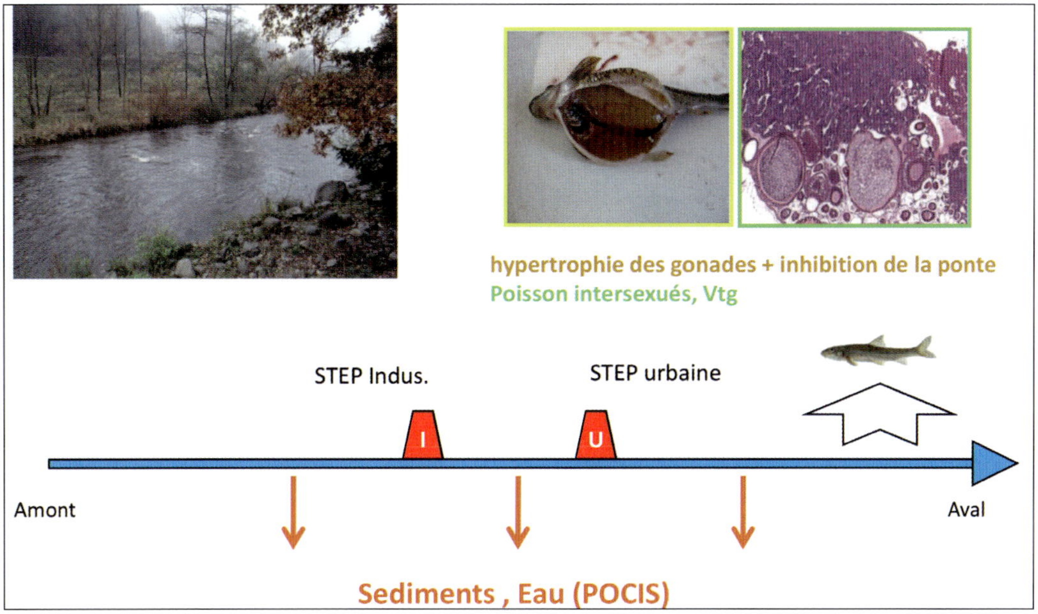

3.1. Recherche des profils d'activité biologique *in vitro*

Les sédiments et les échantillons d'eaux collectés soit en amont soit en aval de l'installation industrielle ont été soumis à des tests biologiques qui permettent d'enregistrer des réponses de type perturbation endocrinienne (***Tableau 1***).

Cette batterie de tests a permis de mettre en évidence une

Figure 8

Photos et schéma montrant les effets de la pollution sur les poissons le long de la rivière Dore.

Tableau 1

Résultats des différents tests biologiques sur les sédiments et les eaux en amont et en aval de l'installation industrielle.

		Récepteurs aux œstrogènes	Récepteurs anti-androgéniques	Hydrocarbures aromatiques polycycliques	Récepteurs androgéniques	Récepteurs à la progestérone	Récepteurs glucocorticoïdiques	récepteurs anti-minéralocorticoïdiques	Récepteurs X des pregnanes (stéroïdes et xénobiotiques)
Sédiment	Amont	±	±	+	n.d.		n.d.		n.d.
	Aval 1	±	n.d.	+	n.d.		n.d.		n.d.
	Aval 2	±	±	+	n.d.		n.d.		n.d.
Eau	Amont	±	n.d.	±	n.d.	n.d.	n.d.	n.d.	+
	Aval 1	±	n.d.	±	++	+	+++	+++	++
	Aval 2	±	n.d.	±	++	+	+++	+++	+++

n.d. = non détecté

contamination d'origine stéroïdienne (c'est-à-dire non œstrogénique) due vraisemblablement à des composés d'origine pharmaceutique qui activent divers récepteurs nucléaires des cellules, en lien avec la perturbation endocrinienne.

3.2. Séparation et identification des composés actifs d'origine connue

Les différentes fractions des composés pharmaceutiques suspectés sont séparées par chromatographie. Chaque fraction est identifiée puis soumise à différents tests biologiques, afin de savoir s'il persiste des effets de type androgénique ou anti-androgénique, ou œstrogéniques (***Figure 9***). Dans un certain nombre de fractions, des corticoïdes et des glucocorticoïdes sont mis évidence. Ces composés existent dans les anti-inflammatoires connus sous le nom commercial Prednisolone®.

3.3. Identification des composés inconnus par spectrométrie de masse à haute résolution

Les spectrométries de masse à haute résolution et à très haute résolution[5] permettent d'identifier les composés initialement inconnus (***Figure 10***). Toutes les molécules identifiées sont ces glucocorticoïdes, connus d'un certain nombre de chimistes et de pharmaciens comme des produits entrant dans la composition des médicaments fabriqués dans l'usine en amont sur la rivière. Cette usine a donc eu un défaut de conception ou de maintenance des systèmes de gestion de ses effluents, et certains effluents contenant ces composés actifs ont été rejetés dans la ri-

5. Au sujet de la spectrométrie de masse à haute résolution, voir le ***Chapitre de G. Cognon/B. Frère***, dans *Chimie et expertise, sécurité des biens et des personnes*, EDP Sciences, 2014.

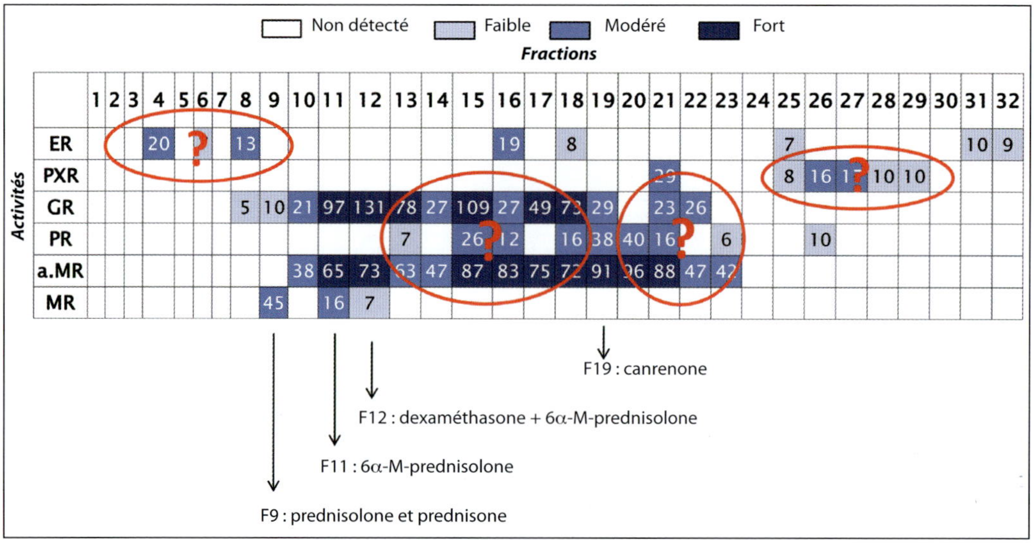

Activités	1	2	3	4	5	6	7	8	9	10	11	12	13	14	15	16	17	18	19	20	21	22	23	24	25	26	27	28	29	30	31	32
ER				20		?		13								19		8							7						10	9
PXR																					29				8	16	1?	10	10			
GR								5	10	21	97	131	78	27	109	27	49	73	29		23	26										
PR													7		26	12		16	38	40	16	?	6			10						
a.MR										38	65	73	63	47	87	83	75	72	91	96	88	47	42									
MR									45		16	7																				

Figure 9

Tableau présentant les résultats des différents tests de l'activité biologique sur les fractions obtenues sur colonne HPLC (chromatographie en phase liquide à haute performance) et identification de composés connus.

A

Non détecté — Faible — Modéré — Fort

Fractions

Activités	1	2	3	4	5	6	7	8	9	10	11	12	13	14	15	16	17	18	19	20	21	22	23	24	25	26	27	28	29	30	31	32
ER				20		7		13								19		8							7						10	9
PXR																					[illegible]				8	16	17	10	10			
GR								5	10	21	97	131	78	27	109	27	49	73	29		23	26										
PR													7		26	12		16	38	40	16		6			10						
a.MR										38	65	73	63	47	87	83	75	72	91	96	88	47	42									
MR									45		16	7																				

Facteur d'induction

B

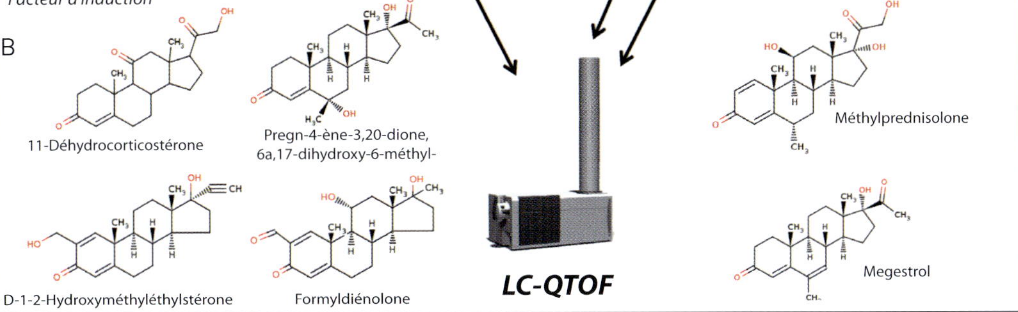

vière. À l'issue de cette étude, l'industriel a pris les mesures nécessaires pour éviter cette pollution, et désormais les poissons ne changent plus de sexe sous l'influence de ces composés !

Le couplage de la chimie analytique, de la biochimie et de la biologie moléculaire a donc permis de remonter à la source de la pollution et d'identifier les molécules présentes en quantités pourtant extrêmement faibles, de l'ordre quelques nanomoles par litre ou par gramme.

4 Méthodologie de l'identification d'un polluant

La ***Figure 11*** résume la méthodologie de l'identification des pollutions. On commence par un profilage toxicologique suivi d'une quantification à l'aide de méthodes d'analyses chimiques ciblées, et l'on termine avec des méthodes non ciblées qui permettent de mettre en évidence des molécules à priori inconnues, mais pourtant responsables des effets qu'on a mis en évidence.

Cette approche peut être appliquée dans des situations relativement variées, notamment pour remonter à des causes de perturbations vues dans des cas de contamination intentionnelle ou par malveillance. Toutes ces nouvelles approches qu'on appelle EDA (« *Effect Directed Analysis* », en anglais) sont des méthodes extrêmement prometteuses pour comprendre de manière raisonnée et progressive les effets à la fois sur l'environnement, sur les écosystèmes mais aussi bien sûr sur les populations humaines.

Figure 10

*A) Tableau présentant les résultats des différents tests de l'activité biologique sur les fractions obtenues par spectrométrie de masse à haute résolution ; B) identification des composés initialement inconnus et représentation topologique de quelques composés identifiés. LC : chromatographie liquide ; QTOF : spectroscopie de masse quadrupolaire à temps de vol (*Time of Flight*).*

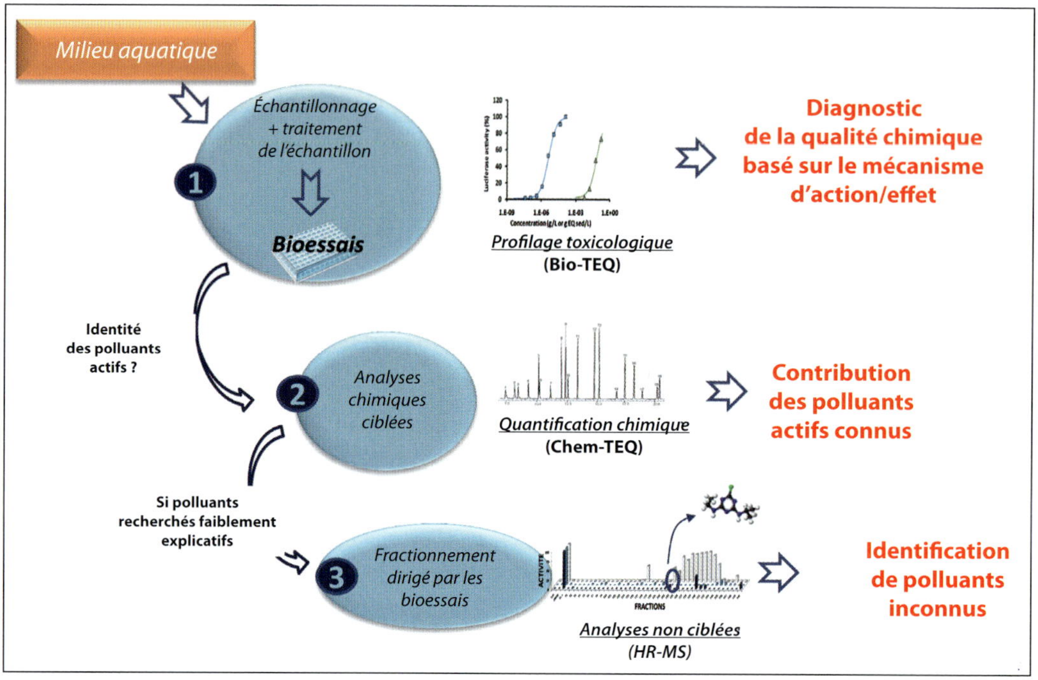

Figure 11

Schéma récapitulatif de la démarche d'identification de polluants.

Prévoir et agir en situation d'urgence : une mobilisation transdisciplinaire de toutes les compétences disponibles

Les trois exemples présentés illustrent les missions de l'INERIS : prévoir et anticiper, en privilégiant les approches prédictives et préventives basées sur des modélisations de chimie théorique, et savoir agir en situation d'urgence pour aider les pouvoirs publics à comprendre et évaluer les impacts.

Pour réaliser ces missions, les chimistes de l'analyse ou d'autres disciplines de la chimie s'associent à des spécialistes de modélisation, ainsi qu'à des biologistes. La qualité de l'expertise s'appuie sur une recherche de bon niveau menée en partenariat avec des équipes académiques parmi les meilleures. La demande de la société et des citoyens dans le domaine de la protection des risques est croissante ; il faut donc développer une recherche de plus en plus exigeante.

Enfin, l'INERIS s'associe aussi à tous les établissements qui sont présents autour de la table dans certaines situations d'urgence accidentelle, et notamment le Réseau d'Intervenants en situation Post-Accidentelle (RIPA), non seulement publiques mais aussi privées, afin d'assurer la maîtrise de la situation, notamment dans le cas des accidents chimiques ou des actes de malveillance majeure.

Mobiliser toutes les ressources nationales en situation post-accidentelle est l'effort que nos autorités essaient de développer.

Bruno Feignier

La chimie pour la lutte contre le terrorisme et pour la non-prolifération nucléaire

Bruno Feignier est docteur en sismologie de l'Université Joseph Fourier (Grenoble) et a été chercheur associé à l'Université de Queen's au Canada. Entré au Commissariat à l'Énergie Atomique et aux énergies Alternatives (CEA) depuis 1993, il y a occupé différentes fonctions opérationnelles puis de management d'équipes. Depuis octobre 2013, il est Directeur du programme « Sécurité et Non-prolifération ».

1 L'apport de la chimie

La chimie fournit des outils et des méthodes très précieuses pour la lutte contre le terrorisme et la lutte contre la prolifération nucléaire, deux programmes importants développés au CEA.

La ***Figure 1*** schématise le cycle du combustible nucléaire. Les différentes étapes constituent autant de compétences développées au CEA. La chimie intervient directement dans les opérations, de l'extraction du minerai d'uranium à son enrichissement isotopique et à la fabrication de combustibles pour les réacteurs producteurs d'électricité ; après le passage du combustible en réacteur, la chimie joue encore un rôle clé dans son retraitement et dans la gestion des déchets radioactifs.

De la même façon, dans les énergies alternatives[1] (***Figure 2***), la chimie est indispensable, qu'il s'agisse de dé-

1. Voir l'ouvrage *Chimie et enjeux énergétiques*, coordonné par M.-T. Dinh-Audouin, D. Olivier et P. Rigny, EDP Sciences, 2013.

Figure 1

Schéma du cycle du combustible nucléaire. La chimie est essentielle au développement sûr et optimisé de l'usage de l'énergie nucléaire.

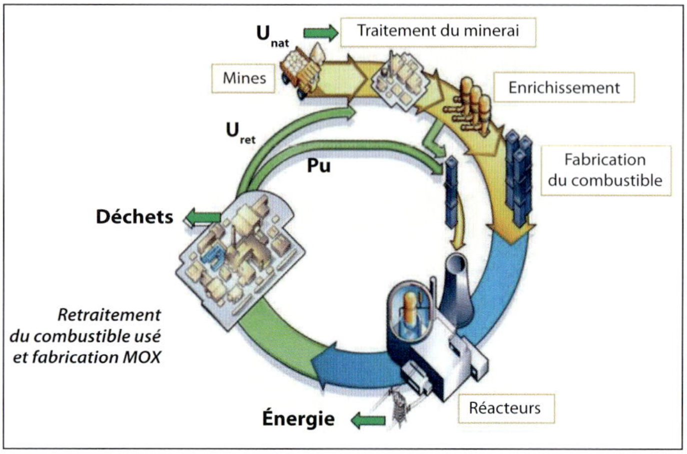

Figure 2

La chimie est au cœur du développement des énergies alternatives.

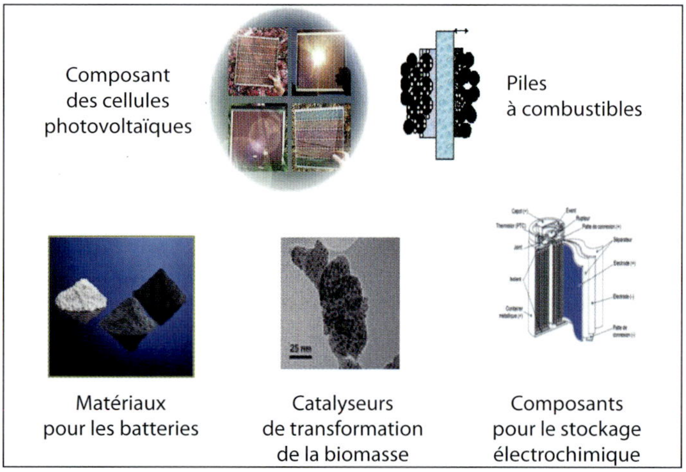

finir les bons matériaux pour les batteries, de concevoir des piles à combustible, d'améliorer leurs performances, voire demain d'améliorer encore les performances des cellules photovoltaïques.

Le CEA a la capacité de savoir allier recherche fondamentale, donc découverte de nouvelles connaissances scientifiques, et recherche appliquée pour être en mesure de transférer les inventions des chercheurs vers des industriels ou d'autres acteurs. Dans la suite de ce chapitre, nous traiterons de la lutte contre le terrorisme et contre la prolifération nucléaire. Dans ce cadre, le CEA apporte également une expertise technique au profit de nos autorités nationales.

2 La lutte contre le terrorisme

2.1. Les différentes menaces de terrorisme

Les « menaces » éventuellement utilisées par le terrorisme sont classées en NRBC-E, initiales qui font simplement référence aux différents types de menaces

– Nucléaire, Radiologique, Biologique, Chimique et Explosive – auxquelles nous pouvons être confrontés. Le diagramme de la ***Figure 3*** en classe les probabilités d'occurrence en fonction des effets attendus[2].

Ainsi la menace la plus probable, l'utilisation d'explosifs, a des effets qui pour être dramatiques, restent relativement localisés. On rencontre ensuite la menace des toxiques chimiques, industriels ou militaires, puis ce qu'on appelle communément les bombes sales : de la matière nucléaire liée à des explosifs et disséminée dans l'environnement lors de la détonation. On passe ensuite aux menaces biologiques, toxines ou éléments vivants (virus, bactéries). Au bout du spectre, c'est la menace nucléaire, la moins probable mais aussi celle aux conséquences les plus dévastatrices.

Le CEA joue un rôle d'assistance aux pouvoirs publics dans l'évaluation des différentes menaces et des différents scénarios d'utilisation. Par ailleurs, il se rapproche des opérationnels, à savoir la police, la gendarmerie, les pompiers, éventuellement les douanes, pour arrêter une expression de besoins (« *de quoi avons-nous besoin pour pouvoir détecter et caractériser ?* ») afin de définir les programmes de recherche et développement qui créeront les instruments adéquats pour caractériser et maîtriser les événements de la meilleure manière possible.

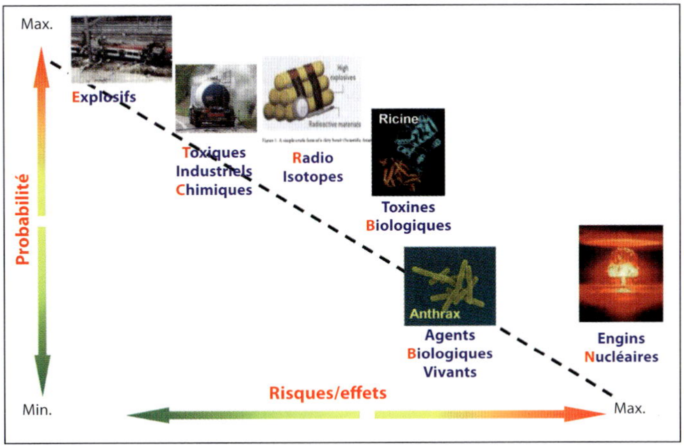

Figure 3

Diagramme de la probabilité d'occurrence de menaces en fonction de leurs effets.

Scénarios et programmes d'action prennent en compte les différentes phases que sont la prévention, puis la gestion de la crise afin d'en minimiser les dommages, et enfin la restauration du site dans son état initial.

Les paragraphes suivants visent à illustrer ces programmes à travers quelques exemples de réalisations.

2.2. La recherche au service de la gestion des crises

2.2.1. La détection de traces de toxiques chimiques par analyse de surface

Lors de l'attentat du métro de Tokyo en 1995, du gaz sarin[3] avait été répandu, intoxiquant un nombre important de passagers et primo-intervenants et allant jusqu'à en tuer plusieurs (***Figure 4***). Les difficul-

2. Il ne s'agit toutefois que d'un essai de simplification qui ne doit pas être pris au pied de la lettre, en ce domaine les menaces sont largement évolutives et les critères d'impact sont multifactoriels et difficilement quantifiables.

3. Le gaz sarin est une substance inodore, incolore et volatile, neurotoxique pour l'homme et l'animal, il est cinq cents fois plus toxique que le cyanure.

Many die, 1,200 collapse in Tokyo Tube attack

SIX people died today and more than 1,200 panic-stricken commuters collapsed as clouds of Nazi nerve gas swept through Tokyo's rush-hour subway system.

Figure 4

Attentat au gaz sarin dans le métro de Tokyo en 1995.

Figure 5

Opérateur pour le diagnostic instantané d'éléments chimiques sur un lieu d'attentat.

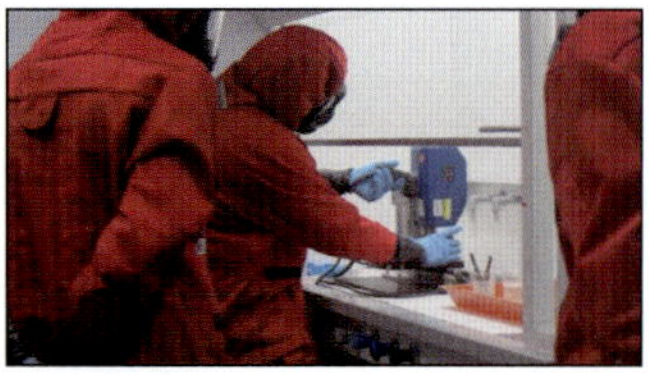

Figure 6

Analyseur portable pour la détection automatique et instantanée de marqueurs atomiques.

tés rencontrées au moment de la crise pour comprendre ce qui se passait illustrent bien l'importance de la détection des gaz toxiques, même au niveau de traces, puis de leur caractérisation afin d'aider les autorités dans leur gestion de la crise.

Pour traiter ce type de situation, les laboratoires du CEA ont par exemple développé un appareil de mesure reposant sur la spectroscopie sur plasma induit par laser ou LIBS (« *Laser-induced breakdown spectroscopy* »). Cette méthode analytique physique repose sur l'utilisation d'un laser qui vient créer un plasma au niveau de la surface étudiée, permettant d'analyser quantitativement par spectrométrie les composants chimiques présents. Cette technologie permet ainsi d'identifier la contamination présente en surface mais également jusqu'à quelques µm de profondeur (***Figure 5***).

La validation des performances et de la robustesse de ces instruments est évidemment essentielle. En l'occurrence, la validation de la LIBS a été faite sur de véritables agents chimiques de guerre (***Figure 6***).

Inutile de préciser que ces actions de R&D correspondent à des programmes pluriannuels de développement scientifique et technologique, d'intégration, de validation, le tout avant transfert vers un industriel qui saura en faire un appareil commercial.

2.2.2. Détection de vapeurs d'agents chimiques ou d'explosifs sur site

Notre effort de recherche vise à permettre un usage le plus large possible en miniaturisant les instruments. Leur manipulation directement sur les sites d'accidents deviendra ainsi possible et pourra être généralisée.

Les constituants d'un appareil de détection de vapeurs d'agents chimiques sont indiqués sur les ***Figures 7, 8*** et ***9***. La phase sensible (séparative) des colonnes de chro-

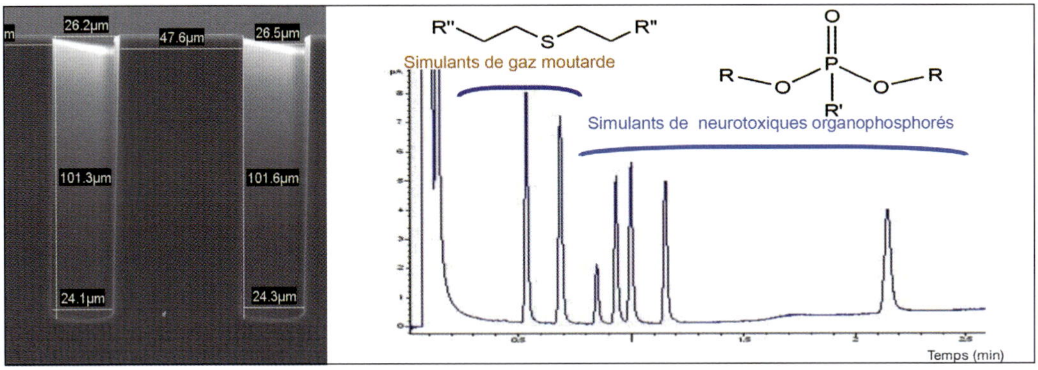

Figure 7

Micro-colonnes de chromatographie pour séparation des composés d'un mélange.

matographie[4] (***Figure 7***) est miniaturisée grâce à l'utilisation de puces de silicium de la taille d'une mine de crayon (***Figure 8***) réalisées au LETI[5] à Grenoble au CEA. Les colonnes de chromatographie étant miniaturisées, il faut que le système de transfert vers le spectromètre de masse qui analysera les produits séparés, ainsi que le spectromètre lui-même, le soient également. On voit à quel point cette miniaturisation a été réussie : le spectromètre n'est guère plus gros qu'une pièce de deux euros (***Figure 9***) !

Figure 8

Puce en silicium comme composant d'un chromatographe.

À terme, l'objectif visé est de réaliser le couplage entre micro-colonnes chromatographiques et micro-spectromètres de masse, ce qui devrait permettre d'espérer d'ici quelques années l'apparition sur le marché de systèmes portables extrêmement performants et de la taille d'une boîte à chaussures, les rendant compatibles avec une utilisation aisée sur le terrain par les primo-intervenants. Dans ces travaux d'instrumentation, la chimie est en lien direct avec la micro-électronique.

2.3. Modélisation de la dispersion des substances

Pour évaluer les risques chimiques, il est nécessaire de gérer la façon dont les toxiques se dispersent dans l'environnement. Les superordinateurs d'aujourd'hui permettent des simulations inen-

4. Au sujet de la chromatographie, voir le **Chapitre de P. Sibille**, dans *Chimie et expertise, sécurité des biens et des personnes*, coordonné par M.-T. Dinh-Audouin, D. Olivier et P. Rigny, EDP Sciences, 2014.
5. LETI : Laboratoire d'Électronique et de Technologies de l'Information.

Figure 9

Micro-spectromètre de masse pour identification de composés moléculaires.

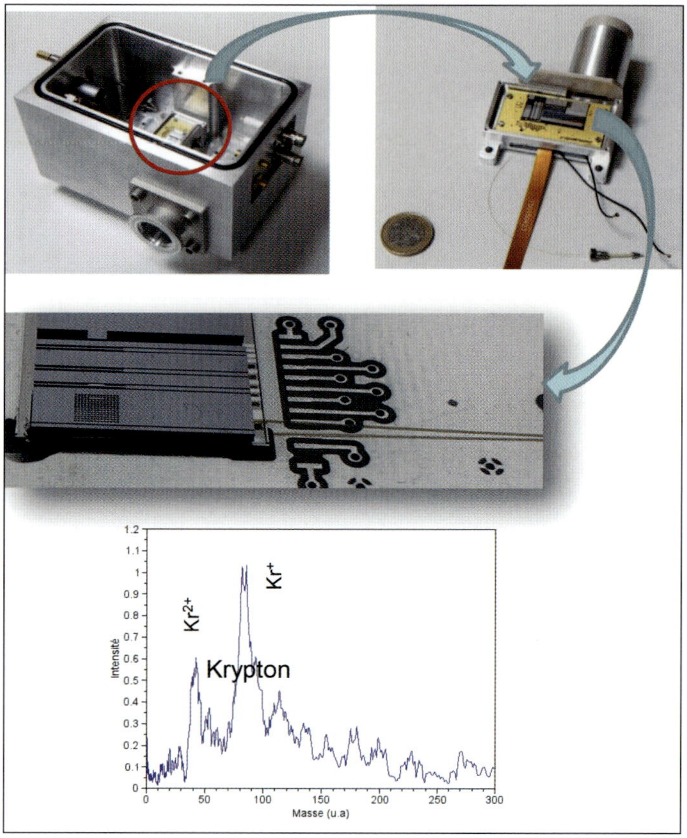

visageables il y a quelques années. On peut par exemple simuler les effets d'un acte terroriste déclenché sur un quai de la Seine et regarder comment les polluants se propagent dans l'environnement.

Les logiciels permettent de prendre en compte dans les calculs non seulement la météorologie (le vent, etc.) mais aussi de traiter, en trois dimensions, les bâtiments et la topographie de la ville ; on tient ainsi compte de l'effet que les bâtiments induisent sur les courants d'air par création de vortex. On parle alors de météorologie urbaine. On sait aussi simuler la façon dont les particules réagissent lors d'une explosion et traiter les effets thermiques de l'explosion complètement (sur les agents biologiques ou chimiques, etc.).

Les capacités de calcul modernes et les développements de logiciels actuels incluant aussi les propriétés chimiques fournissent des méthodes prometteuses pour construire les futurs outils de gestion des crises. L'objectif final est de prévoir et préciser les menaces aux populations selon les zones et prendre en conséquence les mesures adéquates.

Les techniques de la simulation s'appliquent aussi aux accidents en souterrain.

Sachant modéliser correctement comment une menace peut se propager en milieu confiné, on peut prévoir et gérer les crises éventuelles, et préciser où se trouvent les populations à risques et où sont les gens qui sont en sécurité.

2.4. La décontamination

Après un accident, il convient de remettre les lieux dans l'état initial, c'est-à-dire d'éliminer si possible les produits (agents chimiques, biologiques ou radiologiques) que l'accident a pu disperser sur les installations et l'environnement. Des études ont été menées sur la mise au point de « gels de décontamination », que l'on peut disperser sur les zones contaminées pour détruire et dégrader les contaminants. Les surfaces à considérer peuvent être étendues et complexes, en particulier si elles sont à l'intérieur de bâtiments.

Le gel mis au point dans notre laboratoire (***Figure 10***) est une sorte de peinture qui se mélange aux agents chimiques et biologiques qu'on veut éliminer et dégrader après une certaine durée d'action ; après séchage, elle se fragmente sous forme de particules solides aspirables et ainsi facilement évacuables. Cette technique permet d'éviter la difficile gestion d'effluents liquides propres aux techniques liquides actuellement en vigueur.

3 La lutte contre la prolifération nucléaire

3.1. Le cadre des analyses

Le Traité de Non-Prolifération (TNP) prévoit que l'Agence Internationale de l'Énergie Atomique (AIEA) peut faire des inspections dans un pays signataire afin de vérifier le bon respect de ses engagements. À partir d'échantillons prélevés dans les sites inspectés, il s'agit de démontrer si le pays respecte ses engagements. C'est l'aspect « détective » de l'activité.

L'enquête se fait à partir de l'analyse des éléments atomiques, de leur isotopie ou de leur radioactivité. Celles-ci permettent en effet de distinguer si les matières en question sont issues d'activités nucléaires à vocation civile ou militaire. La ***Figure 11A*** schématise le principe des analyses. Cette figure reporte les éléments prélevés au voisinage d'une installation nucléaire, en bleu celles qui sont liées à une activité déclarée et en rouge d'une activité illicite ; il s'agit par exemple d'atomes d'uranium distingués par leur nature isotopique, les proportions d'isotopes 235 et 238 fournissant le critère d'appréciation.

Figure 10

Utilisation d'un gel de décontamination des infrastructures par dégradation chimique des agents biologiques et chimiques (A), et séchage du gel jusqu'à obtention d'un résidu non-pulvérulent (B).

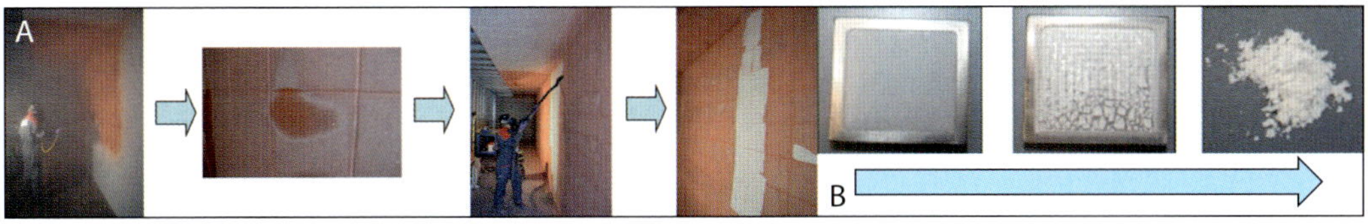

Les tailles des particules prélevées sont très faibles, micrométriques ou sub-micrométriques et elles sont donc susceptibles de migrer dans l'environnement immédiat de l'installation. L'inspecteur effectue des prélèvements sur différentes parties de l'installation (***Figure 11B***) et collecte des millions de particules qui sont ensuite analysées (***Figure 11C***). L'objectif est donc de vérifier l'absence ou non de particules rouges.

Les échantillons prélevés dans l'installation sont envoyés par l'AIEA à des laboratoires accrédités, sans que le lieu de leur origine ne soit dévoilé. La France fait partie du réseau restreint des pays abritant des laboratoires accrédités par l'Agence (***Figure 12***) et garantit la qualité des mesures au sein du COFRAC (COmité FRançais d'ACcréditation, l'instance chargée de délivrer les accréditations en France).

3.2. Le traitement des prélèvements de l'AIEA

L'échantillon reçu (***Figure 13A***) est traité dans des laboratoires spécialisés équipés

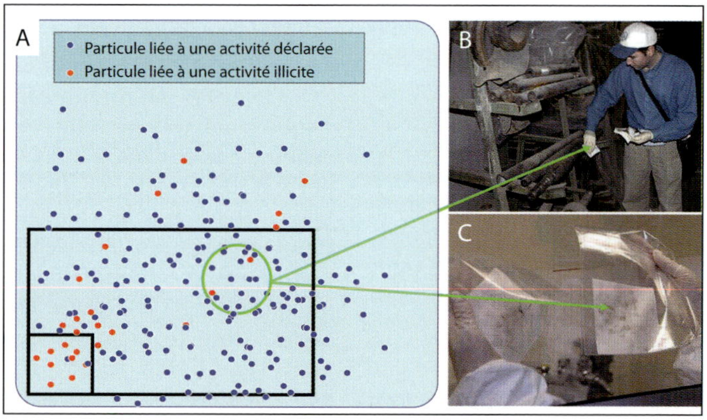

Figure 11

A) Dispersion de particules produites par une installation nucléaire déclarée/illicite ; B) prélèvement de particules sur plaquettes ; C) plaquettes de particules à analyser.

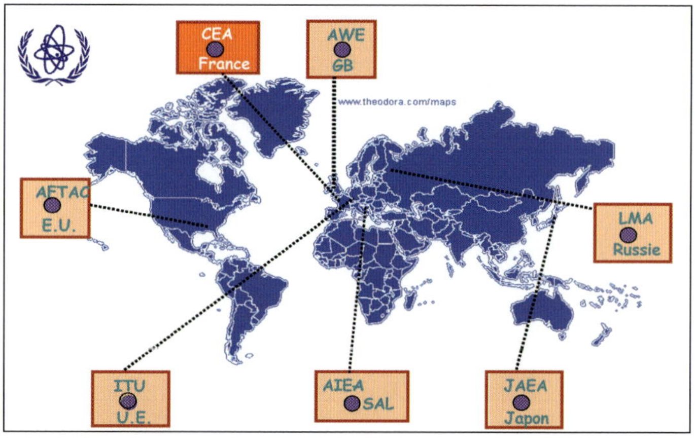

Figure 12

Réseau des laboratoires accrédités par l'AIEA (Agence Internationale de l'Énergie Atomique).

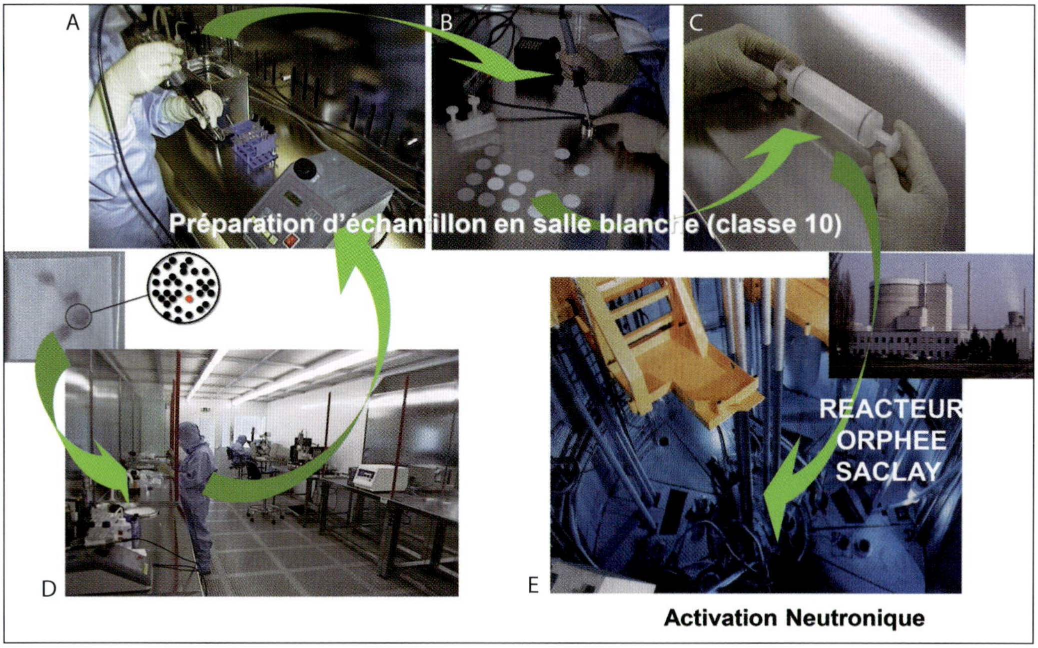

Figure 13

Analyse dans le cadre des inspections de l'AIEA : préparation d'échantillons de particules prélevées sur site pour irradiation, analyse par examen des traces de fission et identification des radioéléments.

de salles blanches de classe 10[6] pour garantir l'extrême pureté de l'atmosphère dans laquelle on fait l'analyse et ainsi éviter toute contamination accidentelle. Les particules collectées par l'inspecteur sont récupérées, positionnées sur des disques de polycarbonate (***Figure 13B***) et placées dans un petit conteneur qu'on appelle une navette (***Figure 13C***), destinée à être envoyée dans un réacteur nucléaire. Typiquement celui que nous utilisons est le réacteur Orphée, situé dans le centre CEA de Saclay (***Figure 13E***). Les échantillons sont irradiés pendant quelques secondes, ce qui suffit pour fissionner les atomes fissiles (comme l'uranium) dont on veut vérifier la présence, grâce à l'observation de traces de fission.

Sur chaque échantillon, on repère et on recueille les particules qui ont fissionné (voir la ***Figure 14*** pour l'analyse sous microscope), que l'on introduit ensuite dans un spectromètre de masse pour déterminer leur isotopie. Cette donnée permet de dire si l'activité qui a généré la particule correspond à une activité licite du cycle civil ou peut être le signe d'un programme à vocation militaire.

3.3. Autre méthode de traitement par microscope électronique à balayage

D'autres méthodes instrumentales peuvent aussi être utilisées si l'on veut obtenir des résultats plus rapidement. C'est le cas notamment de la

6. Les salles blanches sont classées selon le nombre et la taille des particules admises par volume d'air.

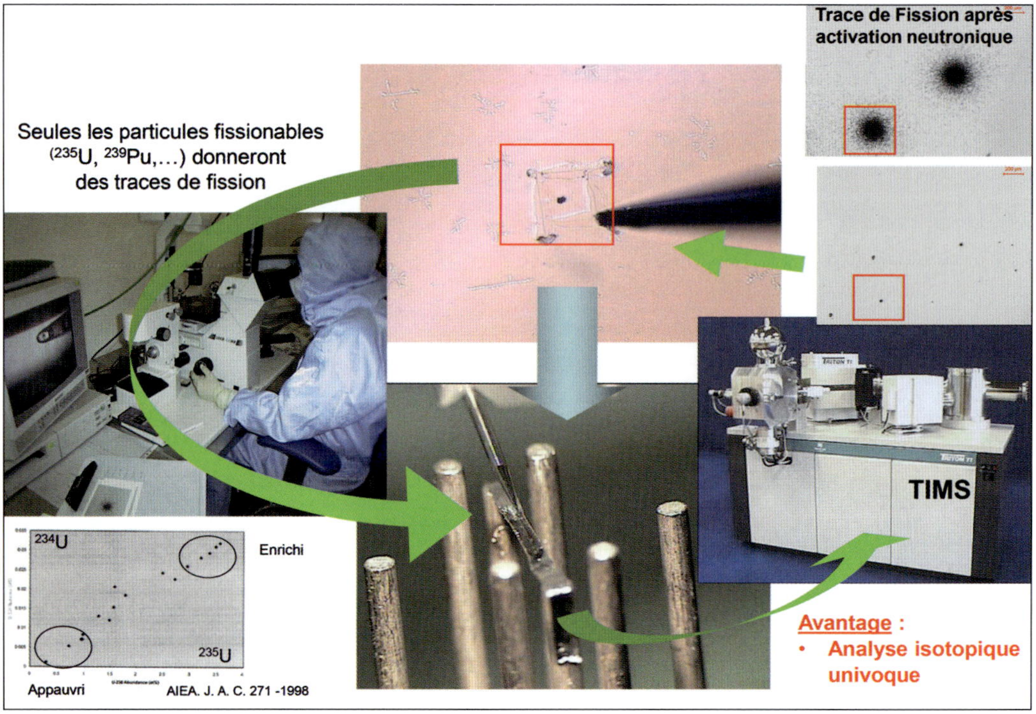

Figure 14

Analyse des particules par spectrométrie de masse.

Microscopie Électronique à Balayage (MEB), outil qui permet de reconnaître les particules d'intérêt et de les isoler. La ***Figure 15A*** illustre la micromanipulation sous MEB ; on voit ici des particules de l'ordre du micron, qu'on peut aller chercher, sélectionner et positionner de façon spécifique.

La ***Figure 15B*** montre des photos de particules d'uranium qu'on peut nettoyer à l'aide de

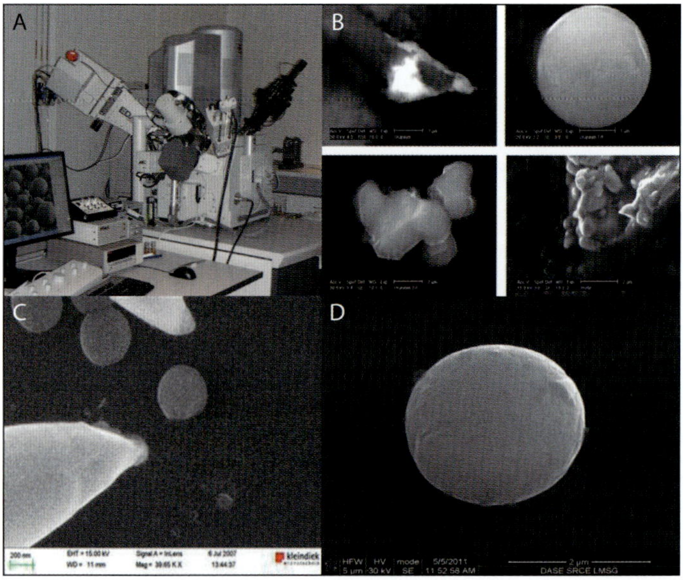

Figure 15

A) Image du nettoyage d'une particule par faisceau d'ions prise au MEB ; B) Images de particules prises au MEB ; C) nano-manipulation d'une particule prise au MEB ; D) nano-usinage avec faisceau d'ions d'une particule prise au MEB.

faisceaux d'ions, polir, couper, usiner (***Figure 15C***) de façon à regarder leur structure interne (***Figure 15D***). Celle-ci renseigne sur l'origine des particules ; elle permet par exemple d'y rechercher la présence de composés révélateurs d'activités comme le fluor, qui signe particulièrement le processus d'enrichissement isotopique de l'uranium.

Les progrès de la chimie sont essentiels dans la lutte antiterroriste

Il est clair que la chimie est une discipline absolument indispensable dans les travaux de R&D associés à la lutte contre la prolifération nucléaire et le terrorisme.

Un message particulier pour nos jeunes lecteurs : il faut qu'ils s'enthousiasment pour les carrières scientifiques. Celles-ci demandent des études longues, certes, mais passionnantes et elles ouvrent ensuite des perspectives professionnelles variées. Enfin, ces travaux contribuent directement à rendre notre monde plus sûr.

Par ailleurs, il faut réaliser que la technologie évolue extrêmement rapidement et implique le développement de la pluridisciplinarité, des aspects transverses aux disciplines traditionnelles. La chimie doit être couplée non seulement à la physique comme c'est le cas de longue date, mais également avec l'électronique, la microélectronique, et évidemment l'informatique car les moyens de calcul se transforment et que le traitement du signal devient crucial. Toute cette instrumentation moderne fournit des giga-octets voire des téra-octets de données, et il faut en faire le traitement adapté pour en sortir les meilleurs résultats possibles.

Et toutes ces évolutions techniques, spectaculaires depuis quelques années, ne sont pas près de ralentir…

Gérard Sousi

L'expert, l'œuvre d'art et la chimie

Gérard Sousi est président de l'Institut Art & Droit[1].

1 Les œuvres d'art font l'objet d'examens et d'analyses dans différentes situations et par différents professionnels

L'historien d'art fera des recherches sur une œuvre d'art pour connaître ou approfondir le travail d'un artiste, en faire un commentaire critique, situer l'œuvre dans un courant artistique, éditer un ouvrage tel un catalogue raisonné ou encore dispenser un enseignement.

Le commissaire-priseur et le marchand d'art devront vérifier la qualité et l'authenticité des œuvres qu'ils proposent à la vente. C'est pour eux une obligation professionnelle. S'ils en ont les compétences, ils feront eux-mêmes cette vérification, sinon ils la confieront à un expert ou à un spécialiste.

L'expert ou le spécialiste de tel ou tel artiste, sera chargé par des professionnels du marché de l'art, par des collectionneurs, par de simples amateurs d'art, mais aussi par des magistrats, de rechercher à propos de l'œuvre qui lui est soumise, son auteur, sa date, son authenticité, voire sa valeur.

Le « technicien » aura, quant à lui, la mission d'analyser scientifiquement les éléments composant l'œuvre (peinture, toile, bois, bronze...), mais aussi les signatures, inscrip-

1. artdroit.org

tions, marques et traces diverses observées sur l'œuvre. Son rôle n'est pas de se prononcer sur l'authenticité de l'œuvre mais de donner les résultats de ses analyses à celui qui l'aura saisi : propriétaire de l'œuvre, expert, spécialiste, magistrat, etc. C'est à ces derniers qu'il appartiendra d'en tirer les conséquences quant à l'authenticité de l'œuvre.

2 Quels sont les moyens utilisés ?

Quels sont les moyens utilisés par les historiens d'art, les commissaires-priseurs, les marchands, les experts, les spécialistes, les techniciens pour accomplir leur mission ?

Les cinq premières catégories font appel à leur formation première (histoire de l'art, École du Louvre, par exemple), à leur expérience professionnelle, à leur connaissance des œuvres d'art acquise au fil de nombreuses années, à leur documentation et à un minimum d'instruments techniques. Ils procèdent à ce que l'on appelle « une analyse stylistique ».

Les techniciens ont recours à la science, plus précisément aux sciences, et mettent systématiquement en œuvre des techniques scientifiques pour lesquelles ils ont été formés et qui constituent généralement leur profession[2].

2. Voir l'ouvrage *La chimie et l'art, le génie au service de l'homme*, coordonné par M.-T. Dinh-Audouin, R. A. Jacquesy, D. Olivier et P. Rigny, EDP Sciences, 2010.

3 Un recours aux techniciens et aux sciences et donc à la chimie de plus en plus fréquent

Pendant longtemps, le recours aux techniciens et aux sciences est resté marginal, experts et spécialistes pouvant se contenter de leur propre savoir. Parallèlement, l'application des sciences à l'œuvre d'art n'était pas développée et demeurait confidentielle et réservée à certains grands établissements culturels publics, français et étrangers.

Aujourd'hui, les techniques scientifiques et notamment la chimie sont de plus en plus connues et reconnues.

Nous allons présenter deux exemples. Le premier témoigne de la reconnaissance par les magistrats de l'utilité du recours au technicien et à la chimie. Le second témoigne de l'efficacité du recours à la chimie dans la recherche de l'authenticité d'une œuvre.

3.1. 1er exemple : l'affaire Chagall

(Cour d'appel de Paris, 23 mars 2011 ; Pôle 5, ch.1, RG n° 09/14183).

Cette affaire est intéressante parce que les conclusions des experts artistiques (stylistiques) étaient en contradiction avec celles d'une analyse scientifique.

Un amateur a fait l'acquisition d'une peinture à l'huile sur papier sur laquelle étaient portées la signature de Marc Chagall et la date 1916. Cette peinture était accompagnée d'un certificat du département scientifique du musée de l'Hermitage, attestant qu'il s'agissait d'une œuvre originale de l'artiste. Ce certificat s'appuyait sur un examen aux rayons infrarouges, un examen électro-microscopique, une analyse chimique et une radiographie.

Le nouveau propriétaire du tableau s'adressa alors au Comité Chagall (composé de spécialistes de l'œuvre de Chagall), afin d'obtenir un certificat d'authenticité. Mais ledit comité refusa de délivrer un tel certificat, considérant qu'il était en présence d'une contrefaçon, car l'**analyse stylistique** montrait que la peinture en question ne correspondait pas à ce que Chagall faisait en 1916.

Le propriétaire du tableau saisit alors le Tribunal de grande instance qui désigna deux experts. Ces deux experts conclurent qu'il s'agissait d'un faux, mais en se fondant **essentiellement sur l'étude stylistique** du tableau.

En appel, le propriétaire du tableau réclamait donc la nomination de nouveaux experts. La Cour d'appel de Paris, fit droit à sa demande en désignant **un expert scientifique et un expert artistique**, reconnaissant ainsi l'importance des méthodes scientifiques quand il s'agit de déterminer l'authenticité d'une œuvre d'art.

3.2. 2e Exemple : l'affaire Beltracchi, l'un des plus gros scandales qui a éclaboussé le marché de l'art depuis la guerre

Depuis 1992, quatre personnes, dont les époux Beltracchi, avaient mis en place en Allemagne un véritable système de production d'œuvres contrefaites de Pechstein, Braque, Derain, Dufy, Max Ernst, etc., œuvres faisant soi-disant partie d'une collection « Jägers » qui n'avait jamais existé.

De très nombreux acheteurs mais aussi des maisons de ventes aux enchères et des galeries réputées en ont été trompés. Pire, des spécialistes renommés, des conservateurs de musées, **se fondant sur une simple analyse stylistique**, ont authentifié les contrefaçons et délivré des certificats confortant ainsi le système. Ces contrefaçons ont été proposées à la Biennale des antiquaires à Paris, à la Foire de Maastricht et exposées dans des musées et fondations diverses.

Ce n'est qu'en 2006 que le système se grippe. Un acheteur aux enchères d'une œuvre de Campendonk, datée de 1914 et authentifiée par le spécialiste de cet artiste, est saisi d'un doute et **demande une expertise scientifique** à un laboratoire de Munich qui conclut que certains pigments ont été inventés vingt-cinq ans après la date inscrite sur le tableau. Les contrefacteurs sont arrêtés en 2010.

Cette affaire Beltracchi nous apprend, outre l'utilité de la chimie, au moins deux choses :

– la première est que le principe de rapidité des transactions qui guide le marché de l'art, l'opacité de certains paiements, l'enthousiasme, le désir de ne pas manquer une bonne affaire, l'absence de curiosité et de prudence, conduisent parfois à négliger la sécurité des transactions et donc le recours aux techniciens ;

– la seconde est que si personne n'avait eu un doute et la perspicacité de saisir un technicien, cette vaste escroquerie portant sur des millions d'euros continuerait peut-être à faire des victimes. Le doute, la méfiance, le professionnalisme et la déontologie sont un préalable indispensable à la saisine des techniciens.

Certes, les techniciens ne peuvent en aucun cas remplacer l'expert et le spécialiste. Mais à l'inverse, l'expert et le spécialiste ne peuvent, et ne doivent, ignorer les techniques scientifiques et la chimie. Pour ce faire, leur formation a un rôle important à jouer : elle doit désormais intégrer la connaissance de toutes les techniques scientifiques pouvant être utiles à leur mission. Il ne s'agit pas d'en faire des techniciens mais de les sensibiliser aux potentialités des sciences en général et de la chimie en particulier.

3.3. Une création très opportune : le diplôme d'Université en formation continue « Droit et techniques de l'expertise des œuvres d'art »

En janvier 2012, l'Institut Art & Droit a initié la création, dans le cadre du Centre de Formation Professionnelle de l'Université Panthéon Assas (Paris 2), la première formation universitaire dédiée à l'expertise des œuvres d'art. Toute la seconde partie de la formation est consacrée, sous la coordination de Philippe Walter (voir le ***Chapitre de P. Walter*** dans *Chimie et expertise*, EDP Sciences, 2014), chimiste, Directeur de recherche au CNRS, aux techniques scientifiques pouvant être utiles à l'expertise des œuvres d'art. Un module traite des principales notions relatives à l'analyse physico-chimique et un autre de l'emploi des éléments issus de l'analyse des matériaux lors de l'expertise.

La chimie dans l'art : un rôle clé à développer

Il reste quelques questions d'importance : qu'en est-il de l'accès aux laboratoires et aux chimistes ? Où sont-ils ? Sont-ils assez nombreux ? Sont-ils disponibles ? Peuvent-ils travailler pour des structures privées, pour des particuliers ?

Quel est le coût d'une analyse chimique ? Peut-on y recourir alors que la valeur de l'œuvre est inférieure ou égale au coût de l'analyse ? Qui va payer ?

Faut-il déplacer les œuvres pour les soumettre à l'analyse chimique ? Qui supporte les risques du transport ? Quel est le coût du transport ?

Combien de temps va durer l'analyse ? Quelles sont les conséquences de l'indisponibilité d'une œuvre soumise à l'analyse ?

En conclusion, si la chimie n'a plus aujourd'hui à démontrer son utilité et son efficacité dans l'expertise des œuvres d'art, elle doit encore faire la preuve de son accessibilité !

Partie 2

La chimie au cœur des enquêtes

Patrick Arpino

La face cachée de la chimie analytique

Patrick Arpino est ancien Directeur de Recherche au CNRS. Spécialiste de la chimie analytique, ses principaux travaux ont porté sur les développements et les applications de méthodes instrumentales combinant les sciences séparatives à la spectrométrie de masse. Il a collaboré avec des équipes de l'Institut de Recherche Criminelle de la Gendarmerie Nationale (IRCGN) afin de développer et valoriser plusieurs protocoles analytiques utiles aux sciences criminelles.

Dans de nombreux domaines qui requièrent une expertise, que ce soit pour les sciences criminelles ou la mise en évidence de contrefaçons, il est souvent question de chimie analytique, aussi peut-on se poser plusieurs questions : quelle est cette science si largement partagée ? Étant partout, peut-on l'identifier clairement quelque part ? Et d'abord, qu'est-ce que la chimie analytique ? En existe-t-il seulement une définition ?

Pour paraphraser une expression qui a probablement déjà beaucoup servi, on pourrait affirmer que la chimie analytique, tout comme la pornographie, n'a pas besoin d'une définition précise, car les experts savent reconnaître immédiatement de quoi il s'agit. Qui a énoncé cela pour la première fois et dans quel contexte reste un mystère, mais l'Encyclopaedia Universalis conforte cette affirmation, car il y est écrit au sujet de la pornographie : « *En vérité, ce terme est étrange en ce qu'il semble privé de contenu et de contour en même temps. C'est un sac vide dans lequel chacun entasse ce qu'il veut...* »[1]. Lewis Carroll,

1. Lapouge G., Pornographie. (2014). Encyclopaedia Universalis [cité 2014 02 25], http://www.universalis.fr/encyclopedie/pornographie/

Figure 1

Un « Piskijker », tableau de Adriaen van Ostade (1610-1685).

dans son roman *De l'autre côté du miroir*, a introduit la notion de « mot-valise » pour parler d'un mot capable d'empaqueter deux sens différents. Cette définition a été étendue par la suite à des mots ou expressions englobant bien plus de deux sens différents et parfois opposés. La même Encyclopaedia Universalis donne de la chimie analytique la définition suivante : « *La chimie analytique est la branche de la chimie qui a pour but l'identification, la caractérisation et la quantification des substances chimiques ainsi que le développement des méthodes nécessaires à cette analyse. Elle s'intéresse également à la compréhension des phénomènes mis en jeu dans les processus et les techniques d'analyse afin de pouvoir sans cesse les améliorer* »[2]. Cette définition ne satisfait aucun expert, comme l'avaient relevé en 2000[3] les auteurs du rapport « Chimie Analytique et Société ». On pourrait ainsi parler d'une « expression valise » au sujet de la chimie analytique, tant elle renferme de concepts, de méthodes, d'applications différentes.

Il n'est pas surprenant que, devant tant d'aspects indéfinissables de la chimie analytique, ne se trouvent pas quelques faces cachées, et quelques-unes seront explorées dans ce qui suit. Rappelons d'abord ses trois fondements : séparer, identifier, doser, et son aspect le plus visible par le grand public, l'appareillage. Tel l'arbre qui cache la forêt : en ne voyant que l'appareillage, on occulte l'étendue et la complexité de la chimie analytique dans son ensemble, un aspect sur lequel nous reviendrons.

Il est fréquent de pratiquer la politique de l'autruche, c'est-à-dire de ne pas s'inquiéter de ce qui reste invisible, comme nous l'enseigne le passé. L'évaluation anthropomorphique du monde qui nous entoure a longtemps prévalu, conduisant aux premières unités de mesure, tels le pouce, le pied, la coudée ou la foulée. Cela a perduré jusqu'au début du XVIIe siècle, comme l'ont traduit les artistes de l'époque, notamment les peintres Flamands tels Jan Steen, Gerrit Dou, Adriaen van Ostade, Samuel van Hoogstraten, Josse van Craesbeeck, en peignant des « Piskijkers » (des observateurs d'urine) : de respectables docteurs, parfois des charlatans, formulant un diagnostic médical à partir de l'observation visuelle de flacons d'urines de leurs patients (**Figure 1**).

À partir du milieu du XVIIe siècle, les progrès des expériences et des connaissances bouleversent profondément la société. Le Flamand Antony van Leeuwenhoek est emblématique de cette période. Il est encore considéré comme l'inventeur du microscope (**Figure 2**). Son dispositif était en réalité très simple, procurant un grossissement de l'ordre de 200. Issu d'une famille de drapier, van

2. Berthod A., Randon J. (2014). Chimie Analytique. Encyclopaedia Universalis [cité 2014 02 25], http://www.universalis.fr/encyclopedie/chimie-analytique/

3. Académie des Sciences, *La chimie analytique - Mesure et société*. 2000, Paris : Éditions Tec & Doc.

Leeuwenhoek a probablement adapté un compte-fils servant à examiner la densité et la trame de tissus. Pourquoi se souvient-on encore de cette découverte ? Pour tout nouvel instrument, il existe deux phases, d'abord sa conception, puis ses applications. Or, van Leeuwenhoek a su très bien se servir de l'instrument qu'il avait conçu. Comme aujourd'hui, « Publier ou Périr » était déjà d'actualité. Il adressa 560 lettres aux sociétés savantes, principalement à la « Royal Society », décrivant ce qu'il voyait au moyen de dessins très précis, par exemple les microbes de sa plaque dentaire, ou ses propres spermatozoïdes. C'est sans doute pour cela qu'on se souvient encore de lui.

Figure 2

A) Portrait d'Antony van Leeuwenhoek (1632-1723) par Jan Verkolje (1650-1693), conservé au Musée Boerhaave de Leiden (Hollande) ; B) reproduction de son microscope.

Source : B) Wikipédia Licence CC-BY-SA-3.0, Jeroen Rouwkema.

Le terme de micro-organisme a remplacé celui d'animalcules, les « petits animaux » dont parlait van Leeuwenhoek pour désigner ces nouvelles espèces vivantes désormais visibles. Ce constat analytique **exact** fut détourné et servit d'argument pour étayer une hypothèse **fausse** : celle de la « génération spontanée ». Son contemporain, le français Louis Joblot (1645-1723), perfectionne l'instrument, et très tôt démarrent les premières peurs occasionnées par ce qui est vu désormais. Ainsi, à propos des nématodes (anciennement « anguillules » du vinaigre), il écrit en 1718 : « *Bien des gens qui les avoient vûës dans nos microscopes discontinuèrent de manger de la salade. J'avoient beau leur dire qu'elles étoient cent mille fois plus petites qu'ils ne les voyoient par ces instrumens, que la chaleur de l'estomac les faisoient mourir en un instant, et que, puisqu'ils avoient mangé de la salade sans en avoir ressenti aucune incommodité, ils pouvoient continuer sans danger l'usage d'une chose qui leur faisoit plaisir, la plûpart ne pouvoient comprendre que les serpens qui leur avoient paru plus gros que le doigt et plus long que le bras ne fissent quelque mauvaise impression sur les membranes intérieures de l'estomac.* »

Toute la problématique actuelle de la chimie analytique était déjà posée : une observation analytique juste peut conduire à une explication erronée. La chimie analytique de nos jours dresse souvent des constats, mais ce sont d'autres spécialistes qui doivent expliquer l'**origine** et les **conséquences** du résultat trouvé. Ainsi la chimie analytique est une « **science servante** », comme l'avait proposé Guy Ourisson dans une conférence au début des années 1980. Pour mémoire, dès l'annonce de cette confé-

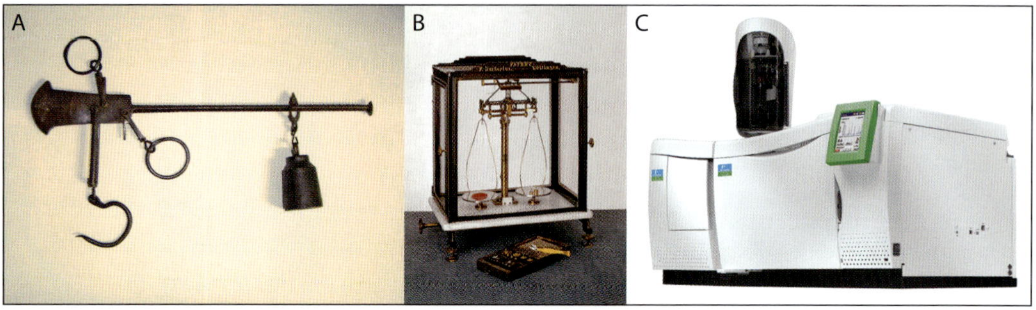

Figure 3

A) Balance romaine ; B) balance de Sartorius ; C) instrument CG/MS (chromatographie en phase gazeuse couplée à la spectrométrie de masse) (PerkinElmer, modèle SQ8).

Sources : A) Wikipédia, Licence CC-BY-SA-3.0, Antony B ; B) Science Museum/Science & Society Picture Library ; C) Clarus®SQ 8 GC/MS – PerkinElmer.

rence, plusieurs éminents spécialistes de l'époque étaient montés au créneau pour revendiquer la nature fondamentale de la chimie analytique, ne devant être au service de personne, mais il n'empêche, c'est bien d'une science servante dont il s'agit.

Il faut ne pas utiliser à tort les résultats de ce que l'on voit et qui était invisible auparavant pour alimenter des peurs injustifiées : « *N'ayons pas peur de manger* », comme l'a écrit Hervé This[4], de même n'ayons pas peur de respirer dans nos maisons, nos rues, etc. Vigilance ne doit pas signifier panique, et il serait trop long de citer ici les innombrables « bêtises » relevées dans les médias où des données de chimie analytique sont détournées de leur véritable signification afin d'attirer les regards et d'effrayer.

1 Les limites inférieures de détection

Au fil des progrès des instruments de mesure, la chimie analytique peut voir aujourd'hui ce qui était invisible précédemment. Longtemps limités à l'échelle du gramme, puis du milligramme, plusieurs ordres de grandeurs décroissantes ont été atteints ces dernières années (***Figure 3***).

Il est courant désormais de mesurer au laboratoire des masses de l'ordre de quelques femtogrammes (fg, 10^{-15} g), représentant quelques attomoles, et des concentrations de l'ordre de la partie par milliard (ppb), soit 1 microgramme (μg, 10^{-6} g) par kilogramme ou par litre (1 μg/kg ou 1 μg/L), selon la matrice étudiée. Les limites inférieures de détection se situent actuellement au niveau de la partie par trillion (ppt), soit 1 nanogramme (ng, 10^{-9} g) par kilogramme ou par litre (1 ng/kg ou 1 ng/L) selon les cas. Des niveaux encore plus bas devraient être atteints dans les prochaines années.

Ces unités, souvent jetées à la face du grand public pour alimenter les peurs, ne sont pas toujours comprises. La comparaison habituelle est de dire qu'une ppm (partie par mille) de chlore dans une piscine olympique, cela se sent ; qu'une ppb est l'équivalent d'un grain de sel dissous dans

4. This H., N'ayons pas peur de manger. (2011). *L'Actualité Chimique*, **351** : 6-10.

cette même piscine, quand à la ppt, c'est encore un millième de ce grain de sel qui y serait présent, autrement dit pas grand-chose. À de tels seuils de détection, il est possible de trouver à peu près tout ce que l'on a envie de voir, tant les molécules dites « naturelles » que celles artificielles résultant des activités humaines.

2 Les instruments de la chimie analytique

Lavoisier, comme tous les analystes de son temps, et jusqu'à un passé récent, fabriquait directement ou supervisait la fabrication des instruments nécessaires aux mesures (***Figure 4***), par exemple pour la première analyse de la composition de l'air (***Figure 5***)[5].

Cela pouvait être un réel plaisir de concevoir, réaliser et utiliser l'ensemble des équipements nécessaires aux travaux de laboratoire. Ce temps est aujourd'hui révolu. Désormais, on n'accède à l'appareil qu'au travers de sa console informatique, afin de procéder à l'acquisition et au dépouillement des données. La partie « physique » est le plus souvent inaccessible. On ne fabrique ou ne modifie plus les instruments, ils sont achetés et utilisés tels quels.

Les ingénieurs des sociétés d'instrumentation réalisent chaque année des prouesses d'invention et d'amélioration des performances. L'état du marché actuel de l'instrumentation scientifique apporte un éclairage, non pas sur les modes du moment, mais sur les techniques analytiques et les équipements les plus utiles. C'est en cela qu'il est intéressant de les regarder. En amont, au cours de la formation des étudiants, leurs principes fondamentaux devraient être enseignés en priorité.

Les équipements pour les couplages des sciences séparatives (chromatographie en phase gazeuse, CPG ; chromatographie en phase liquide, CPL) à la spectrométrie de masse (SM), habituellement désignés par les abréviations CPG/SM et CPL/SM, représentent à eux seuls près de la moitié des instruments vendus ces trois dernières années. Le bilan global pour 2013 se situe aux alentours de sept milliards d'euros, dont environ la moitié pour l'ensemble CPG, CPG/SM, CPL, CPL/SM, et grosso modo 1/3 2/3 entre les techniques en phase gazeuse, et celles en phase liquide. L'autre moitié

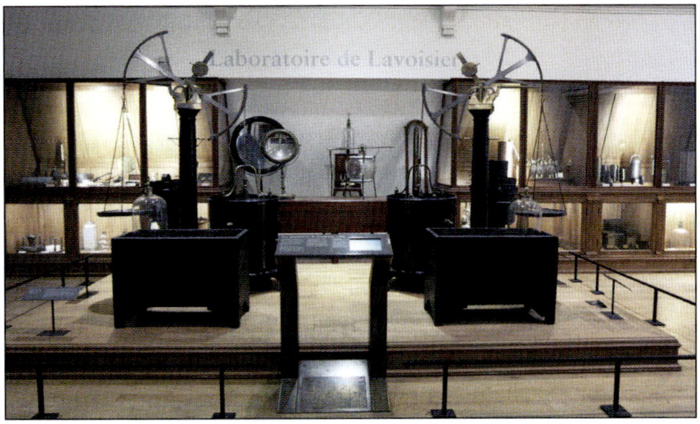

Figure 4

Reconstitution du laboratoire de Lavoisier, Musée du Conservatoire National des Arts et Métiers (CNAM).

Source : Wikipédia, Licence CC-BY-SA-2.0, CeCILL.

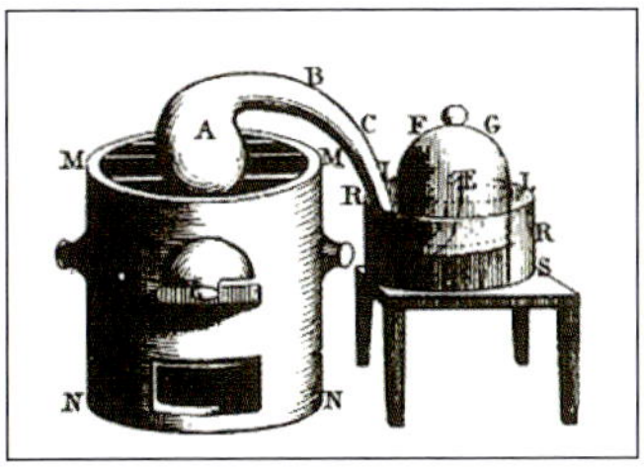

Figure 5

Appareillage de Lavoisier pour la première analyse de l'air (Lavoisier, Traité élémentaire de Chimie, 1789).

Source : www.wikimedia.org

5. Fournier J. (2003). *L'expérience de Lavoisier : évolution depuis deux siècles de sa présentation et de sa fonction dans quelques manuels d'enseignement.* www.bibnum.education.fr/file/lavoisier-air-analyse.pdf

est principalement occupée par des techniques analytiques longtemps traditionnelles, dont celles reposant sur la spectroscopie optique.

Le marché de l'instrument scientifique est concentré entre une poignée de grands groupes industriels multinationaux, principalement nord-américains et japonais. Il n'y a pas encore d'acteurs majeurs chinois, du moins pour l'instant. Déjà en 2000, les auteurs du rapport de l'Académie des sciences[3] avaient relevé la quasi-disparition de toute entreprise française. Pourtant les Français furent souvent présents et innovants au démarrage des techniques séparatives et de spectrométrie de masse. Qui se souvient encore de Nermag, Girdel, Thomson, Rhône-Poulenc. Ils firent souvent preuve d'inventivité, puis disparurent du paysage industriel. Aujourd'hui, aucune solution strictement nationale ne serait envisageable et viable sans partenariats hors des frontières.

De cette situation dérivent de nombreuses conséquences, et parmi elles :

1) Un alourdissement des budgets pour équiper les laboratoires d'analyse d'instruments performants. Cependant, les rapides progrès techniques les rendent souvent obsolètes au bout de quelques années, bien avant qu'ils ne soient amortis de manière comptable, d'où la tentation de louer, plutôt que d'acheter ;
2) De grands besoins de formation de tous les acteurs intervenant, par exemple, au cours d'une enquête criminelle, depuis les enquêteurs sur la scène de crime, en passant par les personnels des laboratoires d'analyse, jusqu'aux magistrats en fin de parcours judiciaire. Évitons de mentionner les délinquants, qui d'ailleurs se tiennent parfois au courant des progrès de l'analyse chimique ;
3) L'argumentaire publicitaire des fabricants d'instruments est de faire croire qu'ils marchent tout seuls ! C'est leur rôle et leur métier de vendre ce qu'ils produisent, et ce n'est pas critiquable. Mais, ce ne devrait pas être à ces acteurs d'apprendre les bases de la chimie analytique de manière indépendante à leurs utilisateurs (***Encart : « Comment vous êtes-vous formé en chimie analytique ? »***).

3 Concevoir la bonne méthode

L'analyste est souvent dans une situation analogue à celle de retrouver une aiguille cachée dans une botte de foin. Il convient toutefois de distinguer la **recherche aléatoire**, au cours de laquelle il s'agit d'identifier et doser des substances *a priori* inconnues, de la **recherche ciblée**, où ne sont visées de manière spécifique que quelques molécules connues, l'objectif étant de savoir si elles sont présentes ou non, et en quelles quantités (***Encart : « Recherches ciblées »***). En gros, dans le premier cas, on s'intéresse à tout ce qui n'est pas du foin ; dans le second, on recherche des aiguilles de taille, de forme

COMMENT VOUS ÊTES-VOUS FORMÉ EN CHIMIE ANALYTIQUE ?

Une enquête a été conduite auprès d'acteurs, jeunes pour la plupart, exerçant tant en milieu industriel, qu'en laboratoire de contrôle des secteurs publics ou privés, afin de savoir comment ils s'étaient formés aux métiers de la chimie analytique (***Figure 6***).

Leur formation académique initiale est diverse, incluant lycée technique, université, grandes écoles, mais le sentiment général est mitigé. De manière compréhensible, la note maximale a souvent été attribuée par ceux ayant effectué au préalable une thèse, souvent complétée par un séjour post-doctoral.

À la question de la formation « sur le tas » en interne, sur le lieu où ils exercent, l'approbation est générale, mais il serait erroné d'en déduire qu'il est peu utile d'enseigner la chimie analytique au niveau universitaire et scolaire, puisque l'apprentissage se fera plus tard quand le besoin se fera réellement sentir.

Concernant les formations délivrées par les représentants locaux des entreprises fabriquant les instruments, les réponses sont globalement positives, sans excès d'enthousiasme, mais les commentaires associés aux réponses précisent qu'ils ont ainsi plus appris à utiliser les logiciels de fonctionnement que les principes de base inhérents aux techniques employées. Là encore, on ne devrait pas se passer de l'enseignement général. Pour donner une métaphore, on ne demande pas à un fabricant d'automobiles d'apprendre à leurs clients comment conduire les véhicules qu'ils fabriquent, ce soin étant laissé à des auto-écoles indépendantes. Il devrait en être de même pour la chimie analytique.

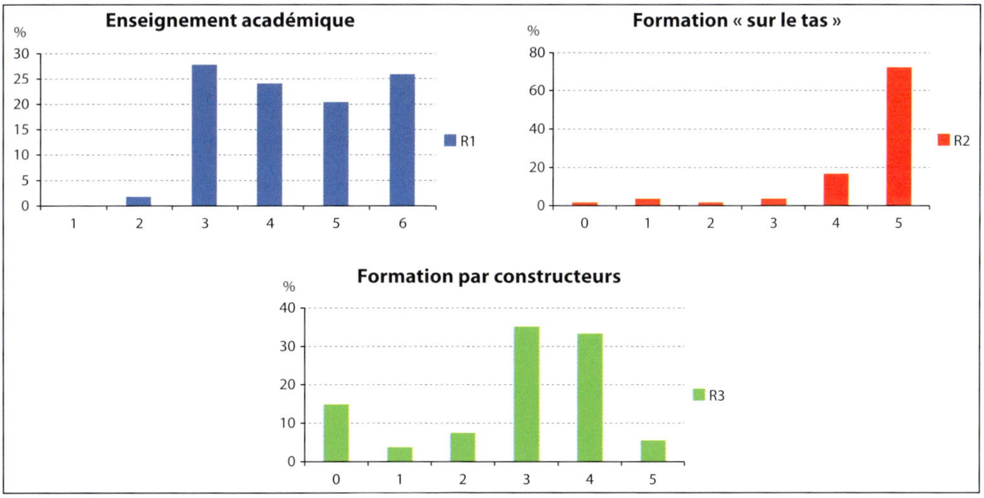

Figure 6

Résultat d'une enquête partielle (P. Arpino, 2014), portant sur 70 réponses d'un échantillon représentatif d'un réseau social professionnel. Les réponses sont étagées de 1 à 5, avec 0 pour une non-réponse.

et de couleur connues, pouvant être présentes ou non. C'est uniquement lors de la recherche ciblée que les limites inférieures de détection et d'identification se situent à l'échelle de la partie par trillion (ppt). Quand la recherche est aléatoire, les seuils de détection et d'identification

RECHERCHES CIBLÉES

Pour atteindre une cible cachée au milieu d'interférences, il convient de suivre un chemin balisé. La forêt créée ici des interférences empêchant l'analyste de voir où se trouve le trésor. Il existe de nombreux chemins, mais qui n'aboutissent pas nécessairement au but recherché.

Une première approche consiste à trouver un premier interlocuteur, ici un moine qui semble connaître un chemin, mais qui n'est pas très bavard : il faut un peu le secouer pour qu'il s'exprime (***Figure 7A***). Il finit par avouer que l'un de ses collègues sait où se trouve le trésor, et il en montre le chemin. Ce second interlocuteur n'est pas non plus très bavard, mais en le secouant un peu, il finit lui aussi par donner le renseignement permettant de parvenir à destination.

Une autre manière de traiter la recherche ciblée au travers de beaucoup d'interférences est plus directe que la précédente, mais il faut pour cela gravir un chemin beaucoup plus étroit, et surtout, d'être équipé de très bonnes chaussures. Cela s'appelle la haute résolution, et cette approche est en passe de se substituer à la précédente, même si elle est plus coûteuse (***Figure 7B***).

Figure 7

Deux approches pour des recherches ciblées.

sont souvent plus de trois ordres de fois supérieurs. Il est courant dans ce cas de voir des traces moléculaires impossibles à identifier avec certitude.

Une recherche ciblée dans des matrices très complexes est aussi difficile que d'être capable de voir des étoiles en plein jour. Il y a les nuages, la lumière solaire diffusée, et pourtant les étoiles sont bien là. Si l'on peut se débarrasser des interférences créées par les nuages et le bleu du ciel, les étoiles sont visibles à toute heure.

Un premier exemple illustre un problème de recherche ciblée au moyen d'une méthode de CPG/SM/SM, pour retrouver des traces de molécules lacrymogènes, à la manière de la première des deux métaphores de la ***Figure 7***). Le premier moine est ici l'ion moléculaire de rapport masse/charge m/z = 188. Si on l'isole et le secoue un petit peu, il perd un radical chlore, conduisant vers le second moine, l'ion de m/z = 153. Il faut également l'isoler, le secouer un peu pour qu'il se fragmente en éliminant une molécule d'acide cyanhydrique et former l'ion de m/z = 126. Le chemin 188 > 153 > 126 est ainsi balisé, et il est hautement spécifique de la molécule envisagée (***Figure 8***).

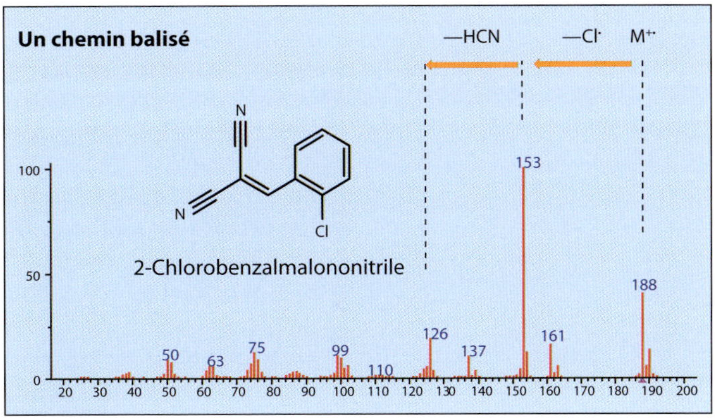

Figure 8

Spectre de masse du 2-chlorobenzalmalonitrile, constituant actif du gaz lacrymogène CS. La transition 188 > 153 > 126 montre le chemin à suivre pour détecter sélectivement d'infimes traces de cette molécule au moyen d'un appareil CPG/SM/SM/SM.

Ainsi, pour attester le témoignage d'une jeune femme déclarant avoir été agressée au moyen d'une bombe lacrymogène, l'extraction et l'analyse d'un prélèvement effectué sur son sweat-shirt montrent qu'en effet, d'infimes traces de CS sont présentes, au milieu d'une foultitude d'interférences. Ici, la limite inférieure de détection et de l'ordre de trente millièmes de milliardièmes de grammes (***Figure 9***).

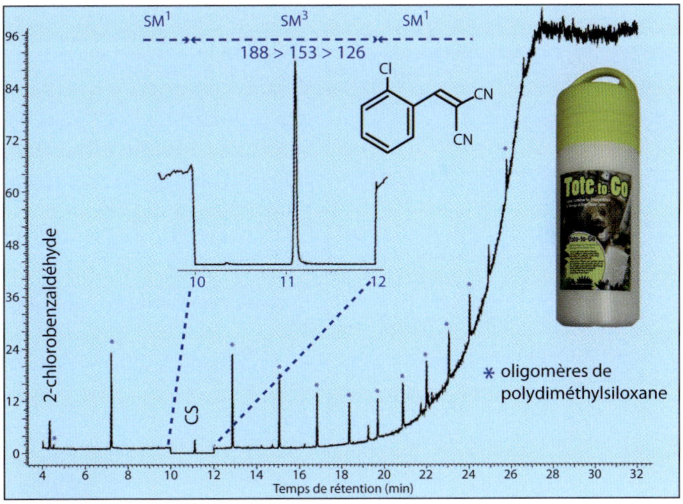

Figure 9

Analyse d'un prélèvement sur le sweat-shirt d'une victime agressée au moyen d'une bombe lacrymogène. Le signal positif dans l'intervalle de temps d'analyse 10 à 12 minutes est le résultat du suivi des fragmentations 188>153>126, ce qui confirme la présence de trace de gaz CS. Tous les autres signaux, hormis le tout premier, constituent une forêt d'interférences inexploitables.

Une autre manière plus directe de conduire une recherche ciblée, illustrée par la seconde métaphore de la ***Figure 7***, s'appuie sur les propriétés fondamentales de toute molécule, sa masse moléculaire très précise, et les abondances de ses isotopes naturels (***Encart : « Les signatures d'une molécule par spectrométrie de masse à haute résolution »***).

C'est ainsi qu'a été traité l'an dernier le cas de lettres anonymes contenant des poudres suspectes, et adressées à de nombreuses administrations d'un département de Métropole. Les identifications ont été effectuées en partie au moyen d'un instrument com-

LES SIGNATURES D'UNE MOLÉCULE PAR SPECTROMÉTRIE DE MASSE À HAUTE RÉSOLUTION

Une molécule organique, tel le carbétamide, un pesticide de formule $C_{12}H_{16}N_2O_3$, donne par spectrométrie de masse un signal unique si son rapport m/z est mesuré avec un haut degré d'exactitude (***Figure 10***). Sa masse théorique de 236,1160866...Da peut être estimée par un appareil récent à la valeur m/z = 236,116 dans un intervalle d'erreur de 5 ppm, soit ± 0,001. Très peu de molécules connues sont capables de fournir un tel signal dans la fenêtre m/z = 236,116 ± 0,001. Cette sélectivité est encore renforcée en mesurant les masses et les abondances des signaux aux valeurs intégrales +1 et +2 qui résultent de la présence naturelle d'isotopes lourds des atomes de carbone, azote et oxygène. Le signal à m/z = 237,119 ± 0,001 est la moyenne de deux signaux dus à la présence de formules moléculaires incluant soit ^{13}C, soit ^{15}N, qu'un spectromètre haute résolution habituel ne peut résoudre, mais dont l'abondance doit être d'environ 14 % de celui à m/z = 236,116. De même, celui à m/z = 238,121 ± 0,001 est la moyenne des signaux dus à la présence de soit ^{18}O, soit $^{13}C_2$ d'abondance relative égale à 1,5 %.

La combinaison de ces différentes informations constitue une signature hautement spécifique, et un balisage permettant de la retrouver au milieu d'interférences aux signatures différentes.

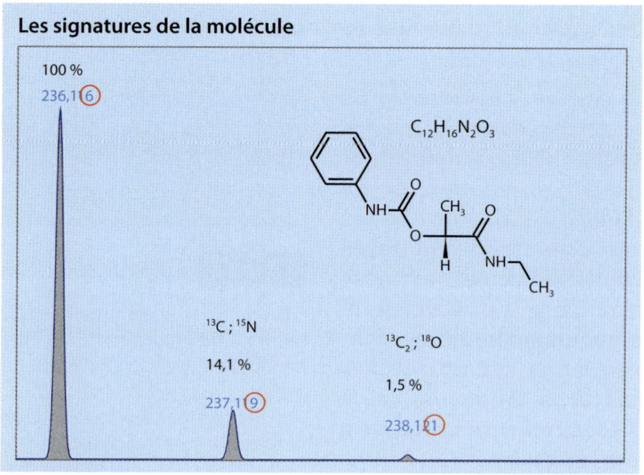

Figure 10

Signature du carbétamide par spectrométrie de masse haute résolution.

binant un chromatographe en phase liquide et un spectromètre de masse à haute résolution de type Q-TOF (***Figure 11***), incluant en ligne un analyseur quadripolaire (Q) et un analyseur à temps de vol (TOF).

Il s'agissait soit d'enveloppes en papier Kraft, soit d'enveloppes blanches. À l'intérieur de l'une ou l'autre, un texte de menaces de mort, et une seconde enveloppe blanche sur laquelle était toujours tracé, au normographe, le même message : « *un phyto pour ta mort* ». Cette seconde enveloppe renfermait une poudre inconnue, soit de couleur ocre, soit de couleur bleue (***Figure 12***).

Le laboratoire de la Gendarmerie Nationale où ces analyses ont été effectuées a pu ainsi déterminer d'abord la composition des poudres : un mélange classique de pesticides phytosanitaires, s'agissant d'un mélange de trifluraline et d'isoxabène pour la poudre ocre, d'oxadiazone, de diflufénican et de carbétamide pour la poudre bleue, soit des molécules ne présentant pas de risques mortels instantanés (empoisonnement aigu ou explosion). Enfin, il a fourni aux enquêteurs des données concernant les marques possibles des produits commerciaux ayant pu les contenir.

De nombreux exemples analogues dans bien d'autres domaines de la chimie analytique témoignent de l'intérêt des techniques de spectrométrie de masse à haute résolution, freinée seulement par le coût important des dépenses d'équipement devant être investies.

Figure 11

Chaîne analytique en service au département Environnement, Incendies, Explosif (ECX) de l'Institut de Recherche Criminelle de la Gendarmerie Nationale (IRCGN), à Rosny-sous-Bois, comprenant un ensemble Agilent CPL/SM (Q-TOF).

Figure 12

Enveloppes contenant une poudre suspecte, analysées au moyen de l'instrumentation de la **Figure 11**.
A) Seconde enveloppe contenant de la poudre ; B) poudre inconnue ocre ; C) poudre inconnue bleue.

4 Une analyse chimique ne repose pas uniquement sur l'instrumentation

L'instrument le plus performant, souvent coûteux, n'est qu'un des éléments d'une longue séquence d'actions enchaînées à la suite les unes des autres. Dans le cas d'une enquête criminelle, elle démarre toujours sur la scène du crime. Les personnels des laboratoires de Police ou de Gendarmerie scientifiques ne peuvent matériellement pas se rendre systématiquement partout, sauf exceptions graves (attentats terroristes). Afin de collecter correctement les indices chimiques dans les cas d'agressions, d'explosions, d'empoisonnement, de toxicomanie, d'atteintes à l'environnement, l'enquêteur doit connaître suffisamment la chimie analytique, pour prélever correctement les échantillons, acheminer les scellés à la bonne destination, et formuler une demande claire de ce qu'il souhaite prouver. Un scellé mal dirigé, ouvert à tort, une analyse inappropriée, et déjà l'enquête s'effondre. Une enquête menée entièrement sur place par des experts au moyen d'un camion spécialement aménagé élimine cet inconvénient (***Figure 13***).

Une fois le scellé parvenu à sa bonne destination, une recherche ciblée visant à prouver l'existence ou non de certaines substances chimiques passe généralement par une phase au laboratoire de préparation de l'échantillon. C'est une étape souvent longue et fastidieuse, spécifique du but recherché. Il n'existe pas de protocole standard applicable aveuglément. Des connaissances des propriétés moléculaires des substances visées sont nécessaires, pour mettre en œuvre le bon protocole, ou suivre la norme déjà établie et référencée dans la littérature.

Seulement ensuite intervient l'appareil approprié au cas traité. Correctement réglé et calibré, l'instrument peut dérouler le programme qui lui a été demandé, depuis l'introduction des échantillons, la séparation en constituants individuels, l'identification et le dosage par spectrométrie de masse, le dépouillement et le traitement des données, la génération d'un rapport et son archivage. Le défaut de seulement une de ces étapes invalide également toute la procédure.

Non seulement l'appareil doit être correctement éta-

Figure 13

Dispositif de terrain pour le prélèvement et le traitement des indices sur une scène de crime.
Source : Institut de Recherche Criminelle de la Gendarmerie Nationale (IRCGN).

lonné, mais l'ensemble de la séquence, qui constitue la méthode d'analyse, doit être validé. La validation consiste à établir sur une base rigoureuse, au moyen de tests statistiques, que la méthode effectue correctement la tâche qui lui est demandée. Ces tests sont nombreux, souvent fastidieux, mais néanmoins essentiels. C'est bien là l'une des faces cachées et souvent obscures du travail quotidien en chimie analytique. Un laboratoire doit montrer qu'il sait mettre en œuvre et valider une méthode pour être certifié. Que cette qualité vienne à manquer, et là encore, l'enquête s'effondre.

Un domaine scientifique sans limites cachant de nombreux trésors

La chimie analytique n'est pas un sujet que l'on épuise en quelques lignes, il n'est qu'effleuré. Il s'agit d'une science protéiforme, en constante mutation, sans périmètre précis, et qui échappe à toute définition précise. C'est là sa force, car n'étant pas bridée par le carcan d'une définition, elle peut ainsi librement évoluer et progresser. Au-delà des apparences de l'appareillage, il y a un vaste corpus de connaissances qu'il faut sans cesse compléter et diffuser au fur et à mesure des évolutions fondamentales et technologiques.

Pauline Sibille

La chimie analytique au service de la toxicologie médico-légale

Pauline Sibille est ingénieur de l'École Nationale Supérieure de Chimie de Montpellier (ENSCM). Après un séjour en Écosse pour une spécialisation en toxicologie analytique, elle est revenue à Paris effectuer une thèse en chimie thérapeutique. Pauline Sibille travaille aujourd'hui en tant qu'ingénieur en toxicologie à l'Institut National de Police Scientifique (INPS[1]) au Laboratoire de Toxicologie de la Préfecture de Police.

1 Contexte de la toxicologie médico-légale

1.1. L'empoisonnement à travers les âges

L'étymologie du mot « toxicologie » permet de relier cette spécialité scientifique aux poisons *via* le mot grec « *toxicon* ». L'utilisation de poisons, à des fins criminelles ou non, n'est pas récente comme le montrent quelques empoisonnements célèbres que nous pouvons citer.

En 399 avant J.-C., Socrate a été condamné à mort par ingestion d'une coupe de ciguë (**Figure 1**).

1. L'Institut national de police scientifique (INPS) est un établissement public administratif sous tutelle du ministre de l'Intérieur, créé par l'article 58 de la loi du 15 novembre 2001 sur la sécurité. L'INPS a pour mission d'effectuer les examens et analyses scientifiques et techniques demandés par les autorités judiciaires et les enquêteurs de police ou de gendarmerie dans un cadre pénal. Voir le **Chapitre de F. Dupuch**, dans *Chimie et expertise, sécurité des biens et des personnes*, coordonné par M.-T. Dinh-Audouin, D. Olivier et P. Rigny, EDP Sciences, 2014.
Site : www.police-nationale.interieur.gouv.fr/Organisation/Etablissements-publics/INPS

Figure 1

La mort de Socrate suite à l'absorption de ciguë.

En 1450, Agnès Sorel (**Figure 2**), alors maîtresse du roi de France, décède lors de son quatrième accouchement, si rapidement que cela laisse soupçonner un empoisonnement. En effet, en 2004, l'autopsie de son corps et l'analyse toxicologique des prélèvements effectués ont mis en évidence une dose massive de mercure.

En 1676, Marie Madeleine Dreux d'Aubray, marquise de Brinvilliers, est décapitée pour avoir empoisonné son père et ses frères (**Figure 3**).

En 1851, Hélène Jégado ou « l'empoisonneuse bretonne » (**Figure 4**) est condamnée à mort pour cinq empoisonnements et cinq autres tentatives ; elle aurait empoisonné plus de trente personnes à l'arsenic.

Un an après, c'est l'affaire Marie Lafarge (**Figure 5**). Accusée du crime d'empoisonnement de son mari, ici encore avec de l'arsenic, alors considéré comme le roi des poisons, elle a été condamnée aux travaux forcés à perpétuité.

En 1902, Émile Zola (**Figure 6**) décède d'une intoxication au monoxyde de carbone. Il dormait dans une chambre avec sa femme et un feu mal éteint couvait dans sa cheminée dont le conduit était bouché. Le gaz toxique lui a été fatal. Mais quelqu'un avait-il délibérément obstrué ce conduit ? Accident ou meurtre parfait ? L'Histoire n'a pas conclu.

Plus récemment, en 1949, Marie Besnard ou « la veuve noire » a été accusée de la mort de douze personnes de son entourage par empoisonnement à l'arsenic (**Figure 7**).

Figure 2

Agnès Sorel décède extrêmement rapidement lors de son quatrième accouchement, ce qui fait penser à un empoisonnement.

Figure 3

La Marquise de Brinvilliers torturée et décapitée pour avoir empoisonné son père et ses frères.

Figure 4

Hélène Jégado, l'« empoisonneuse bretonne », a utilisé de l'arsenic.

Figure 5

Marie Lafarge, accusée d'empoisonnement de son mari à l'arsenic.

Figure 6

Émile Zola est décédé d'une intoxication au monoxyde de carbone.

Figure 7

L'arsenic, substance incriminée dans de nombreuses affaires d'empoisonnement.

L'enquête, qui a duré plus de dix années, se conclut sur un acquittement en 1960.

1994 a été l'année de l'affaire de la Josacine® empoisonnée : Emilie Tanay, une fillette de neuf ans, prend son antibiotique (Josacine®), lui trouve mauvais goût et décède peu après. Les analyses du flacon de Josacine® (***Figure 8***) ainsi que celles des prélèvements autopsiques de la fillette ont révélé la présence de cyanure.

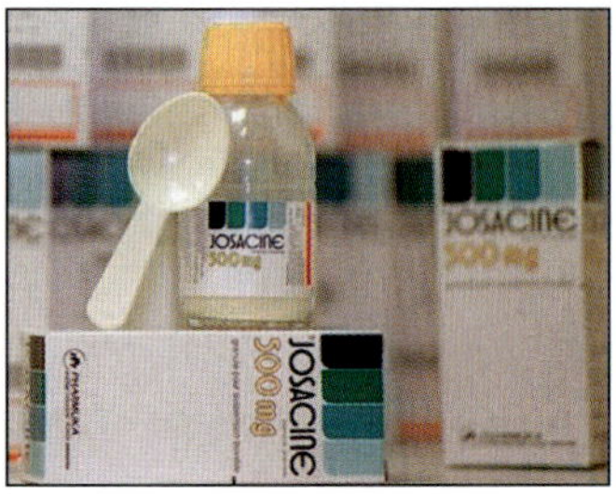

Figure 8

Flacon de Josacine®, connue pour l'affaire de la « Josacine empoisonnée ».

Figure 9

Le polonium, substance radioactive.

En 2006, Alexandre Litvinenko, un ex-officier des services secrets russes, est empoisonné à Londres par une substance radioactive (***Figure 9***), le polonium.

1.2. Quelques définitions autour de la toxicologie

Mettre en évidence les poisons et connaître leurs effets sur l'organisme, c'est le fondement de la toxicologie. L'adjectif médico-légal qualifie tout ce qui est relatif à la médecine légale. En toxicologie médico-légale, la priorité est donnée à l'identification et à la quantification de l'éventuel toxique présent dans le corps. Le précurseur de la toxicologie, Paracelse (***Figure 10***), a déclaré dans les années 1500 que « ***Tout est poison, rien n'est poison, seule la dose fait le poison*** ». Cette phrase est encore d'actualité aujourd'hui, notamment avec les nombreux médicaments existants.

Pour l'Institut National de Police Scientifique (INPS), il s'agit d'effectuer les examens et analyses des traces et indices relevés au cours de l'enquête en vue d'exploiter des éléments matériels de preuve dans le domaine pénal à la demande des magistrats, des services de police ou de gendarmerie. La toxicologie médico-légale est sollicitée pour la recherche des causes de la mort mais également si la victime n'est pas décédée (y a-t-il eu empoisonnement ?). Pourtant les empoisonnements ne sont pas le seul cadre. En effet, la recherche de substances ayant pu modifier le comportement d'un individu est de plus en plus fréquente que ce soit en matière

QUELQUES DÉFINITIONS

(tirées du dictionnaire Larousse)

Toxicologie

Science traitant des substances toxiques, de leurs effets sur l'organisme et de leur identification.

Médico-légal

Relatif à la médecine légale. Qui a pour objet de faciliter la découverte de la vérité par un tribunal civil ou pénal *(expertise médico-légale)* ou de préparer certaines dispositions légales, réglementaires ou administratives *(certificat médico-légal)*.

Figure 10

« Tout est poison, rien n'est poison, seule la dose fait le poison », *Paracelse.*

de sécurité routière ou en cas de suspicion de soumission chimique.

2 L'apport de la chimie analytique à la toxicologie médico-légale

Mathieu Orfila (1787-1853) (***Figure 11***), qui était à la fois médecin-légiste et chimiste, fut le premier à appliquer à la toxicologie les techniques de la chimie analytique afin de mettre en évidence les poisons lors d'homicides soupçonnés d'être survenus par empoisonnement.

2.1. Les progrès fulgurants de la chimie analytique

À l'époque, les techniques analytiques étaient assez rudimentaires, basées essentiellement sur des réactions colorées. Aujourd'hui elles ont considérablement évolué, tant sur la sensibilité que la rapidité des analyses (***Figure 12***). Lors des analyses sanguines, les concentrations recherchées sont de l'ordre du nanogramme par litre. Pour donner une image, cela correspond à la dilution d'un morceau de sucre dans une piscine olympique... et il faut mettre en évidence la présence de ce sucre !

2.2. La toxicologie au sein de l'INPS

Au sein de l'INPS (***Figure 13***), la toxicologie est la seconde activité quantitative après la biologie. En 2013, 53 % des analyses hors génétiques ont été faites en toxicologie, et parmi ces dossiers, 92 % étaient directement liées à la sécurité routière. Dans ce domaine, on attend de l'INPS des résultats extrêmement rapides, notamment lorsqu'interviennent des gardes à vue, puisque celles-ci sont limitées

Figure 11

Mathieu Orfila (1787-1853), médecin chimiste, pionnier de la toxicologie médico-légale.

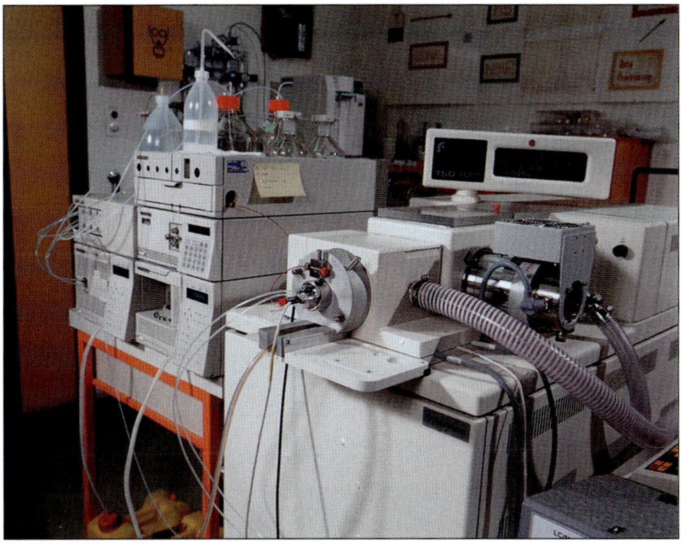

Figure 12

La chimie analytique a connu des progrès fulgurants en moins d'un siècle grâce notamment à la chromatographie, la spectrométrie de masse et leur couplage.

Figure 13

La toxicologie est la deuxième activité quantitative de l'Institut national de police scientifique (INPS).

à 24 heures prolongeables à 48 heures. De façon générale, la toxicologie est de plus en plus sollicitée par les Officiers de Police Judiciaire (OPJ) et les magistrats.

2.3. La sécurité routière dans la ligne de mire

Les dossiers de sécurité routière (***Figure 14***) sont pour la toxicologie des dossiers relativement faciles puisqu'il s'agit de recherches ciblées. Généralement, il est demandé de rechercher l'éthanol et/ou les produits stupéfiants dans le sang de victimes ou de mis en cause impliqués dans des accidents matériels, corporels ou mortels, mais aussi arrêtés lors de contrôles routiers. Le but est de savoir si leur comportement a pu être altéré par une de ces substances.

Au sein des laboratoires de l'INPS, la détermination de l'alcoolémie doit être effectuée en moins de trois jours, la recherche des stupéfiants en moins de dix jours. Ces délais sont bien sûr réduits si les résultats doivent être rendus dans le délai de la garde à vue.

Le produit stupéfiant le plus consommé en France est le cannabis. Son principe actif est le THC (Δ-9-TétraHydroCannabinol), mais d'autres cannabinoïdes[2] vont également être recherchés. Il s'agit des métabolites du THC, l'OH-THC (11-hydroxy-Δ-9-THC) et le THCCOOH (acide 11-nor-Δ-9-THC carboxylique). En effet, après absorption d'une substance étrangère, le corps cherche à s'en débarrasser et pour cela, peut la modifier, par exemple pour la rendre hydrophile afin qu'elle s'élimine dans les urines. Ces produits modifiés sont appelés métabolites. Les métabolites peuvent rester dans le sang plus longtemps que le principe actif et doivent donc être recherchés afin de prouver une consommation de stupéfiants relativement ancienne.

Parmi les autres produits stupéfiants recherchés classiquement dans le cadre de la sécurité routière peuvent être cités les opiacés (morphine, héroïne...), les cocaïniques (cocaïne et ses métabolites) et les amphétaminiques (amphétamine, méthamphétamine, MDMA qui est le principe actif de l'ecstasy...).

Figure 14

92 % des dossiers de toxicologie de l'INPS sont relatifs à la sécurité routière.

2. Les cannabinoïdes sont des substances d'origine végétale, animale, humaine ou synthétique agissant sur les systèmes nerveux et immunitaire.

Toutefois, il arrive que même dans le cadre de la sécurité routière, les enquêteurs demandent également une recherche de médicaments, notamment les benzodiazépines, qui ont pu endormir le responsable ou la victime d'un accident, même s'il n'est actuellement pas interdit de conduire après la consommation de ces médicaments (une mention sur les boîtes de ces médicaments signale cependant que conduire est déconseillé après leur consommation).

3 L'analyse des échantillons

3.1. Processus général

Dans la grande majorité des dossiers, la liste des substances à rechercher n'est pas connue, ce qui complique les analyses. Il va donc être nécessaire d'effectuer une recherche qualifiée de générale pour retrouver le plus de médicaments et le plus de toxiques possible.

La stratégie analytique appliquée est la suivante (***Figure 15***) : après réception des prélèvements qui peuvent être autres que du sang, des analyses qualitatives, c'est-à-dire des recherches générales pour trouver le maximum de xénobiotiques, sont effectuées. Si une substance médicamenteuse ou toxique est détectée, un dosage doit alors être réalisé. Ces analyses quantitatives sont exécutées au moyen de techniques spécifiques à la molécule recherchée. La dernière étape est celle de l'interprétation des résultats obtenus et de la rédaction des rapports envoyés au requérant.

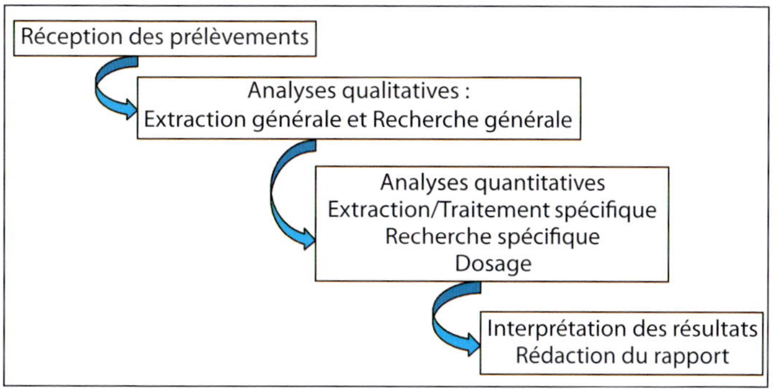

Figure 15

Stratégie analytique.

3.2. Quelles substances ?

Nombreuses sont les substances étrangères à l'organisme qui sont absorbées dans notre société moderne (***Figure 16***). Quelle que soit leur utilisation première, elles peuvent être détournées et provoquer des intoxications.

Ont déjà été mentionnés l'éthanol (***Figure 16A***) et les produits stupéfiants qui sont recherchés de façon quasi-systématique dans le cadre de la sécurité routière.

Mais si l'éthanol est le chef de file des substances volatiles, d'autres solvants tels que le méthanol peuvent également être absorbés. Des produits gazeux peuvent se révéler dangereux : hydrocarbures, « poppers » (molécules utilisées dans le milieu festif, notamment gay), monoxyde de carbone (des intoxications au monoxyde de carbone dues à des poêles défectueux se produisent encore aujourd'hui), cyanures, certains anesthésiques comme le gaz hilarant (protoxyde d'azote).

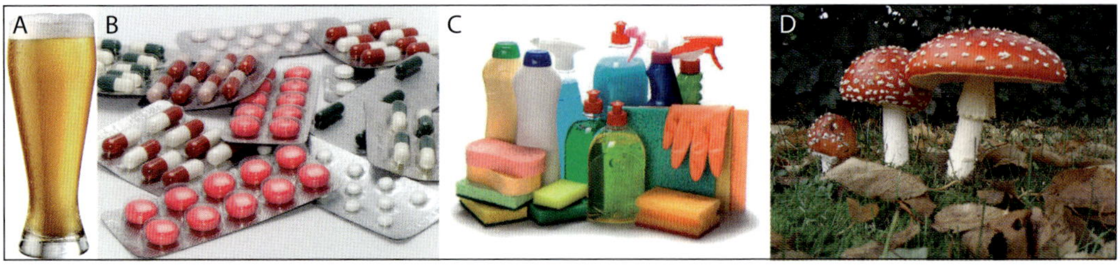

Figure 16

A) L'éthanol est usuellement recherché, notamment dans les cas d'accidents de la route ; B) les médicaments (psychotropes, anxiolytiques, antidépresseurs...) font également l'objet de recherches de routine ; C) les produits ménagers sont responsables d'un certain nombre d'accidents par intoxication ; D) des végétaux tels que l'amanite-tue-mouche peuvent également être à l'origine d'intoxications.

Les médicaments sont les substances les plus fréquemment retrouvées (***Figure 16B***) : les psychotropes, régulièrement détectés dans les cas de suicides car la victime est alors déjà psychologiquement fragile et dispose souvent de médicaments antidépresseurs ou anxiolytiques chez elle, les anticonvulsivants, les analgésiques – la morphine est classique mais d'autres produits peuvent malencontreusement provoquer des décès non suicidaires –, les cardiotropes, les anesthésiques, etc.

Dans de nombreux logements, il est possible de trouver des pesticides et des produits ménagers (***Figure 16C***). Des accidents, notamment avec de jeunes enfants buvant ce type de produits, surviennent malheureusement, mais suicides ou tentatives de suicide ne peuvent être écartés.

Les produits précédemment cités ont souvent pour principe actif des molécules organiques, mais il ne faut pas oublier les molécules inorganiques tels que les métaux. Si l'arsenic était très en vogue dans les années 1800, il est moins souvent à l'origine d'intoxications aujourd'hui ; toutefois, il faut surveiller la présence de métaux comme le plomb, le mercure ou le lithium – qui est aussi un médicament du traitement de la maladie bipolaire –, ou encore le strontium. Celui-ci est particulièrement intéressant pour les enquêtes de noyade parce que son dosage dans le sang permet de déterminer si une personne retrouvée dans l'eau est morte noyée ou si elle était morte avant d'être mise dans l'eau.

Enfin, même si peu d'affaires de ce type ont lieu à Paris, il ne faut pas oublier les intoxications aux végétaux (***Figure 16D***).

3.3. Dans quels prélèvements biologiques ?

Les prélèvements biologiques sur lesquels peut travailler le toxicologue sont nombreux et présentent tous un intérêt particulier (***Figure 17***).

Le milieu le plus important pour les toxicologues est le sang. En effet, c'est le seul prélèvement qui permette de relier les dosages effectués à une interprétation, c'est-à-dire la concentration sanguine d'un toxique à un effet. Cette concentration peut être thérapeutique (faible), toxique (moyenne), ou encore létale (forte). Il existe deux types de sangs : le sang périphérique prélevé lors d'une prise de sang par exemple, et le sang cardiaque prélevé sur des cadavres par le médecin légiste. Si les deux types de prélèvements sont fournis, il est préférable d'effectuer la quantification sur le sang périphérique pour éviter certains phénomènes post-mortem pouvant fausser les résultats des dosages.

L'urine est un prélèvement facile à faire à condition que la vessie soit pleine. Son principal intérêt est de fournir une fenêtre de détection des xénobiotiques beaucoup plus large que le sang, l'élimination des substances s'effectuant dans l'urine.

Lors d'une autopsie, le médecin légiste prélève des morceaux de viscères : cœur, poumon, foie, rate, rein, cerveau. La bile, le contenu gastrique et l'humeur vitrée complètent ces prélèvements. Si auparavant les organes étaient prélevés entièrement, désormais des échantillons d'environ trente grammes suffisent pour réaliser les analyses toxicologiques. Ces quantités sont considérées comme importantes et permettent de mettre en évidence de très faibles concentrations de toxiques. De plus, certaines substances peuvent se fixer plus particulièrement sur un organe ; par exemple, les cardiotropes se retrouvent préférentiellement dans le cœur, et le métabolite de l'héroïne dans la bile. Ainsi, selon la substance recherchée, il peut être intéressant d'analyser plus spécifiquement tel ou tel prélèvement autopsique.

La salive est à l'heure actuelle peu utilisée en laboratoire, mais son analyse se développe peu à peu. Par contre, elle est très utilisée pour le dépistage de stupéfiants en bord de route.

Un domaine très intéressant pour l'analyste, et qui se développe depuis plusieurs années, est l'analyse des phanères. Les phanères incluent les cheveux, les poils et les ongles. Une fois le médicament ou le toxique entré dans un phanère, il y reste jusqu'à ce que le phanère en question soit jeté ou détruit. Leur stockage et la fenêtre de détection dans ces milieux sont quasi-infinis. La preuve en est que des recherches ont été effectuées sur les cheveux de Napoléon. Les cheveux présentent un intérêt supplémentaire puisque leur analyse permet d'effectuer une datation, au moins approximative. En effet, la vitesse de pousse d'un cheveu est d'environ un centimètre par mois. Si on trouve un produit à trois centimètres du cuir chevelu, c'est donc qu'il a été absorbé environ trois mois auparavant. On peut aussi, grâce à l'analyse de cheveux, différencier une prise unique d'une consommation chronique.

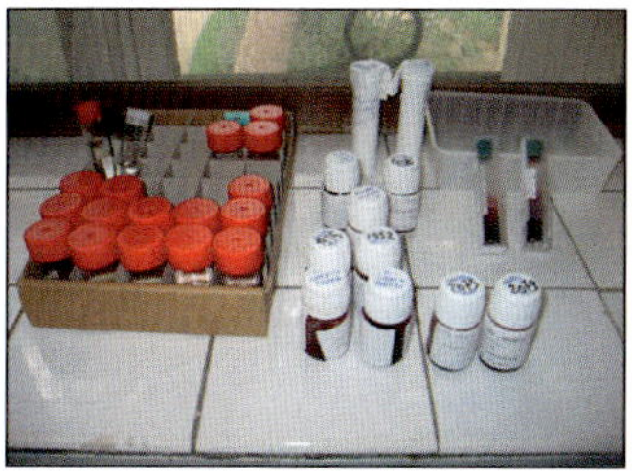

Figure 17

Divers prélèvements possibles dans le corps (sang, urine, viscères...) sont stockés sous forme d'échantillons pour les analyses.

3.4. L'extraction

L'analyste se doit de rechercher de très nombreux produits (médicaments ou toxiques) dans une grande variété de milieux biologiques. Ceux-ci sont particulièrement complexes et leurs constituants – cellules, protéines, acides gras, urée, etc. – vont gêner le toxicologue dans sa recherche de xénobiotiques. L'analyse est donc précédée d'une phase de purification dite phase d'extraction.

La ***Figure 18*** schématise le principe de l'extraction liquide-liquide, un type d'extraction parmi d'autres. Les tubes contiennent du sang ; sont schématisés en rouge les médicaments et les toxiques, et en vert et bleu les produits interférents (par exemple les acides gras ou le cholestérol). Pour extraire les toxiques, un solvant organique non miscible au sang est ajouté. Après agitation, les deux phases sont séparées. Si le médicament ou le produit toxique a davantage d'affinité pour le solvant que pour la phase aqueuse (sang), il reste dans la phase organique qui est alors récupérée puis concentrée afin de diminuer les limites de détection (détection d'une concentration plus faible de xénobiotiques). L'opération est optimisée par sélection de la phase organique ou par ajustement du pH du sang par exemple. *In fine*, l'extrait est contenu dans quelques microlitres et peut être analysé.

3.5. L'analyse par chromatographie, spectrométrie de masse et screening

3.5.1. La chromatographie

L'extrait obtenu peut encore contenir divers produits, et notamment plusieurs médicaments ou stupéfiants. Les différents constituants sont séparés, généralement par des techniques chromatographiques. La chromatographie utilise deux phases : une phase stationnaire fixe située dans une colonne et une phase mobile qui passe à travers la colonne. Si la phase mobile est gazeuse, il s'agit de chromatographie gazeuse. Avec une phase mobile liquide, il s'agit de la chromatographie liquide.

Sur la ***Figure 19***, les différents types de toxiques contenus

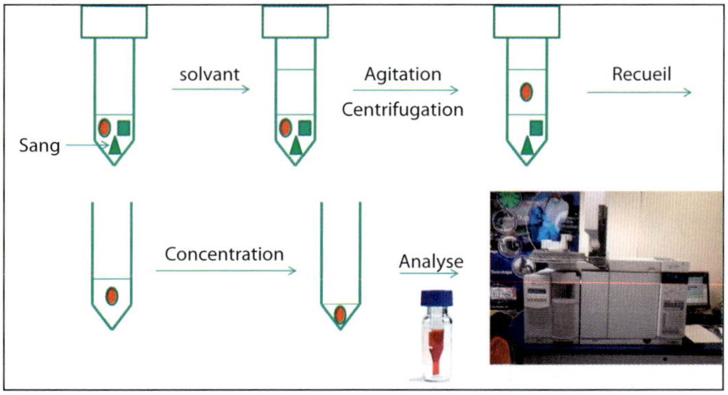

Figure 18

Principe de l'extraction.

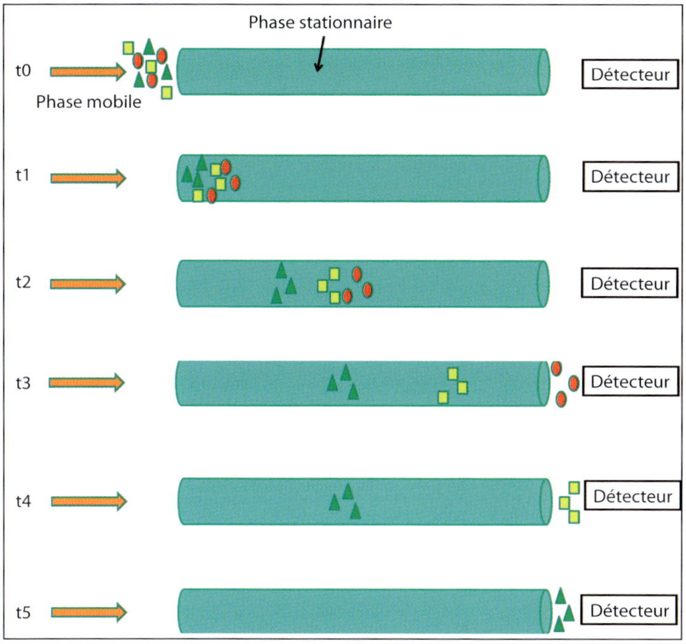

Figure 19

Principe de la chromatographie : les constituants du mélange sont séparés par différence de rétention sur une phase stationnaire, entraînés par une phase mobile. Le temps de rétention est caractéristique du composé.

dans l'extrait sont représentés en rouge, jaune et vert. Après introduction du mélange en début de colonne (injection à t0), ces derniers sont poussés sur la phase stationnaire par la phase mobile. Suivant l'affinité des produits pour ces deux phases, ils vont rester plus ou moins longtemps dans la colonne et donc se séparer au fil du temps (t1 et t2). Au moment t3, le toxique rouge sort de la colonne ; t3 correspond au temps de rétention du toxique rouge. La durée t4 correspond au temps de rétention de la substance jaune et t5, celui de la substance verte. Les temps de rétention sont caractéristiques des composés.

La ***Figure 20*** donne un exemple de chromatogramme, enregistrement représentant l'abondance (axe des ordonnées) des produits détectés en fonction du temps (axe des abscisses) sous forme de pics.

Par exemple, le diazépam, une benzodiazépine principe actif du Valium®, a un temps de rétention de 20,4 minutes. La famille des benzodiazépines contient de nombreuses substances de structures similaires, toutes étant susceptibles de composer un médicament. De ce fait, leur affinité pour les différentes phases est proche et leurs temps de rétention risquent fort d'être très voisins. Ce paramètre seul n'est donc pas suffisant pour identifier de façon certaine le produit. Il est donc nécessaire d'utiliser en complément des détecteurs spécifiques qui apporteront des informations supplémentaires sur la structure chimique de la substance et permettront une caractérisation complète.

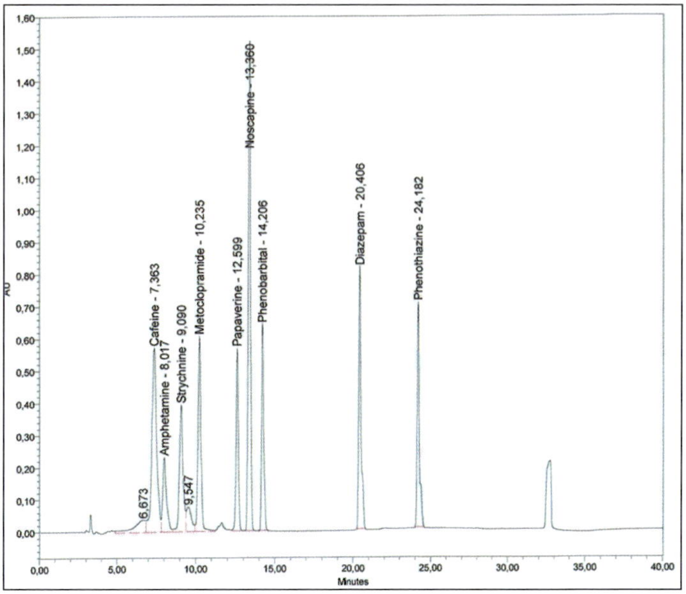

Figure 20

Le chromatogramme est un graphe qui fait apparaître des pics caractéristiques des constituants du mélange analysé.

3.5.2. La spectrométrie de masse

En toxicologie, le détecteur le plus utilisé est le spectromètre de masse. Le principe de cette technique est résumé sur la ***Figure 21*** : après avoir été séparée par chromatographie, la substance sort de la colonne et entre dans une source d'ions. Elle va alors être ionisée et les ions produits sont ensuite séparés dans l'analyseur en fonction de leur rapport masse sur charge. La plupart des médicaments étant de petites molécules, leur charge est souvent égale à 1. Un détecteur permet de recueillir les ions et après traitement du signal, un spectre de masse caractéristique du composé est obtenu.

La ***Figure 21*** correspond au spectre de masse de la cocaïne. Il comporte plusieurs pics, alors que la cocaïne est une molécule unique de structure connue et de masse égale à 303, ion moléculaire qui est présent sur le spectre de masse. Mais d'autres ions de masses plus faibles sont également identifiés. En fait, dans la source d'ions, la molécule va se fragmenter, elle peut par exemple perdre le groupement O—CH_3 et donner un ion à 272, ou se fragmenter plus

Figure 21

Principe de la spectrométrie de masse et obtention d'un spectre de masse (ici, la cocaïne).

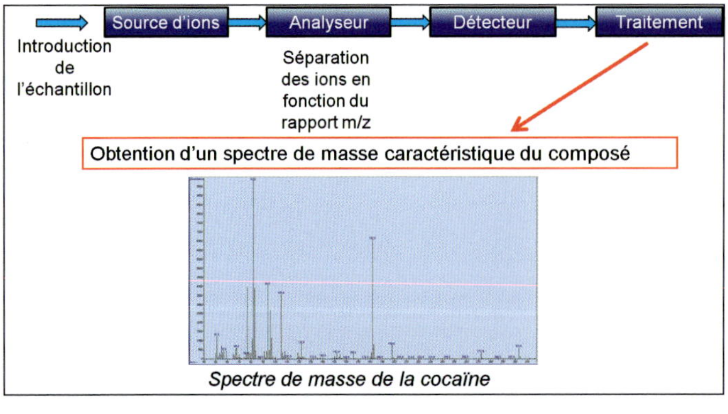

avant et donner un ion à 182, etc. (***Figure 22***). Le spectre de masse du produit est constitué non seulement de l'ion moléculaire (correspondant à la masse de la substance), mais également des différents ions fragments. Les masses de ces ions, mais également leurs abondances relatives, sont caractéristiques de la substance et permettent son identification.

La ***Figure 23A*** montre un chromatogramme obtenu en chromatographie gazeuse couplée à la spectrométrie de masse. Il est possible d'obtenir le spectre de masse du pic dont le temps de rétention est de 20,4 minutes par exemple (***Figure 23B***). Il s'agit alors du spectre d'une substance inconnue.

Pour identifier la substance, le logiciel a recours à des bibliothèques de spectres et effectue une comparaison entre le spectre inconnu et ceux des bibliothèques. Ici, le spectre est identique à celui du diazépam (***Figure 24***).

Ainsi, le temps de rétention et le spectre de masse de notre substance inconnue permettent de l'identifier : il s'agit du diazépam. Lors des analyses toxicologiques, chaque pic chromatographique et le spectre de masse correspondant sont analysés afin de mettre en évidence les

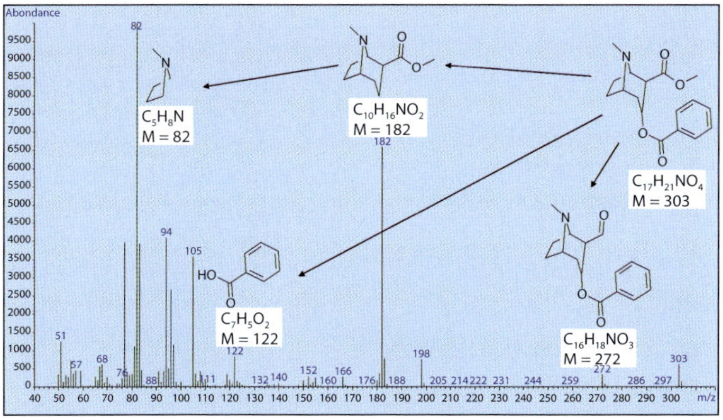

Figure 22

Interprétation détaillée du spectre de masse de la cocaïne.

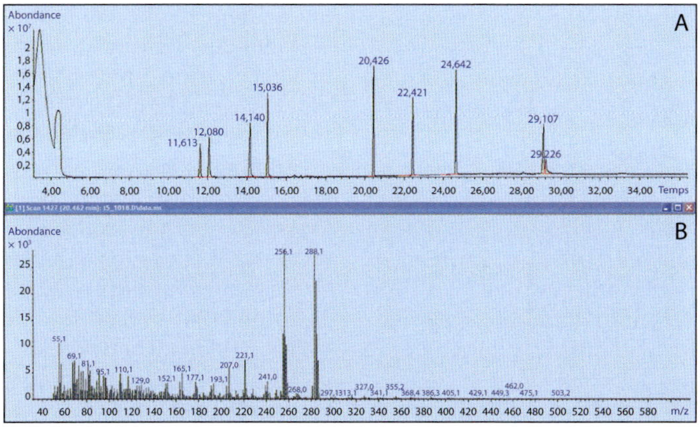

Figure 23

A) Chromatogramme en mode scan en CPG/SM (couplage chromatographie en phase gazeuse/spectrométrie de masse) ; B) spectre de masse inconnu en mode scan.

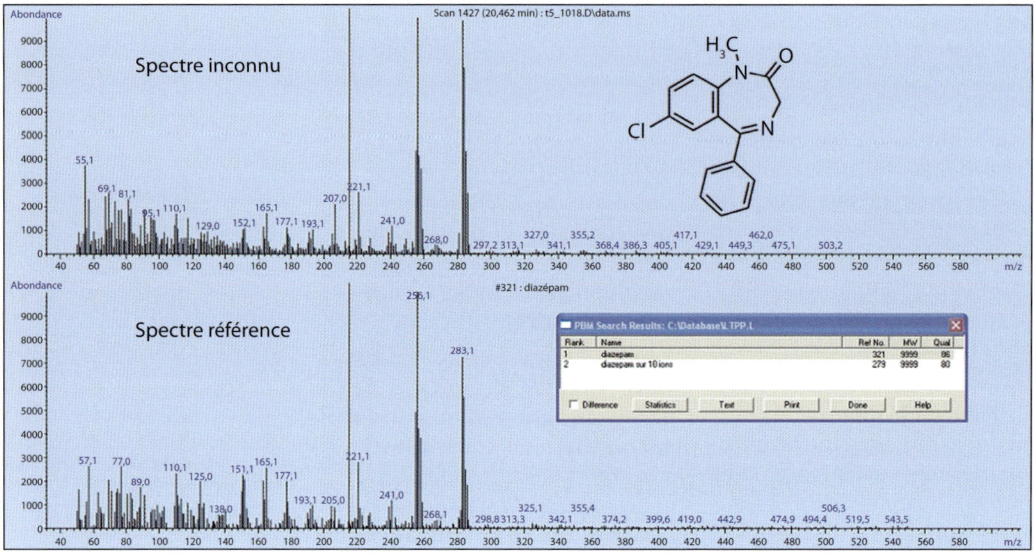

Figure 24

Le screening : la comparaison avec les spectres de la bibliothèque permet d'identifier le composé inconnu (exemple du diazépam).

xénobiotiques éventuellement contenus dans les prélèvements effectués sur la victime ou le mis en cause.

4 Dans la pratique : trois exemples de cas réels

4.1. Empoisonnement non létal

Une jeune femme a un rendez-vous dans un restaurant avec un homme rencontré sur Internet. En retard, elle lui demande donc de commander son repas. Quand elle arrive, le repas, la boisson et le café sont effectivement servis. Elle mange et à la fin du repas, lorsqu'elle veut boire son café, il est malheureusement froid. Elle n'a donc pas très envie de le boire. Sauf que le jeune homme avec qui elle a rendez-vous insiste : elle en prend donc quelques gorgées. Cela a lieu à 13 heures. Quinze minutes plus tard, elle ressent une sensation de soif, une sécheresse buccale, elle a des vertiges, des maux de tête et des difficultés à marcher. Elle est dans la rue et des gens appellent donc les pompiers qui interviennent et l'emmènent à l'hôpital. Lorsqu'elle arrive à l'hôpital, elle tient des propos incohérents et a ses pupilles en mydriases (état de dilatation anormale de la pupille).

À l'hôpital, des premières analyses sont effectuées : rien d'anormal n'est mis en évidence. En revanche, le médecin qui s'occupe du dossier évoque, en se basant sur les symptômes ressentis, une possible intoxication atropinique de type Datura (le Datura est une plante, ***Figure 25***). Ne pouvant confirmer cette intoxication à l'hôpital, le laboratoire est sollicité par un officier de police judiciaire pour analyser les prélèvements hospitaliers avec des techniques sensibles.

Avec la réquisition nous sont fournis des prélèvements sanguins et urinaires prélevés à 19 heures le premier jour (S1 et U1), environ 6 heures après les faits, et des prélèvements plus tardifs prélevés vers 22 heures le deuxième jour (S2 et U2). La première analyse consiste en de la chromatographie gazeuse couplée à la spectrométrie de masse. Dans le sang du premier jour (S1), rien n'est mis en évidence ; dans l'urine correspondante (U1), de la scopolamine est détectée. Dans les prélèvements plus tardifs est décelée de l'hydroxyzine dans le sang (S2) et les urines (U2). Le métabolite de l'hydroxyzine, la cétirizine, est également présente dans les urines (U2).

Le chromatogramme de l'urine du premier jour (U1) est reproduit sur la ***Figure 26***. De très nombreux pics sont présents, et les grands sont souvent soit des dérivés du cholestérol, soit des acides gras : ils ne sont donc pas intéressants. En zoomant sur la partie cerclée de rouge, il est possible de voir le pic correspondant à la scopolamine. Il faut savoir que chaque pic, même les petits comme celui de la scopolamine, sont exploités. Ainsi, le dépouillement des chromatogrammes nécessite un temps non négligeable – les résultats ne peuvent pas être rendus en trois quart d'heures comme cela se passe dans la série télévisée *Les Experts* ! L'attribution du pic à la scopolamine est confirmée par le spectre de masse (***Figure 27***) comparé au spectre fourni par la bibliothèque (***Figure 28***).

Afin de détecter un maximum de xénobiotiques, il est nécessaire d'effectuer suite à la chromatographie gazeuse, une chromatographie liquide. En effet, certaines substances, notamment les substances qui ne se volatilisent pas même à fortes températures, ne peuvent pas être détectées en chromatographie gazeuse. Ces deux types d'analyses sont donc complémentaires.

Figure 25

Le genre Datura *est riche en alcaloïdes.*

Source : Wikipédia,

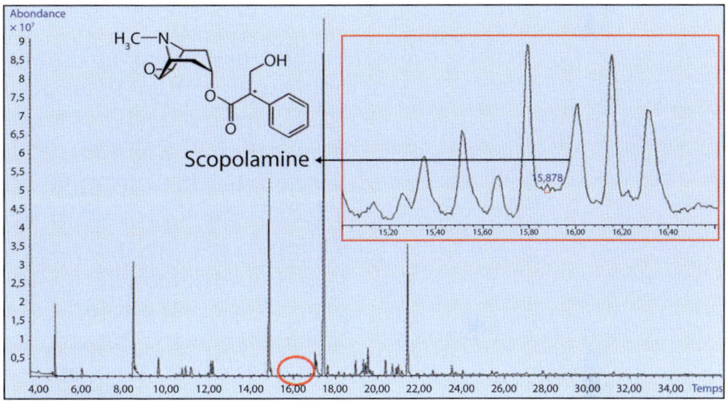

Figure 26

Chromatogramme CPG/SM mode scan de l'urine du 1er jour (U1) mettant en évidence de la scopolamine.

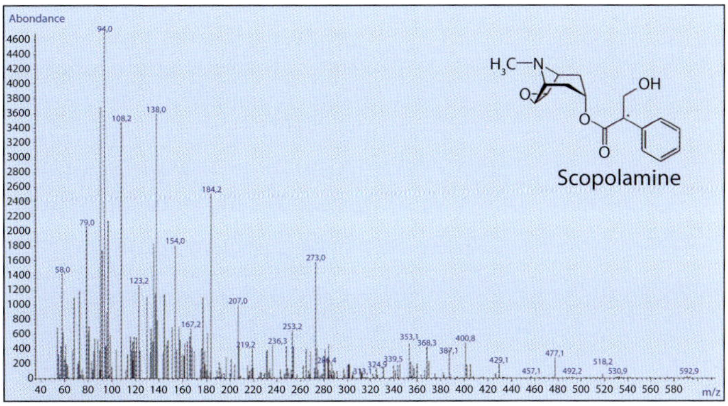

Figure 27

Spectre de masse de la scopolamine.

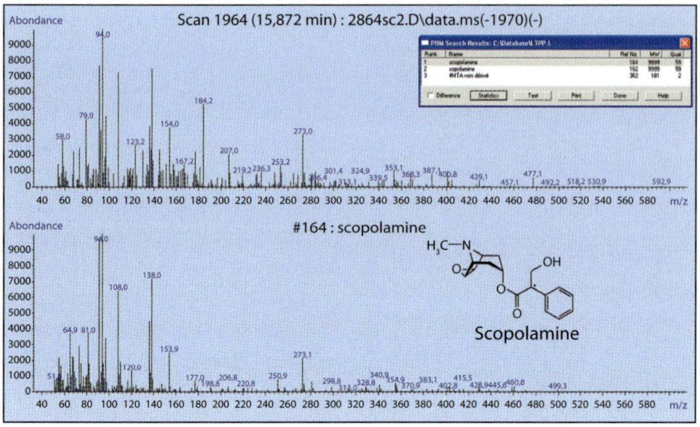

Figure 28

Comparaison du spectre de la scopolamine de l'urine du 1er jour.

En chromatographie liquide haute performance couplée à la spectrométrie de masse en tandem (CLHP/SM/SM), la scopolamine est mise en évidence dans le sang et les urines du premier jour (S1 et U1). Notons qu'en chromatographie gazeuse couplée à la spectrométrie de masse (CPG/SM), cette molécule n'avait pas été détectée dans le sang S1. Ainsi, la technique CLHP/SM/SM est plus sensible, du moins pour cette substance. Dans les prélèvements effectués le deuxième jour (S2 et U2), l'hydroxyzine et la cétirizine sont retrouvées, ainsi que la scopolamine dans l'urine U2.

Le cheminement pic inconnu sur le chromatogramme-spectre inconnu-comparaison avec la bibliothèque-identification est similaire à celui déjà évoqué en CPG/SM (***Figure 29***).

La recherche générale ayant été effectuée et les différentes substances identifiées, il est alors nécessaire de passer à l'étape de quantification. Des extractions et des analyses spécifiques à chaque produit sont réalisées afin d'obtenir les meilleurs niveaux de sensibilité. Ici, les dosages de scopolamine, hydroxyzine et cétirizine ont été effectuées en CLHP/SM/SM avec une même extraction ; les résultats sont présentés sur la ***Figure 30A***. L'aire de chaque pic est mesurée et est directement reliée à la quantité de produit. Le dosage est donc réalisé grâce à des courbes d'étalonnage (surface du pic = f(quantité du produit), ***Figure 30B***).

Le ***Tableau*** compile les différents résultats obtenus. Dans les prélèvements du premier jour, seule la scopolamine est retrouvée, que ce soit dans le sang (S1) ou dans l'urine (U1). Notons que la concentration urinaire est nettement plus importante que celle du sang. Les prélèvements du deuxième jour, S2 et U2, contiennent de l'hydroxyzine et son métabolite, la cétirizine. L'urine U2 contient également de la scopolamine mais à une concentration plus

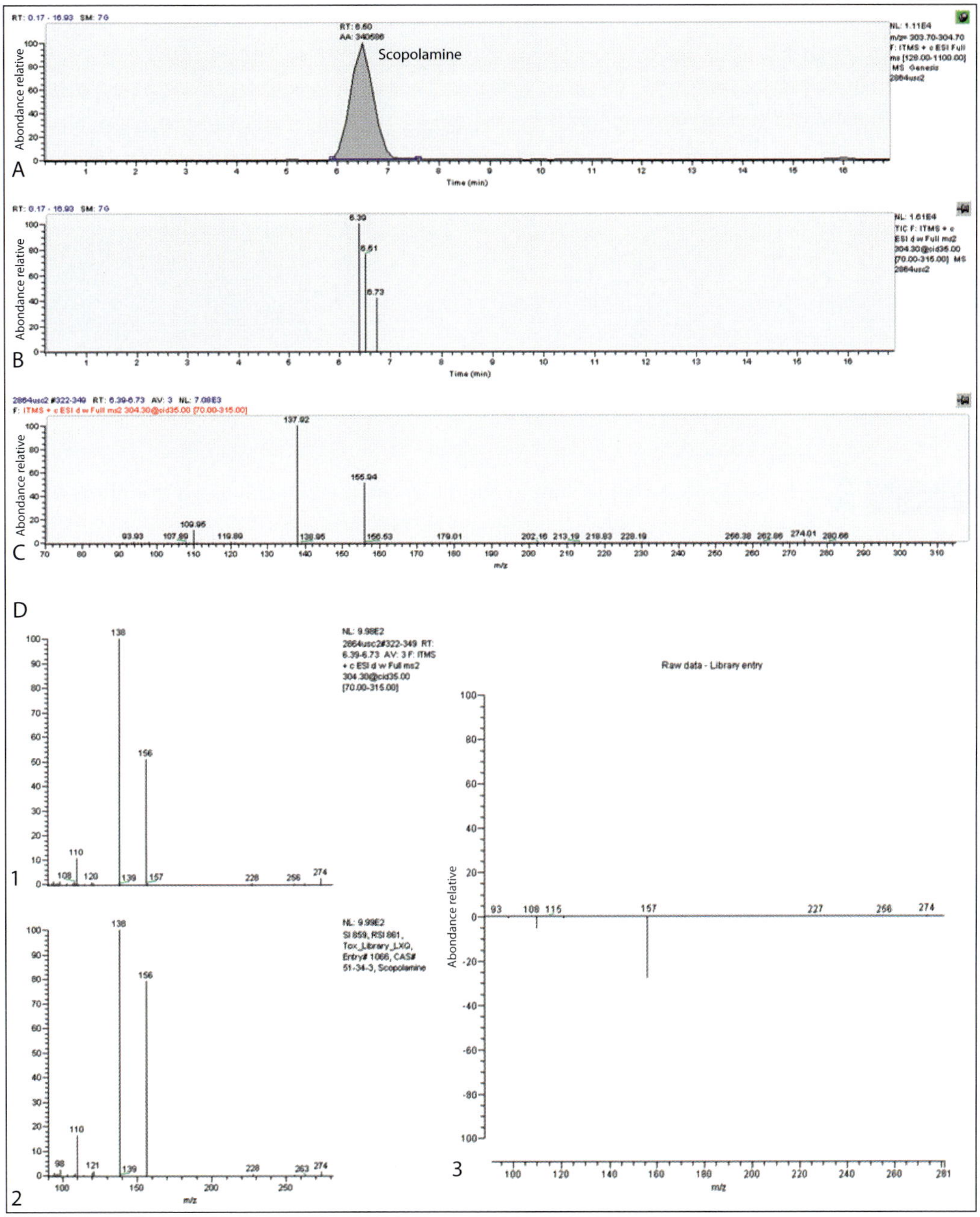

Figure 29

Résultats du screening ciblé en CLHP/SM/SM pour la scopolamine. A) chromatogramme obtenu en CLHP/SM ; B) chromatogramme obtenu en CLHP/SM/SM ; C) spectre MS² ; D) comparaison du spectre inconnu (1) à celui de référence (2) et soustraction de ces deux spectres (3).

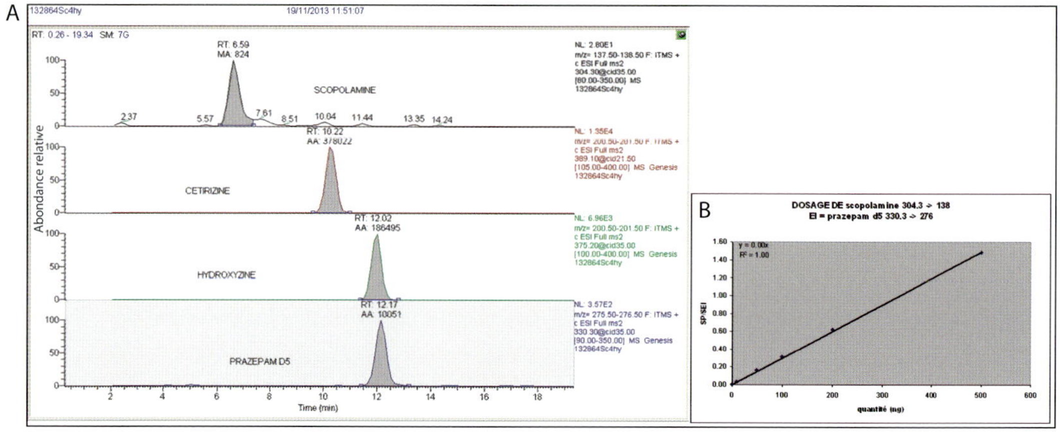

Figure 30

Dosages en CLHP/SM/SM.

faible que celle du premier jour (U1). Cette substance est d'ailleurs non détectée dans le sang S2. Cela s'explique par le processus d'élimination de ce xénobiotique, d'où son absence dans le sang S2 et sa faible concentration dans l'urine U2.

La dernière étape consiste en l'interprétation de ces résultats. L'hydroxyzine est apparue entre les deux séries de prélèvements, elle a donc été donnée à la victime après les premiers prélèvements et donc après les faits. Elle n'est de ce fait pas responsable de l'intoxication. Cette molécule, principe actif du médicament Atarax®, a probablement été prescrite à la victime pour ses propriétés anxiolytiques et antihistaminiques.

La scopolamine est en revanche beaucoup plus intéressante. En effet, elle ressemble structurellement

Tableau

Récapitulatif des résultats. La scopolamine ressemble à l'atropine. C'est un anticholinergique présent en grande quantité dans le Datura entre autres plantes. On observe la disparition de la scopolamine dans le sang et les urines (élimination en cours), et l'apparition de l'hydroxyzine après les premiers prélèvements (absorption après les faits d'Atarax®, médicament anxiolytique et antihistaminique).

	Substances identifiées	Milieux	Concentrations
Prélèvements effectués le premier jour	Scopolamine	Sang	3,2 µg/L
		Urine	> 1 000 µg/L
Prélèvements effectués le deuxième jour	Scopolamine	Urine	30,1 µg/L
	Hydroxyzine	Sang	19,3 µg/L
		Urine	> 500 µg/L
	Cétrizine	Sang	6,2 µg/L
		Urine	> 500 µg/L

à l'atropine et a quasiment les mêmes effets ; il s'agit un anticholinergique qui est présent en grandes quantités dans le Datura. Elle peut donc tout à fait avoir provoqué les symptômes observés chez la victime.

Cet exemple met en exergue la nécessité de réaliser les prélèvements le plus tôt possible après les faits, afin de limiter l'élimination des xénobiotiques présents dans le sang et les urines des victimes (ou mis en cause dans d'autres cas) au moment des faits et donc d'augmenter les chances pour le toxicologue de les mettre en évidence.

4.2. Analyse de cheveux dans le cas d'une soumission chimique

Voici une situation typique de soumission chimique. Il s'agit d'une femme qui dîne chez un ami. Au cours du repas, elle boit du rhum puis souffre de problèmes de vue, de vertiges et fait un malaise. Elle se réveille le lendemain en sous-vêtements dans le lit de cet ami. Elle n'a aucun souvenir de la nuit donc pense avoir été droguée. Elle porte plainte, mais plusieurs jours après les faits. Les substances qui lui auraient éventuellement été administrées à son insu au moment de l'agression auront donc été éliminées et ne peuvent plus être retrouvées ni dans le sang ni dans les urines. Dernier recours : les cheveux.

Un prélèvement de cheveux est donc effectué au laboratoire (***Figure 31***). La mèche de cheveux est ensuite cousue sur une feuille sur laquelle est indiquée une échelle en centimètre. Cette échelle va servir à déterminer les différents tronçons qui vont être analysés. En effet, il a été vu que les cheveux poussent d'environ 1 cm par mois. Ainsi les substances absorbées le mois précédant le prélèvement devraient se retrouver

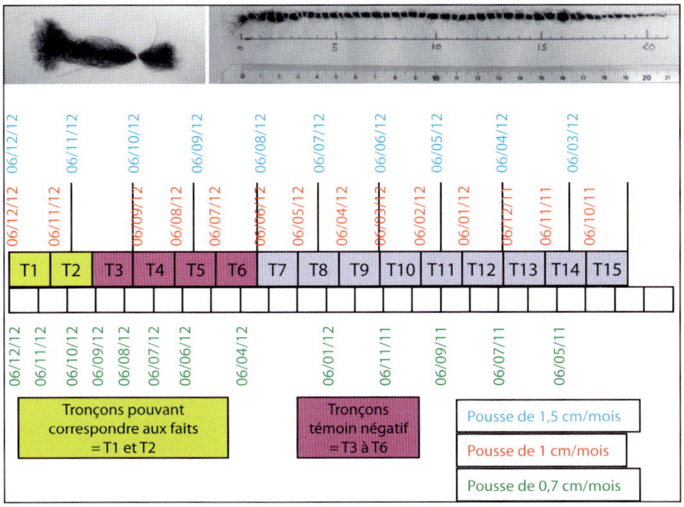

Figure 31

Préparation des cheveux avant analyse.

entre 0 et 1 cm côté racine ; il est possible de remonter de cette façon le long de la mèche. Ici, les tronçons compris entre 0 et 2 cm de la racine (soit T1 et T2) correspondent à la date des faits. Les tronçons suivants (T3 à T6) servent de témoins négatifs indiquant si la victime ne consommait pas de façon régulière un produit éventuellement détecté dans les tronçons des faits.

La ***Figure 32*** résume les résultats de l'analyse. Du diazépam, une benzodiazépine anxiolytique principe actif du Valium®, a été mis en évidence dans le premier tronçon T1. Du 7-aminoclonazépam, un métabolite du clonazépam, principe actif du Rivotril®, a été détecté dans les deux premiers tronçons (T1 et T2). Le clonazépam est également une benzodiazépine antiépileptique mais également prescrite hors AMM (Autorisation de Mise sur le Marché) comme antidouleur sédatif. Ces benzodiazépines sont connues pour potentiellement provoquer les effets ressentis par la victime : sédation, étourdissements, amnésie concernant les faits récents. Elles peuvent donc être utilisées en soumission chimique, c'est-à-dire utilisées par des criminels pour endormir et rendre vulnérables de potentielles victimes. Il est donc probable que dans ce cas, la victime ait été droguée à son insu. Toutefois, les enquêteurs doivent s'assurer que ces substances n'ont pas été consommées par la victime de son plein gré ou qu'elles lui aient été prescrites par un médecin.

4.3. Recherche de nouvelles drogues

Un jeune homme marche sur une autoroute dans la nuit, est percuté par une voiture et décède à l'hôpital des suites de l'accident. Lors de l'enquête policière, un de ses amis, qui était avec lui la soirée des faits, est interrogé. Il déclare que la victime avait beaucoup bu et aurait également consommé une substance hallucinogène. Un

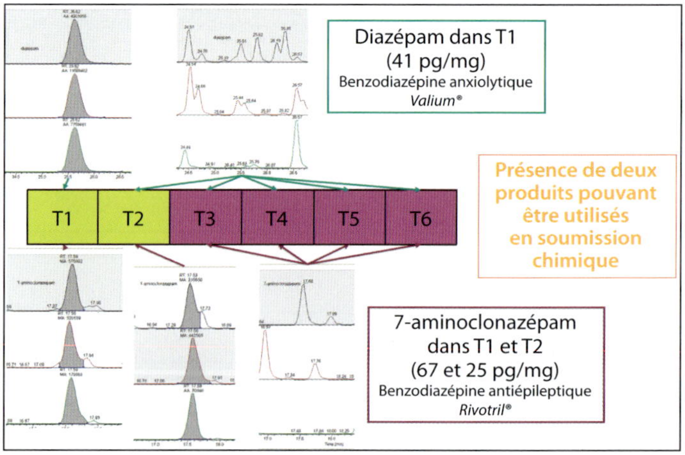

Figure 32

L'analyse des cheveux a mis en évidence du diazépam et le métabolite du clonazépam, deux molécules susceptibles d'être utilisées dans le cadre de la soumission chimique.

dépistage urinaire effectué à l'hôpital a mis en évidence la présence de méthamphétamine. La réquisition demande une recherche dans le sang autopsique de la victime de la présence d'alcool, de produits stupéfiants et de médicaments.

Les analyses toxicologiques mettent en évidence uniquement de l'éthanol à une concentration pouvant provoquer un état de légère ébriété. Toutefois, le jeune homme n'étant pas décédé sur le coup, son corps a continué d'éliminer l'éthanol (vitesse d'élimination moyenne : 0,17 g/L/h) ; son alcoolémie au moment des faits devait donc être plus élevée. Du paracétamol à faible teneur a également été mis en évidence, mais cette molécule n'a pas eu d'influence sur le comportement de la victime. En revanche, aucun produit stupéfiant, et notamment la méthamphétamine, n'a été décelé. Cela est donc en contradiction avec le dépistage effectué à l'hôpital. Lors d'un nouveau contact avec le requérant, ce dernier nous informe que selon l'ami interrogé, la substance absorbée aurait été la 2-C-C-NBOMe.

Cette molécule était inconnue au laboratoire et aucune méthode d'analyse n'avait été mise au point. Des recherches bibliographiques sont alors effectuées : elles nous apprennent que la structure chimique de la 2-C-C-NBOMe est proche de celle de la méthamphétamine, ce qui peut avoir positivé le test urinaire effectué à l'hôpital. Quant à ses effets, les forums Internet d'utilisateurs décrivent des hallucinations visuelles, de la distorsion du son perçu, des frissons extatiques, et évoquent une forte ressemblance avec le LSD (acide lysergique diéthylamide) (***Figure 33***). Pour mettre au point nos méthodes d'analyse et d'extraction, le produit, non disponible en France, a été commandé aux États-Unis. Après la création des méthodes d'analyse spécifique, la 2-C-C-NBOMe ne faisant pas partie de nos bibliothèques, il a fallu l'ajouter afin d'avoir des spectres de référence. Alors seulement, une recherche spécifique de cette substance dans le sang de la victime a pu être effectuée. Et effectivement, la 2-C-C-NBOMe a été mise en évidence à une faible concentration.

Cet exemple montre la nécessité d'avoir des bibliothèques de référence à jour, notamment avec les nouvelles drogues apparaissant sur le marché illicite. Sans cela, les toxicologues ne peuvent les détecter. L'interaction avec les enquêteurs est aussi très importante car elle permet d'orienter les recherches toxicologiques, et les résultats peuvent également donner une nouvelle orientation à l'enquête.

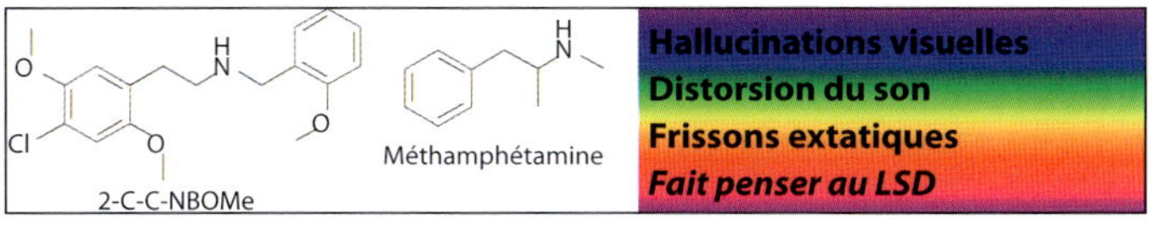

Figure 33

La 2-C-C-NBOMe ressemble à la méthamphétamine.

La chimie analytique au service de la toxicologie médico-légale

Les requérants attendent des laboratoires de toxicologie médico-légale des résultats fiables. Cela passe par l'accréditation des différents laboratoires.

Le rendu des résultats doit également être rapide, ces derniers pouvant orienter voire ré-orienter l'enquête. Pour répondre à cette demande de rapidité, les techniques évoluent avec des extractions en ligne, des chromatographies « fast », une automatisation des analyses...

Par ailleurs, il faut que les limites de détection soient de plus en plus faibles pour mettre en évidence le plus grand nombre possible de produits. Cela peut s'atteindre avec de nouvelles techniques comme la chromatographie liquide couplée à la spectrométrie de masse haute résolution.

Enfin, il ne faut pas oublier le problème des bibliothèques : elles doivent être mises à jour régulièrement pour pouvoir suivre l'apparition de nouveaux produits notamment stupéfiants.

En conclusion, la chimie analytique n'a pas fini d'aider les enquêtes ni d'améliorer ses performances dans cet objectif.

François Fontaine

Enquête technique après accident industriel

François Fontaine possède un Mastère en sécurité industrielle et un Mastère en géotechnique. Il a travaillé dans l'administration en répression des fraudes, puis comme Inspecteur des installations classées en Direction régionale de l'industrie, de la recherche et de l'environnement (DRIRE, aujourd'hui DREAL). Il y a douze ans, il a rejoint l'Institut National de l'Environnement Industriel et des Risques[1] (INERIS) pour y mettre en place la Cellule d'appui aux situations d'urgence (CASU-H24).

L'Institut national de l'environnement industriel et des risques (INERIS) conduit des activités de recherche fondamentale (recherche amont) sur la toxicologie. Il est aussi chargé d'une mission très concrète d'« Enquête technique après accident industriel » qu'il remplit grâce à l'ensemble de ses compétences et expertises.

1 Risques chroniques et risques accidentels : le travail de l'INERIS

« *...réaliser ou faire réaliser des études et des recherches permettant de prévenir les risques que les activités économiques font peser sur la santé, la sécurité des personnes et des biens ainsi que sur l'environnement, et fournir toute prestation destinée*

1. L'INERIS est un établissement public (EPIC) créé le 7 septembre 1990 placé sous la tutelle du ministère chargé de l'Écologie (site : www.ineris.fr). Voir la présentation générale de l'INERIS dans le ***Chapitre de P. Toulhoat*** dans *Chimie et expertise, sécurité des biens et des personnes*, coordonné par M.-T. Dinh-Audouin, D. Olivier et P. Rigny, EDP Sciences, 2014.

à faciliter l'adaptation des entreprises à cet objectif » : une mission plus que jamais d'actualité pour l'INERIS (***Figure 1***).

1.1. La direction des risques chroniques

Une première Direction de l'INERIS, la Direction des risques chroniques, traite de l'évaluation et de la maîtrise des risques, notamment liés à des expositions à des produits chimiques ou toxiques à de très faibles concentrations (de l'ordre de la ppm, voire moindres), et sur des durées prolongées pouvant aller jusqu'à la vie entière (***Encart : « La Direction des risques chroniques de l'INERIS »***).

La méthode de travail de base de l'INERIS, fondatrice pourrait-on dire, est d'effectuer les études en restant tout d'abord très proche du produit. Ainsi, les méthodes analytiques, que ce soit la CPG/SM (chromatographie en phase gazeuse couplée à de la spectrométrie de masse : voir les explications dans le **Chapitre de P. Sibille**, dans *Chimie et expertise*, EDP Sciences, 2014) ou la microscopie à balayage, etc., s'attachent à caractériser directement les propriétés physico-chimiques et/ou les propriétés toxicologiques du produit étudié. On passe ensuite à l'étape de tests à l'échelle du laboratoire puis à des expérimentations à

LA DIRECTION DES RISQUES CHRONIQUES DE L'INERIS

Quatre pôles métiers

Compétences en toxicologie, écotoxicologie, métrologie et analyse des polluants dans l'air, l'eau, les sols, les déchets, modélisation de leur transfert, économie de l'environnement.

Activités

Évaluation des dangers présentés par les substances chimiques, les rayonnements électromagnétiques, les agents biologiques.

Évaluation et modélisation des risques qu'ils présentent pour l'homme et l'environnement.

Certification de nouveaux dispositifs de métrologie environnementale.

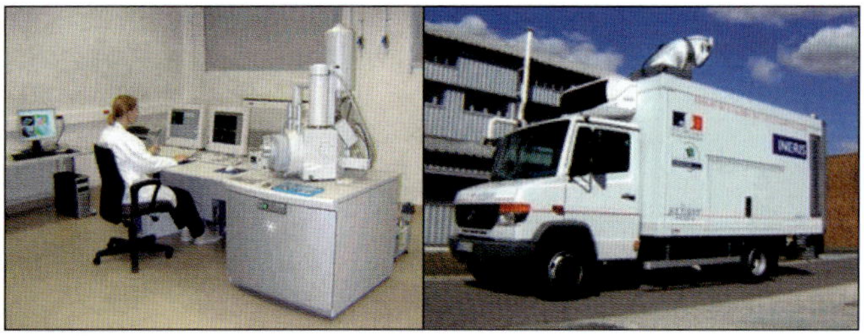

Figure 1

L'INERIS regroupe de nombreux métiers et compétences pour des activités très diversifiées.

Figure 2

Ensemble de rivières artificielles utilisées pour caractériser les propriétés éco-toxicologiques des produits.

grande échelle. La ***Figure 2*** montre par exemple un ensemble de rivières artificielles utilisées pour caractériser les propriétés éco-toxicologiques des produits à l'échelle 1.

1.2. La Direction des risques accidentels

De manière complémentaire, la Direction des risques accidentels est en charge de l'évaluation et de la maîtrise des risques liés à des expositions à des substances en concentrations extrêmement élevées sur des durées d'exposition courtes (1 minute-1 heure) (***Encart : « La Direction des risques accidentels de l'INERIS »***). Les principaux phénomènes dangereux étudiés sont la dispersion atmosphérique de produits toxiques, les incendies et les explosions[2].

Cette division s'appuie également sur des capacités d'essais à grande échelle ; la ***Figure 3*** montre une explosion provoquée de poussières. De même, pour étudier le phénomène « incendie » et les mesures de sécurité logistique à prévoir, l'INERIS avait construit un entrepôt (***Figure 4***) intégralement instrumenté, détruit ensuite par un incendie provoqué. La ***Figure 5*** illustre le rejet de gaz inflammables.

LA DIRECTION DES RISQUES ACCIDENTELS DE L'INERIS

Quatre pôles métiers

Compétences en physique, chimie, thermique, mécanique des fluides, calcul numérique, sociologie et facteur humain.

Activités

Définition de méthodes et outils de prévention des risques d'explosion, d'incendie ou de dispersion de gaz toxiques.

Évaluation et prévention des risques industriels aux différentes étapes de la vie d'une installation.

Analyse, aux fins de retour d'expérience, des accidents industriels.

Évaluation des produits et équipements industriels pouvant faire l'objet d'une certification.

2. Voir aussi les ***Chapitres de G. Cognon/B. Frère*** et ***P. Charrue/B. Vanlerberghe*** dans *Chimie et expertise, sécurité des biens et des personnes*, coordonné par M.-T. Dinh-Audouin, D. Olivier et P. Rigny, EDP Sciences, 2014.

Figure 3

Explosion recréée au sein de l'INERIS.

Figure 4

Simulation d'un incendie sur un entrepôt intégralement instrumenté.

Figure 5

Jet de produits inflammables.

2 Cadre et objectifs de l'enquête

Que signifie l'enquête technique ?

L'enquête technique, qui fait souvent suite à un incident ou un accident industriel ou de transport de matières dangereuses, peut être demandée par des industriels sur tout ou partie d'une installation ou d'un équipement, voire d'une unité ; elle est alors extrêmement large. Ce dernier cas est extrême et survient à la fréquence d'un ou deux par an.

Le cadre de l'enquête peut être aussi celui de l'expertise judiciaire, ou comme sapiteur[3] pour aider les experts sur une spécificité technique. L'enquête

3. Lorsqu'un expert judiciaire estime qu'un domaine est hors de son champ d'expertise, il peut faire appel à un autre expert, appelé l'expert sapiteur.

peut aussi être demandée aux fins de retour d'expériences (*Encart : « Cadre et objectifs de l'enquête »*).

Le but de l'enquête technique est essentiellement de rechercher les causes de l'événement plus que les responsabilités dont la détermination relève de la Justice. Les causes, souvent techniques, révèlent couramment des dysfonctionnements plus profonds liés à des aspects humains ou organisationnels. Les résultats de l'enquête technique peuvent également amener à revoir la conception des installations ou celle des équipements.

Dans certains cas où des produits toxiques ou nocifs ont été dispersés (incendie de phytosanitaires, émission de dioxines...), il est impératif que l'enquête soit menée rapidement afin de déceler des sources de contaminations possibles et de les prévenir ; il s'agit là des aspects « post-accidentels ».

Quant au retour d'expérience, son rôle est de consolider l'information à des fins de prévention et pour intégrer les enseignements de l'accident dans les standards réglementaires ou normatifs. Il se conduit souvent en partenariat avec le Bureau d'analyse des risques et pollutions industrielles (BARPI) du ministère de l'Écologie et situé à Lyon.

3 Quels types d'évènements pour une enquête ?

Les types d'évènements auxquels on a affaire peuvent être des incendies ou des explosions à l'échelle industrielle.

CADRE ET OBJECTIFS DE L'ENQUÊTE

Cadre : participation à une enquête technique, administrative, ou judiciaire (sapiteur)

Recherche de causes *vs* recherche de responsabilités

Techniques

Humaines

Organisationnelles

Revoir la conception des installations/équipements

Évaluer les conséquences à long terme (post-accidentel)

Retour d'expérience

Consolider l'information

Prévention

Intégrer les enseignements dans les standards/réglementations

La ***Figure 6A*** représente un pétrolier qui sort d'une livraison dans un port littoral puis est reparti en mer. Après lavage de ses cales, le navire explose (***Figure 6B***). La difficulté de l'enquête, partagée par les laboratoires de la police technique et scientifique (IRCGN, INPS[4]), réside dans le fait d'intervenir sur des scènes déjà détruites. Il est par conséquent difficile d'être affirmatif sur la ou les causes qui ont pu engendrer les dégâts observés.

Les photos de la ***Figure 7*** sont celles d'un hangar agricole

4. IRCGN : Institut de recherche criminelle de la gendarmerie nationale. Voir les ***Chapitres de P. Touron*** et ***G. Cognon/B. Frère*** dans *Chimie et expertise*, EDP Sciences, 2014.
INPS : Institut National de la Police Scientifique. Voir les ***Chapitres de F. Dupuch, L. Dujourdy*** et ***P. Sibille*** dans le même ouvrage.

Figure 6

Navire : (A) avant explosion et (B) après explosion.

Figure 7

Hangar agricole avant, pendant et après un incendie suivi d'une explosion.

Source : SDIS 42.

détruit par une explosion en octobre 2003. L'INERIS a engagé environ trente-cinq personnes sur l'enquête pour travailler sur la caractérisation des produits, sur l'analyse de risque, sur l'établissement de relevés de dégâts de façon à pouvoir produire l'analyse la plus pertinente possible. Le but de ce travail était non seulement d'alimenter l'expertise judiciaire mais aussi d'établir le diagnostic le plus juste possible sur les causes de l'événement.

Mais cet événement était très complexe : l'explosion du hangar agricole avait entraîné l'effondrement de plafonds dans le village dans un rayon de deux cents mètres. Des IPN (classiques poutres métalliques de soutien) avaient été retrouvés à environ cinq cents mètres du lieu d'explosion. Les dégâts de l'incendie étaient mêlés à ceux de l'explosion... on comprend que les conclusions de l'enquête ne puissent qu'être marquées de beaucoup d'incertitudes !

4 Méthodologie : éléments et étapes clés de l'investigation

La ***Figure 8*** résume les étapes de l'enquête technique. L'objectif principal est de valider une hypothèse de cause – ce qui est parfois une demande des exploitants d'installations industrielles – et proposer des mesures

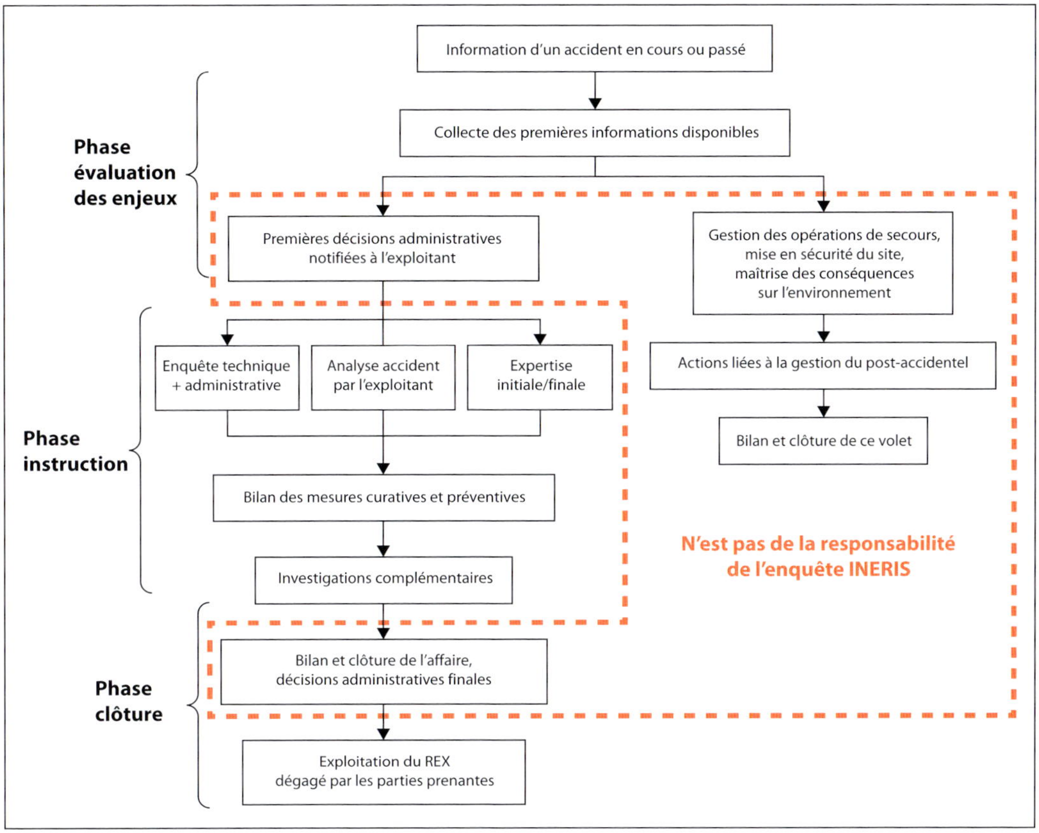

immédiates, par exemple pour reconstruire au plus tôt l'unité de façon à assurer la continuité d'activité tout en se préservant de l'ensemble des causes identifiées.

Les éléments clés de l'investigation

C'est tout d'abord la formation d'une équipe (***Encart : « Éléments et étapes clés de l'investigation »***). Cela demande d'avoir déjà une idée de ce qui s'est passé, de façon à tout de suite mobiliser des experts et des spécialistes de l'Institut ou éventuellement de l'extérieur, et de constituer un « back-office » qui se placera en appui des gens à l'œuvre sur le site. Cette structure d'expertise est indispensable, d'autant que le travail au calme est difficile sur des sites ayant subi des incendies ou des explosions.

Figure 8

Étapes des enquêtes techniques après accident industriel.

ÉLÉMENTS ET ÉTAPES CLÉS DE L'INVESTIGATION

Formation d'une équipe
Évaluation des dommages et des effets
Chronologie des événements
Causes directes (technologiques)
Mesures de limitation des risques
Conformité aux référentiels techniques
Causes profondes (des facteurs humains et de l'organisation)
⇒ Proposition d'améliorations techniques et organisationnelles
⇒ Rapport d'analyse et de synthèse

Cela a été illustré par un événement survenu sur un site industriel qui a été médiatisé le 31 décembre 2003. Cet événement a été à l'origine d'une épidémie de légionellose qui a causé le décès de dix-neuf personnes et en a contaminé quatre-vingt cinq. L'équipe d'expertise montée par l'INERIS associait EDF, un fournisseur de tours aéroréfrigérantes et les Cellules interrégionales d'épidémiologie (CIRE). On s'est vite rendu compte qu'une équipe pluridisciplinaire, avec son back-office en soutien, permettait d'apporter une réelle efficacité, y compris à la gestion de la crise par les Autorités préfectorales.

Dans le cas de l'accident de navire présenté plus haut (voir la ***Figure 6***), avaient été associés à l'enquête des techniciens de la soudure, des spécialistes de la construction mécanique et des techniciens métallurgistes, pour travailler ensemble sur l'interprétation des données.

Une fois l'équipe formée, il faut :

- faire l'évaluation des dommages et des effets ;
- construire la chronologie la plus pertinente possible des évènements ;
- traiter des causes directes, c'est-à-dire techniques ;
- regarder si toute l'approche de prévention qui avait été proposée était pertinente, et notamment si les mesures, ou barrières, de sécurité avait été efficaces ;
- regarder la conformité aux référentiels techniques, en d'autres termes : « l'installation était-elle bien exploitée dans l'état de l'art ? ». C'est d'ailleurs là une cause fréquente des accidents.

Il faut par ailleurs examiner les causes plus profondes éventuelles qui ont trait à l'organisation de l'entreprise, aux facteurs humains.

Tout ce travail doit déboucher sur des propositions d'améliorations techniques notamment et, bien entendu, sur un rapport d'analyse.

5 Les premières constatations

Que fait-on lors de la première visite ? L'ensemble des actions est répertorié dans l'***Encart : « Les actions à mener lors de la première visite »***.

Dans l'**identification des faits et des preuves**, l'enquête technique doit se positionner par rapport aux autorités judiciaires. La priorité est de ne pas perturber l'action de l'instruction judiciaire. Cela influe sur le déroulement de l'enquête : par exemple, les travaux doivent veiller à préserver la preuve. L'enquête technique s'intéresse aux aspects techniques mais pas à la recherche de responsabilité ou de malveillance. Dans les « premiers temps », les équipes INERIS pouvaient être tentées de faire des prélèvements en faisant fi de ce qui pouvait intéresser la police technique et scientifique – par exemple sans prendre en compte les possibilités des empreintes ou de l'ADN. Les méthodes de travail sont maintenant plus formalisées.

Les preuves peuvent aujourd'hui être très variées avec les photos, les vidéos, les Smartphones ou autres téléphones portables qui permettent de filmer en direct. Ce n'était pas forcement vrai il y a dix ou quinze ans. Les **preuves non pérennes** demandent beaucoup de précaution pour être recueillies : il faut les collecter le plus vite possible. Par exemple, les eaux d'extinction d'incendie peuvent parfois avoir fait disparaître ou altéré un certain nombre de produits.

C'est d'ailleurs également vrai pour les témoignages, dont on sait qu'ils évoluent dans le temps. Entre une opinion récoltée « à chaud » puis auprès de la même personne 48 heures plus tard, il peut y avoir des différences considérables. On aura des notions complètement différentes.

Collecter des données sur l'entreprise, sur le site bien entendu, sur les installations – y compris les enregistrements des procédés – est vraiment très important pour recaler le mieux possible le déroulement de l'évènement.

Recueillir des témoignages à chaud avec des entretiens ouverts, des entretiens ciblés, est extrêmement important. C'est un moyen de cerner l'effet de la culture de l'entreprise et de voir que des agents qui ont pu évoluer dans le temps sont en fait à l'origine l'accident.

La **collecte d'échantillons** n'est pas sans parfois poser de problèmes. Entre le moment de prélèvement et le moment d'expédition, l'échantillon peut notablement changer de propriété. Le fait d'avoir un double échantillonnage est utile. Il peut aussi y avoir des problèmes de transport. Il y a deux ans, nous devions collecter plusieurs kilogrammes de poudre blanche : d'où l'impossibilité douanière de quitter le pays et la décision d'expédier le produit par avion, mais avec de nouveaux problèmes de douane à l'arrivée à Paris... C'est parfois un peu difficile !

LES ACTIONS À MENER LORS DE LA PREMIÈRE VISITE

Identifier les faits et les preuves judiciaires

Conséquences (dommages matériels, effets sur l'homme, effets sur l'environnement)
Photos
Vidéos (intérêt des téléphones mobiles)

Recueillir les preuves non pérennes

Collecter des données

L'entreprise (organisation...)
Le site (production, procédés, produits...)
Les installations (conduite, enregistrements des procédés, équipements, maintenance...)

Recueillir les témoignages « à chaud » (entretiens ouverts, entretiens ciblés)

Description des faits
Déroulement de l'accident
Signaux précurseurs

Collecter des échantillons

Matières premières
Produits finis
Matériaux affectés par l'accident, résidus de combustion, dépôts de pulvérulents, liquides toxiques...

6 Les causes principales d'accidents industriels

6.1. Analyse des dommages

Après ces premières constatations, on cherche à acquérir une idée globale de la situation, par exemple comprendre les phénomènes dangereux qui ont pu être à l'origine des incendies ou des explosions.

En priorité, une cartographie des points-dommages est réalisée en prenant des photographies sur place (**Figure 9**). Au moyen de tables de corrélations entre dégâts et dommages, une analyse quantitative est effectuée en considérant en particulier la résistance des matériaux. Des méthodes de modélisation inverse des phénomènes peuvent être également utilisées pour remonter, par exemple, des dommages observés au type d'incendie (feux torches, feux de nappes, feux de solides, etc.) (**Encart : « Analyse des dommages »**).

L'analyse des effets toxiques reste difficile car on n'a souvent que peu de certitude sur les effets sanitaires, les référentiels de toxicologie aigue, ou les courbes effets-doses, différant d'un pays à l'autre.

Pour analyser les effets des explosions, une méthode empirique basée sur la détermination de l'équivalent TNT est employée. On utilise un abaque « fondateur », le TM5-1300, développé par l'US-Army, qui associe des surpressions à des dégâts (**Figure 10**).

Figure 9

Photographies après incendies ou explosions.

ANALYSE DES DOMMAGES

Incendie

Cartographie des points-dommages des effets thermiques, analyse quantitative en résistance des matériaux et modélisation inverse des phénomènes (feux-torches, nappe, solides...) ;

Pollution et effets sanitaires

Sur la base des dégâts environnementaux constatés, des données sanitaires des services médicaux et des quantités de produits mises en œuvre (si l'information est disponible) ;

Explosion

Détermination de l'équivalent TNT (TM5-1300) sur la base des estimations de surpression relevées lors de la visite et des dégâts causés par les « missiles ».

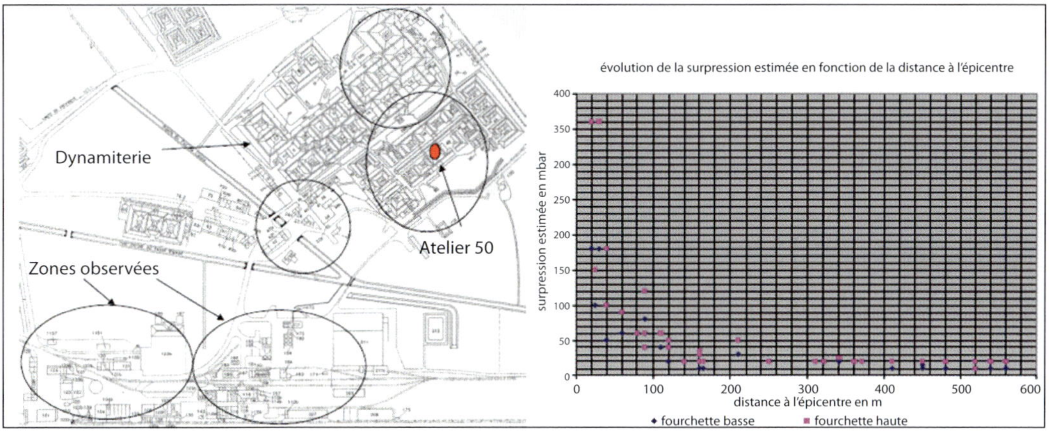

Figure 10

Afin d'interpréter les dommages liés à une explosion, on utilise des abaques qui associent surpressions et dégâts.

Pour les besoins de l'enquête, des équipes sont envoyées sur place pour relever les dégâts en prenant un maximum de photos. Ces dégâts sont positionnés sur une carte, puis, au moyen d'une table de corrélation, leur est associée une masse équivalente de TNT qui permet de déterminer, pour des cas simples, l'épicentre de l'explosion. Cela a notamment été utilisé pour l'explosion d'AZF à Toulouse en 2001, comme à Billy Berclau (une usine de production d'explosifs qui a explosé en 2003), ou encore à Saint-Romain-en-Jarez évoqué plus haut (explosion d'un hangar agricole en 2003).

6.2. Analyse des échantillons

Parallèlement à ces tâches, les échantillons sont analysés. La conformité aux spécifications d'origine est examinée en priorité, car une des principales causes d'accident industriel est due à l'absence de prise en compte des modifications de caractéristiques des produits sur la base desquelles ont été dimensionnées et conçues initialement les installations industrielles.

Sont notamment examinées les caractéristiques physico-chimiques des produits (paramètres d'explosivité, températures d'auto-inflammation, pressions de vapeur saturantes, etc.).

De la même manière, sont mesurés, pour les poudres et poussières, les paramètres qui peuvent conduire à des réactions endothermiques ou exothermiques, ou à un auto-échauffement. Ce dernier phénomène a été étudié de longue date par le Centre d'études et de recherches des charbonnages de France, précurseur de l'INERIS : selon la nature d'un produit, on peut avoir un phénomène d'échauffement lié à sa hauteur de stockage ; en deçà, on n'a pas ce phénomène, au-delà, il commence à apparaître. Ce constat est valable pour quasiment tous les produits organiques, les céréales notamment, comme pour le charbon.

Un tel événement a été observé il y a une quinzaine d'années, lié au stockage des farines animales des bovins susceptibles d'être affectés par l'ESB (Encéphalopathie spongiforme bovine, également appelée « maladie de la vache folle »).

Il est également nécessaire de recueillir la conformité à tout ce qui est lié à la réglementation sur la classification, l'emballage et l'étiquetage des substances chimiques en matière de combustible, de comburant, etc. (règlement CLP).

Lorsque les enjeux l'imposent, l'accident peut être recréé à l'échelle 1 afin de valider, ou d'invalider les différentes hypothèses. Cela a été réalisé notamment pour Saint-Romain-en-Jarez, où la séquence accidentelle a été reproduite dans les délais et à l'échelle de l'accident. La ***Figure 11*** montre la « galerie incendie » utilisée

Figure 11

Galerie incendie reproduisant une séquence accidentelle.

par l'INERIS. Cette installation est équipée d'une unité de traitement des fumées ; elle permet de reproduire des incendies en toute sécurité tout en mesurant en continu un certain nombre de composés chimiques et de prélever des gaz qui peuvent émaner de cet incendie. Sa taille, d'une cinquantaine de mètres de long, permet de simuler des sections de tunnel comme de réaliser des essais sur des véhicules.

6.3. Intégration des données

La phase suivante de l'enquête technique est de construire une chronologie de l'accident en partant des causes immédiates, techniques. À un accident donné, il y a toujours une cause immédiate technique basée sur des causes plus profondes (***Figure 12***).

La plupart du temps est également construit un arbre des causes comme celui de la ***Figure 13***, qui est bien évidemment simplifié. Il s'appuie notamment sur la base de données de retour d'expérience établi par le BARPI (Bureau d'Analyses des risques et des Pollutions Industrielles, rattaché au Ministère de l'Environnement), pour regarder s'il n'y a pas eu des accidents identiques sur des installations ou équipements similaires au cours des années précédentes.

N'ayant pas de certitude sur une cause unique, l'enquête est souvent amenée à proposer un nombre d'options. Cependant, même s'il subsiste plusieurs hypothèses, des mesures d'améliorations techniques peuvent être suggérées de façon à déterminer

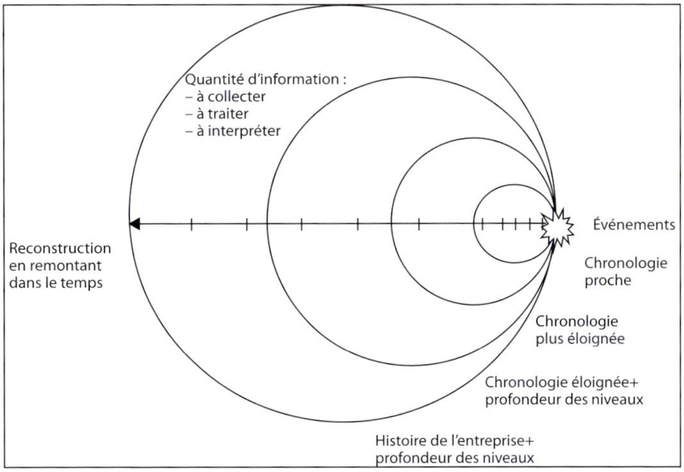

Figure 12

Chronologie de l'accident.

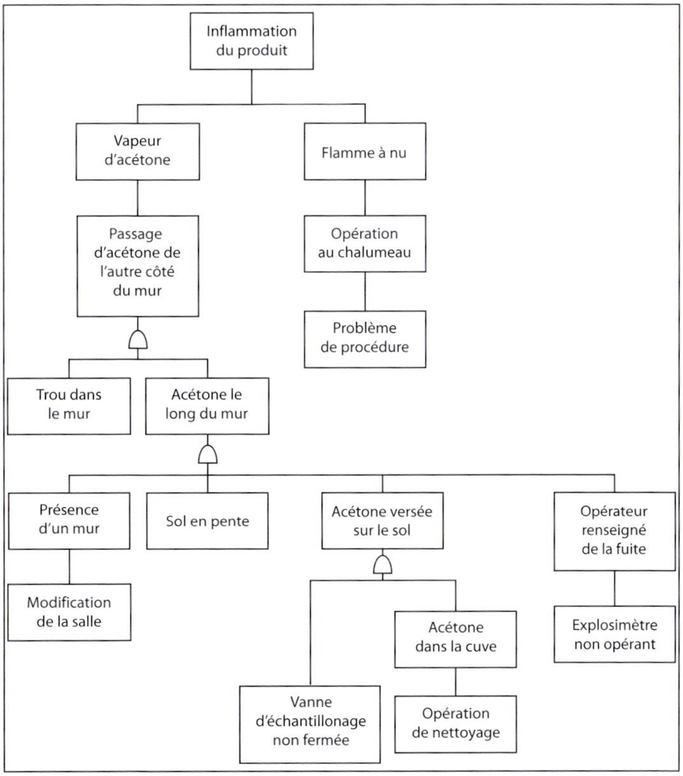

Figure 13

Arbre des causes.

de manière exhaustive l'ensemble à éliminer.

Le tableau établi par le BARPI (*Tableau*) en 2012 sur les causes d'accidents industriels depuis une vingtaine d'années est cohérent avec ce qui a été constaté par l'INERIS lors de ses investigations. Une cause majeure d'accident, notamment incendie/explosion, reste l'absence de prise en compte, en termes de sécurité, d'un **changement de produit ou de procédé (process)** : un produit est remplacé par un autre beaucoup plus réactif ; il va donc réagir différemment dans le procédé, et les conditions de sécurité, les barrières de sécurité, peuvent ne plus être adaptées à ces modifications.

Tableau

Causes d'accidents industriels.

	1992 à 2012 (%)
Facteur organisationnel et humain dont	**55**
Organisation défaillante	36
Défaut de maîtrise des procédés	18
Abandon produit/équipement dangereux	2,1
Intervention insuffisante ou inadaptée	1,5
Usage inadapté de produits dangereux	1,4
Défaillance matérielle	**54**
Acte de malveillance avéré ou suspecté	**7,2**
Causes externes dont :	**11**
Accident extérieur à l'établissement	1,4
Agressions d'origine naturelle	6,2
Perte d'utilité	0,7
Autres causes	5,5

Les enquêtes techniques sur les accidents : importance et prudence des résultats

En conclusion, insistons sur la nécessité de rester humble dans les enquêtes techniques sur les accidents. L'exemple du nitrate d'ammonium est à ce titre éclairant : on a découvert que c'était un comburant en 1921 à Oppau en Allemagne, lors de l'explosion d'un tas de cinq cents tonnes de nitrate d'ammonium pris en masse, que l'on avait essayé de désagréger d'un bâton de dynamite. Cet accident causa le décès de près de six cents personnes. En analysant l'explosion d'AZF à Toulouse, on a regardé le mélange de DCCNA/nitrate d'ammonium, et l'on s'est rendu compte que l'apport de produit chloré pouvait rendre un produit plus réactif.

Saint-Romain-en-Jarez nous a appris aussi que le nitrate d'ammonium, pour lequel il faut une certaine quantité d'énergie minimale d'inflammation pour le rendre explosif (typiquement 94 % de nitrate d'ammonium, 6 % de fioul : cela s'appelle l'ANFO dans les explosifs de clairière), a besoin d'explosif primaire. Par contre, lorsqu'il est fondu, ce qui était le cas à Saint-Romain-en-Jarez, on n'a besoin que d'une toute petite énergie minimale d'inflammation pour le faire exploser. On voit bien qu'encore aujourd'hui, la connaissance de cette question évolue et qu'on a encore des marges de progrès.

Pour terminer, citons quelques références publiques. Ce sont des rapports d'inspections ; successivement : AZF, le rapport d'inspection de l'environnement, l'explosion de la poudrerie dans le Pas-de-Calais en 2003, l'explosion du pétrolier Chassiron en 2003, l'explosion de Saint-Romain-en-Jarez en 2003. Citons également l'épidémie de légionellose sur laquelle un travail d'enquête intéressant a été réalisé. Puis, de manière plus générale, il faut citer un retour d'expérience mené il y a deux ans avec le Bureau d'analyse des risques avec le ministère de l'Écologie sur l'impact du tsunami sur les installations industrielles – on ne parle pas là de nucléaire, mais réellement d'industrie chimique, au Japon, dans la zone de Fukushima.

Références

- [INERIS, 2011] : Coll., « Élaboration d›un mémento technique d›enquête après accident », INERIS, 2011 – disponible à http://www.ineris.fr/centredoc/memento-enquete-accident-2011-web.pdf

- [INERIS, 2012] : Vallée A., Reimeringer M., Fontaine F., Fukushima : les impacts sur les installations industrielles à risque, Préventique & Sécurité, 26 Novembre 2012.

[BARPI, 2013] : Coll., « Panorama des accidents industriels survenus lors du grand séisme du Tohoku », BARPI, mars 2013 – disponible à http://www.aria.developpement-durable.gouv.fr/wp-content/files_mf/1373959346panorama_japon_mars_2013.pdf

Philippe Walter

Fraude et objets d'art

Directeur de Recherche au CNRS et médaillé d'argent du CNRS en 2008, Philippe Walter dirige le Laboratoire d'Archéologie Moléculaire et Structurale (LAMS)[1], un laboratoire commun au CNRS et à l'Université Pierre et Marie Curie (Sorbonne Universités). Formé en « analyticien » par l'étude de l'archéologie et des œuvres d'art, il est aujourd'hui explicitement chimiste. Jusqu'en 2011, Philippe Walter a dirigé l'unité CNRS du Centre de recherche et de restauration des musées de France (C2RMF) qui abrite l'accélérateur Aglaé, dont il a montré les exceptionnelles possibilités pour la caractérisation des œuvres d'art grâce en particulier à la technique PIXE[2].

1 Analyses des œuvres d'art

1.1. La fraude dans l'art

L'utilisation des techniques et la conception d'outils analytiques portables, objets des recherches de notre laboratoire, aident à comprendre comment les artistes ou artisans d'autrefois ont réalisé les œuvres ou les objets qu'ils nous ont laissés. Les méthodes qu'ils utilisaient étaient, dans une large mesure, personnelles, et l'analyse des matériaux permet de reconnaître certains traits qui leur sont caractéristiques. En face d'une œuvre attribuée à un auteur mais qui n'a pas été faite comme on pouvait le faire à cette époque, on peut se poser des questions d'authenticité.

Le ***Chapitre de G. Sousi*** dans cet ouvrage (*Chimie et expertise*, EDP Sciences, 2015) présente de nombreux aspects

1. www.umr-lams.fr
2. Voir *La chimie et l'art, le génie au service de l'homme*, Chapitre de P. Walter, coordonné par M.-T. Dinh Audouin, R. A. Jacquesy, D. Olivier et P. Rigny, EDP Sciences, 2010.

des fraudes contemporaines. Ici, nous nous plaçons dans une ambiance plus historique car le faux en art n'est pas le privilège de l'époque actuelle. Déjà l'Antiquité pratiquait la copie. La plupart des grands marbres antiques, qu'on croit souvent avoir été créés par les plus grands artistes grecs, sont en fait des copies romaines. Les Romains copiaient les œuvres anciennes et discutaient déjà des considérations relatives aux œuvres authentiques ou aux faux.

On peut entrer dans la période contemporaine par la Renaissance et par le cas de Michel-Ange, qui a été un véritable faussaire dans la mesure où il a sciemment vieilli artificiellement certaines de ses œuvres. Son *Cupidon endormi* en donne un bon exemple. En le mettant dans un sol pour lui donner une patine artificielle, il a pu rendre sa sculpture « plus antique » – c'était déjà valorisé à l'époque –, qu'elle n'était. Ce cas pose d'ailleurs la question de l'authenticité : s'agit-il d'une tromperie sur l'auteur, au cas d'un artiste qui a voulu en toute franchise en imiter un autre, ou encore d'un artiste qui a cherché à faire passer sa création pour celle d'un autre ?

Cette histoire de Michel-Ange a été rapportée par un artiste, également écrivain, Giorgio Vasari, qui a décrit la vie des grands artistes de son époque au XVIe siècle. Il parlait de l'acheteur de cette œuvre « fausse » : « *Cet homme n'avait pas le moindre goût pour les arts (c'est pour cela qu'il avait acheté un faux vieilli artificiellement de Michel-Ange), et appartenait à la classe de ces gens qui jugent les choses sur l'apparence, et s'attachent plus au nom de l'ouvrier qu'à l'œuvre elle-même* ».

Tout le problème de la fraude en art est ainsi posé. Le XIXe siècle va s'en préoccuper en profondeur avec le développement de tout un appareil critique par les historiens de l'art pour se prononcer sur l'attribution ou non d'une œuvre à un artiste donné. Combien de peintures attribuées à un grand maître vont être dix ou vingt années plus tard remises en cause dans leur attribution par le regard d'un nouvel expert, devenu à son tour grand spécialiste de cet artiste ? Le problème « résolu » va-t-il être ré-ouvert ? Toutes les œuvres d'art ne sont pas forcément simples à attribuer.

Aujourd'hui l'enjeu est un peu différent (et il peut donner un très grand rôle à la chimie et aux instrumentations nouvelles), car l'authenticité d'une œuvre prime pour déterminer sa valeur sur le marché de l'art. C'est même un devoir du vendeur que de garantir l'authenticité de l'œuvre qu'il vend – une tâche qui stimule les interventions des chimistes.

1.2. Le rôle de la chimie dans le processus d'expertise

Les instruments conçus pour la physico-chimie ou dans d'autres domaines doivent être mis en œuvre pour comprendre, *via* l'étude de sa matière, si l'œuvre **correspond bien à la période ou à l'auteur** qu'on lui attribue. L'analyse des matériaux qui la constituent est une donnée majeure de ces études et, pour leur interprétation en termes de connaissance de l'œuvre d'art, on a besoin de l'histoire des techniques.

Un autre aspect très important de la chimie et des méthodes d'imagerie scientifique est de contribuer au **constat d'état d'une œuvre**, notamment de localiser les parties restaurées. Cela est parfois étonnamment facile. On peut ainsi observer l'éventuelle fluorescence sous lumière ultra-violette (ici, entre 350 et 400 nm de longueur d'onde) et se rendre compte qu'une œuvre a en fait été repeinte récemment dans une grande mesure. Les mêmes techniques sont utilisées pour l'analyse des empreintes digitales ou pour la détection du sang (voir le ***Chapitre de P. Touron*** dans *Chimie et expertise*). La technique est si simple et si efficace que dans certaines foires d'art, on interdit aux visiteurs de venir avec une lampe à ultraviolet pour effectuer ce type d'observation.

Un troisième aspect de l'application de la chimie ou de la physico-chimie aux œuvres d'art est d'en **permettre une datation absolue**, c'est-à-dire de savoir de quand date le matériau utilisé ou fabriqué. On peut employer une méthode appelée thermoluminescence[3], qui sert par exemple à dater les céramiques – en fait la dernière cuisson d'une céramique. Une autre méthode de datation est la mesure du radiocarbone (ou carbone 14). Pour un objet en bois par exemple, elle permet de dater le support. Mais il ne faut pas se tromper, la conclusion de ces études est complexe parce que rien ne prouve qu'un faussaire n'est pas allé chercher un tronc d'arbre de la bonne époque, de façon à fabriquer une œuvre qui, par le carbone, 14 va dire qu'elle est ancienne !

Il faut sans arrêt remettre en cause toutes ces approches et avoir un discours souvent très modeste sur ces apports de la chimie, qui pourtant sont absolument déterminants dans certains dossiers (comme abordé dans le ***Chapitre de P. Touron***).

Les méthodes de chimie ou physico-chimie utilisées pour les analyses des œuvres d'art sont nombreuses et s'enrichissent rapidement. L'***Encart « Les moyens physico-chimiques pour l'analyse des œuvres d'art »*** liste une dizaine d'entre elles, mais on pourrait en citer un plus grand nombre. Elles permettent de regarder la composition en éléments chimiques (c'est-à-dire les atomes présents dans le matériau), les molécules, ou encore les cristaux, et en tirer des conclusions. D'un autre côté, elles peuvent permettre de déceler de très petites concentrations (traces), de tout petits dépôts présents à la surface des objets et signes d'éventuels façonnages, voire d'un traficotage destiné à rendre l'œuvre d'apparence plus authentique. On peut par exemple trouver la trace d'un ponçage effectué avec un outil mécanique qui n'existait pas à la période prétendue (préhistorique par exemple).

3. La thermoluminescence est un phénomène physique lié à la capacité de certains cristaux à émettre de la lumière lorsqu'ils sont chauffés.

LES MOYENS PHYSICO-CHIMIQUES POUR L'ANALYSE DES ŒUVRES D'ART

Techniques d'analyse élémentaire

Microanalyse X avec microscopie électronique
Spectrométrie de fluorescence des rayons X
Spectrométrie d'émission atomique ICP-AES
Analyse par faisceaux d'ions (PIXE, RBS, NRA, PIGE)

Techniques d'analyse moléculaire et structurale

Diffraction des rayons X
Chromatographies – GCMS
Spectrométrie infrarouge IRTF
Microscopie Raman
Études tracéologiques
Microscopie optique
Microscopie électronique à balayage
Numérisation 3D à haute résolution

1.3. Quelles méthodes d'analyse ?

Le travail de l'analyste est d'abord de sélectionner judicieusement la méthode à utiliser. Cette étape est nécessaire dans toutes les tâches d'analyse, notamment dans le domaine de la police et de l'expertise judiciaire. En matière d'art, il s'agit souvent d'œuvres de forte valeur. On doit donc impérativement privilégier les méthodes d'analyse non invasives pour ne pas les endommager.

L'accélérateur *Aglaé* du laboratoire des musées de France permet effectivement des analyses sans prélèvement. Mais il requiert d'amener les œuvres au laboratoire, c'est-à-dire dans les sous-sols du musée du Louvre, ce qui peut poser des problèmes pratiques importants pour les autres institutions muséales. En surcroît, des coûts de conditionnement et de transport de l'œuvre ainsi que le prix de son assurance se révèlent parfois très élevés. C'est pourquoi il a été envisagé de développer l'utilisation d'instruments d'analyse *in situ* : c'est l'instrument d'analyse que l'on déplace auprès de l'œuvre et non l'œuvre dans le laboratoire d'analyse. Les coûts sont réduits au minimum et on peut entreprendre toute sorte d'études, par exemple directement chez un commissaire priseur ou chez un collectionneur.

La ***Figure 1*** montre des instruments qui permettent de faire ces analyses délocalisées. La ***Figure 2*** photographie l'équipe durant l'étude de *La Joconde* par spectrométrie de fluorescence des rayons X, directement dans sa salle au musée du Louvre, le tableau ayant simplement été déplacé de quelques mètres de sa vitrine d'exposition ; l'appareillage

Figure 1

Des objets d'art analysés : analyse par diffraction des rayons X et fluorescence des rayons X d'un tableau du Caravage, L'arrestation du Christ, *Galerie nationale d'Irlande, Dublin.*

Figure 2

Tableau La Joconde *en cours d'analyse par rayons X au musée du Louvre.*

d'analyse a été transporté depuis le laboratoire de recherche du musée.

2 Donner du sens aux analyses

Les analyses chimiques ou physico-chimiques ne sont intéressantes que si on sait les interpréter dans une perspective générale de l'histoire des techniques, si par exemple on sait comprendre l'existence d'une composition particulière de la matière observée. Nous allons le découvrir à travers des exemples rencontrés au Centre de recherche et de restauration des musées du France (C2RMF).

2.1. L'exemple des pectoraux égyptiens

Une étude a été effectuée sur plusieurs pectoraux en or du musée du Louvre. La

Figure 3A en montre un de l'époque de Ramsès II (vers l'an 1850 avant J.-C.) où l'objet est en or très pur (à 99,5 %), avec une série d'incrustations en technique cloisonnée. Les différentes couleurs d'incrustation sont visibles : du lapis-lazuli pour le bleu sombre, de la cornaline rouge et du turquoise bleu ciel. On a donc des pierres semi-précieuses avec un objet en or pur, magnifique objet d'orfèvrerie.

Dans la même tombe, dans le même contexte archéologique, a été découvert un deuxième élément, également un pectoral au nom du pharaon Ramsès II (**Figure 3B**). Les couleurs ne sont pas tout à fait les mêmes que pour le premier pectoral. Cette fois-ci le métal n'est plus de l'or pur mais un alliage d'argent et d'or : 62 % d'argent, 35 % d'or, avec 3 % de cuivre. Les incrustations vont reprendre les mêmes couleurs mais elles sont maintenant un peu altérées, un peu passées : on devait avoir à l'origine le même ton turquoise, rouge sombre et bleu sombre, imitant les pierres semi-précieuses évoquée précédemment, mais ces incrustations sont de verre et non de pierre.

Devant cette observation, on serait tenté de déceler une contrefaçon, magnifique exécution d'un orfèvre égyptien qui aurait voulu éviter l'utilisation d'or pur et de vraies pierres précieuses. En fait, on peut aussi considérer que la situation est différente : l'argent est rare en Égypte, ce qui donne une très grande valeur à l'alliage d'argent et d'or (électrum) de coloration plus claire. D'un autre côté, les technologies du verre coloré sont, à cette époque, maîtrisées depuis environ cinquante ans. Ce deuxième pectoral est donc un objet d'orfèvrerie qui a une valeur technologique, avec une rareté des matériaux qui lui conférait un intérêt très particulier, peut-être même supérieur à celui du premier pectoral – contrairement à ce que notre regard contemporain nous indiquerait au premier abord.

Cet exemple fait bien sentir que les interprétations des analyses peuvent conduire à des discussions aussi complexes que celles des spécialistes qui cherchent à attri-

Figure 3

A) Pectoral égyptien retrouvé dans le Serapeum de Memphis, avec incrustations en pierres semi-précieuses : turquoise, lapis-lazuli et cornaline ; B) pectoral égyptien retrouvé dans le Serapeum de Memphis, avec incrustations en verre, utilisation d'alliages, riche au niveau des symboles.

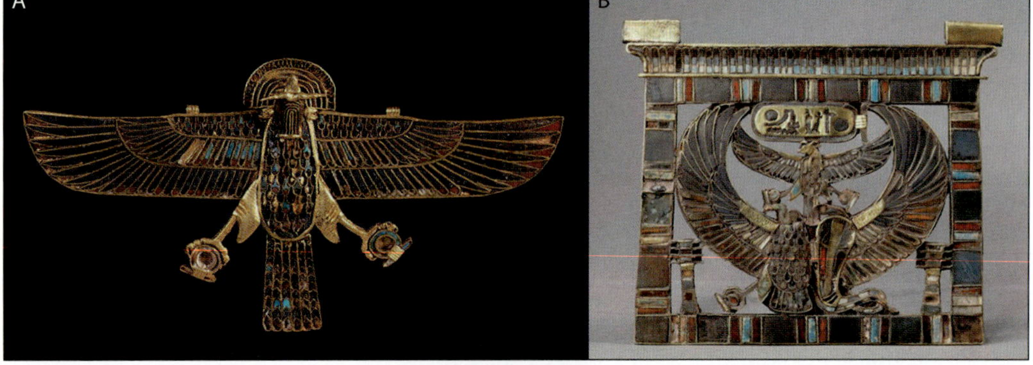

buer, par l'étude stylistique, une œuvre à une époque ou à un auteur.

2.2. L'exemple de la tête en verre bleu égyptienne

Cette tête en verre bleu (***Figure 4***) a été utilisée dans plusieurs expositions parce qu'elle a pu être identifiée comme étant une contrefaçon. Elle a pourtant été considérée jusqu'à la fin des années 1990 comme représentant probablement le jeune pharaon Toutankhamon, car elle ressemble à certains objets qui ont été découverts dans la tombe de celui-ci. La preuve qu'il s'agissait d'un faux a été apportée grâce aux études par la méthode PIXE faites sur l'accélérateur Aglaé ainsi que, sur un autre plan, au développement de recherches visant à décrire l'évolution des techniques du verre à l'époque antique qui résulte des mélanges soignés d'ingrédients choisis (voir l'***Encart « La découverte du verre selon Pline l'Ancien »***).

Figure 4

Sculpture en verre bleu représentant la tête de Toutankhamon.

En termes modernes, on dira que Pline décrivait l'utilisation d'un fondant qui permet de diminuer le point de fusion du quartz pour conduire à la fabrication du verre. Pour faire cette tête en verre bleu, il fallait également ajouter bien d'autres ingrédients : des opacifiants pour rendre le verre opaque puis des colorants pour donner la couleur (ici, du bleu sombre et du turquoise). Des recherches systématiques montrent que différents produits ont été employés, selon les périodes et les régions. À partir des objets trouvés dans des tombes contemporaines à celle de Toutankhamon, il a été possible d'identifier les produits utilisés à cette époque par les Égyptiens (***Tableau***). On peut aussi les comparer aux produits présents dans la tête en verre bleu. Sans ambiguïté, on note des différences importantes : la nature du composé opacifiant n'est pas la bonne ; le colorant, s'il inclut bien les pigments au cobalt, n'est pas du tout associé aux impuretés caractéristiques de ses sources exploitées à l'époque en Égypte. L'étude ne laisse ainsi aucun doute : la tête bleue n'est en fait pas un objet de l'antiquité égyptienne.

LA DÉCOUVERTE DU VERRE SELON PLINE L'ANCIEN

Pline l'Ancien, dans son *Histoire naturelle* (on est donc au premier siècle de notre ère), nous dit qu'*il est en Syrie, une région nommée Phénicie...* et *selon la tradition, un navire portant des marchands de natron* (le natron est un carbonate de sodium $NaCO_3$ qui a été utilisé notamment pour la momification, et ensuite très utilisé dans l'antiquité pour fabriquer du verre) *vint y aborder, et, comme les marchands dispersés sur le rivage préparaient leur repas et ne trouvaient pas de pierres pour rehausser leur marmite, ils les remplacèrent par des mottes de natron tirées de leur cargaison.* Donc au lieu de prendre des pierres en calcaire ou en grès comme on fait d'habitude pour faire un foyer, ils prennent ce natron, *et quand celles-ci furent embrasées, mêlées avec du sable du rivage, des ruisseaux translucides d'un liquide inconnu se mirent à couler, et telle fut l'origine du verre.*

Tableau

Composition chimique de verres en Égypte ancienne et au XIXe siècle.

Égypte ancienne			
%	Bleu foncé	Turquoise	XVIIIe dynastie
SiO_2	48-77	44-76	Sable
Al_2O_3	0,8-5,2	0,9-3,4	
FeO	0,39-1,48	0,33-0,99	
Na_2O	6-20	6-19	Source Na
MgO	2,3-4,9	0,7-6,1	végétale
K_2O	0,9-2,6	0,9-3,3	cendre de plante
P_2O_5	< 0,55	< 1	marine-salicorne
Cl, SO_3	< 3	< 3	
CoO	0,1-0,5	0	Source cobalt Égypte CoMnNiZn
CuO	0-0,7	0,8-3,2	
Sb_2O_3	5,5-9,7	2,6-9,5	opacifiant
As_2O_3	0-2,4	0,5-5,7	antimoniate de Ca

XIXe siècle			
%	Bleu foncé	Turquoise	Tête bleue du Louvre
SiO_2	47	40	Sable
Al_2O_3	1,4	2,4	
FeO	0,4	0,63	
CaO	1,9	2,1	
Na_2O	12	11,9	Source Na
MgO	2,1	1,9	non végétale
K_2O	2,4	3,4	
P_2O_5	0	0	
Cl, SO_3	0-0,23	0-0,48	
CoO	0,16	0,4	Source cobalt
CuO	0,08	0	CoAlNi
Sb_2O_3	0,1	0,3	opacifiant
PbO	25	28	arséniate de Pb
As_2O_3	5,4	4	

Les mêmes mesures indiquent en revanche la pertinence d'un rapprochement avec les compositions des verres du XIXe siècle ou de la fin du XVIIIe siècle, notamment dans les célèbres techniques apparues à Murano à Venise[4] (***Tableau***). L'objet est donc forcément postérieur au XVIIIe siècle... il n'est donc pas de l'époque pharaonique.

Il reste cependant vrai qu'il représente la tête du jeune Toutankhamon, telle que découverte à nos yeux au tout début des années 1920. En fait, l'objet avait été acheté par le musée du Louvre deux ou trois années après la découverte de la tombe de Toutankhamon. Le faussaire avait cherché à copier dans le style de l'Égypte ancienne une œuvre exceptionnelle qui a fasciné les égyptologues et le monde entier. Le Louvre n'ayant pas d'information précise sur son origine géographique et ne comprenant pas bien d'où il venait, a voulu remettre en cause l'authenticité possible de cette œuvre. Maintenant qu'il est avéré une contrefaçon, l'objet n'est plus exposé de la même manière, mais plutôt pour illustrer la démonstration de son caractère de faux.

2.3. Les céramiques des della Robbia

Les ateliers des della Robbia, grands céramistes florentins de la deuxième partie du

4. Au sujet des verres Murano, voir *La chimie et l'art, le génie au service de l'homme*, Chapitre de J.-C. Lehman, coordonné par M.-T. Dinh Audouin, R. A. Jacquesy, D. Olivier et P. Rigny, EDP Sciences, 2010.

XVe siècle et de la première partie du XVIe siècle, ont produit un très grand nombre d'œuvres, de très grande qualité, qui étaient souvent des céramiques glaçurées (***Figure 5***).

Figure 5

La vierge et l'enfant entre deux chérubins, réplique de la « Madone de l'Ipruneta *» de Luca della Robbia, Bottega de della Robbia, Musée du Louvre.*

La Madone de l'Ipruneta est recouverte d'une couche de glaçure qui contient beaucoup de plomb, un oxyde d'étain pour la rendre opaque et du cobalt pour la couleur bleue. Avec des analyses PIXE effectuées avec l'accélérateur Aglaé, Anne Bouquillon et des collègues italiens ont analysé les impuretés associées aux minerais de cobalt utilisés. La ***Figure 6*** représente le graphique de la concentration en oxyde de cobalt (de l'ordre de 1 %) par rapport à celle de l'arsenic. Cette étude, menée sur une série d'objets (ici des anges différents), permet d'établir des liens entre chronologie et composition. Dans un ensemble de ces bleus par exemple, il n'y a que peu d'arsenic comme impureté associée au cobalt alors qu'il y en a beaucoup plus dans d'autres objets. Comme pour la tête bleue « égyptienne », on peut conclure à un changement d'origine des minerais de cobalt. Plus précisément, on décèle le passage, vers l'an 1520, d'un changement d'approvisionnement.

De telles études permettent de situer les objets des ateliers della Robbia sur la chronologie de leur production qui s'est étendue sur une longue période. Ces objets ont également été contrefaits aux XVIIe, XVIIIe et XIXe siècles. Beaucoup d'églises en France possèdent des imitations des della Robbia. L'analyse permet en quelques secondes d'identifier les compositions des bleus et d'attribuer la date de leur fabrication, soit avant 1520, soit après, soit à un atelier qui copiait ces œuvres. Ces recherches ont conduit les conservateurs, du musée du Louvre et d'autres musées, à regarder dans le détail leurs collections.

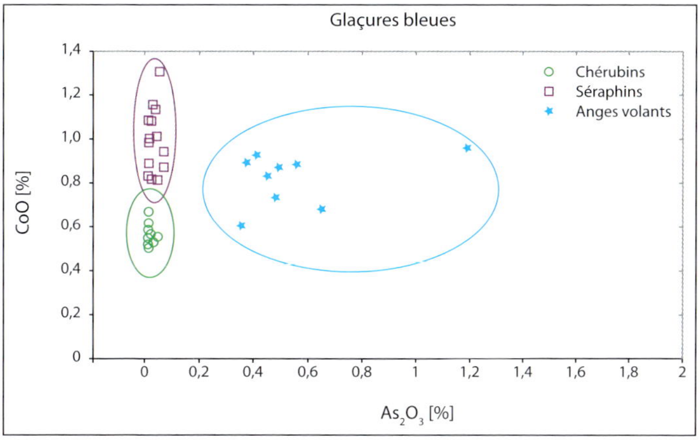

Figure 6

Diagramme représentant, pour des glaçures bleues de différentes céramiques, le pourcentage d'oxyde de cobalt en fonction du pourcentage d'oxyde d'arsenic.

3 Les pigments, de puissants moyens de détection des faux

3.1. Une brève histoire des pigments

L'histoire des pigments est compliquée. Dans un premier temps, l'homme a voulu passer des pigments naturels disponibles dans son environnement proche à des pigments plus éloignés, recherchés et échangés parfois sur de longues distances. Pour décorer la grotte de Lascaux ou la grotte Chauvet par exemple, l'artiste préhistorique a utilisé comme pigments des oxydes de fer et des oxydes de manganèse qu'il pouvait trouver tout au plus à quelques kilomètres des grottes. Les lieux décorés sont proches de sources d'approvisionnement potentielles.

Ensuite, on a voulu utiliser des matières beaucoup plus rares et qui avaient des propriétés colorantes, des tonalités, ou des résistances au temps bien meilleures. On est alors allé les chercher beaucoup plus loin ; par exemple pour le bleu, le lapis-lazuli provenait généralement d'Afghanistan, et ce, jusqu'au XIXe siècle. Ainsi, les grands Maîtres de la Renaissance utilisaient des importations de cette région qui semble avoir été la source unique pour l'Europe.

Parfois il n'existait pas de source de pigment accessible, et on a fait appel à la synthèse chimique pour fabriquer de nouveaux matériaux. On a pu déterminer que les premiers pigments artificiels, comme le bleu égyptien, sont apparus il y a près de 5 000 ans. Le blanc de plomb, très beau pigment blanc, est apparu il y a au moins 2 500-3 000 ans, et ainsi de suite. On peut ainsi retracer toute une histoire des couleurs à travers le temps.

3.2. L'exemple du pigment bleu

Trois pigments bleus ont été inventés aux XVIIIe et XIXe siècles et ont profondément bouleversé la peinture, et même d'une certaine manière la chimie : le bleu de Prusse, le bleu de cobalt et le bleu outremer artificiel. L'histoire de l'invention de ces pigments et les dates de leurs synthèses chimiques sont bien connues. On peut dès lors utiliser leur apparition dans les catalogues de marchands de couleur et sur la palette des peintres comme un véritable traceur chronologique. Cela donne des possibilités extrêmement simples de classement chronologique des œuvres.

3.2.1. Synthèse du bleu de Prusse

Même si sa découverte doit beaucoup au hasard, le bleu de Prusse, l'un des premiers pigments synthétiques organométalliques de l'histoire (***Encart « La chimie vire du rouge au bleu »***), est naturellement associé au début de la chimie des combinaisons entre métaux et molécules organiques, une branche de la chimie qui revêt aujourd'hui une importance générale.

Découvert en 1704-1705 par Heinrich Diesbach, le bleu de Prusse s'est alors imposé dans tout le monde de la peinture. Des analystes (notamment du laboratoire

LA CHIMIE VIRE DU ROUGE AU BLEU

La découverte du bleu de Prusse a été complètement accidentelle. Elle a été faite à Berlin en 1704 ou 1705 (on a aussi appelé ce pigment Bleu de Berlin) par un marchand de couleur, Heinrich Diesbach, qui voulait faire un pigment rouge. Comme il lui manquait un des ingrédients – la potasse, mélange de carbonate de potassium et de chlorure de potassium –, il a demandé à un autre chimiste de lui en donner. La nouvelle « potasse » n'était pas pure et contenait des protéines, parce qu'elle avait servi à d'autres usages auparavant, si bien que le mélange ne donnait pas du tout le rouge cochenille/carmin qu'il voulait avoir. Diesbach a continué à réaliser différentes réactions pour récupérer son produit et a abouti à un bleu magnifique. La ***Figure 7*** résume une reconstitution de ce protocole en multiples étapes.

Figure 7

Protocole en six étapes de la synthèse du bleu de Prusse, d'après la reconstitution par Louise Samain, en 2012 (doctorat de l'Université de Liège, Laboratoire européen d'archéométrie).
Étapes : 1- calcination d'un mélange alcalin de sang séché ; 2 - extraction d'un filtrat jaune à partir du résidu calciné plongé dans l'eau bouillante ; 3 - mélange de sulfate de fer(II) et d'alun ; 4 - précipitation des deux solutions ; 5 - filtration et lavage à l'eau ; optionnel : 6 - ajout d'acide chlorhydrique.

des musées de Berlin) l'ont cherché dans des tableaux datant de la première moitié du XVIIIe siècle, juste après sa découverte. Déjà en 1710, un peintre aussi renommé qu'Antoine Watteau utilisait ce bleu de Prusse : juste cinq années après sa découverte, un signe spectaculaire de l'engouement de l'époque pour la couleur.

3.2.2. Le bleu Thénard ou bleu de cobalt

Louis-Jacques Thénard (**Figure 8A**), jeune chimiste, a été encouragé par Jean-Antoine Chaptal[5], alors également ministre de l'Intérieur, dans la recherche d'un nouveau pigment bleu. S'appuyant sur les analyses du célèbre bleu des céramiques de la manufacture royale de Sèvres, il a expérimenté l'évolution de mélanges de cobalt avec toute une série de sels lors de différentes cuissons. Ce travail a fourni un pigment de très bonne qualité, particulièrement stable, qu'on appelle « bleu de Thénard » ou « bleu de cobalt ». Synthétisé en 1803-1804, ce pigment est rapidement passé de Paris en Angleterre puisque Turner l'a utilisé pour le ciel de l'un de ses tableaux (**Figure 8B**) puis s'est imposé à côté des autres pigments bleus. Van Gogh, qui à la fin du XIXe siècle disposait du bleu outremer, du bleu de Prusse, ainsi que du bleu de cobalt, commentait : « *le bleu de cobalt est une couleur divine et il n'y a rien de plus beau pour installer une atmosphère* ».

5. J.-A. Chaptal (1756-1832) est un chimiste français surtout connu pour l'amélioration du procédé de production de l'acide chlorhydrique et pour la technique de sucrage pour augmenter le degré alcoolique des vins.

3.2.3. Synthèse du bleu lapis-lazuli ou bleu outremer

Le fameux lapis-lazuli (qu'il fallait importer de très loin et qui coûtait très cher) a été synthétisé par Jean-Baptiste Guimet en 1828 suite à un grand prix de la Société d'Encouragement pour l'Industrie Nationale. En fait, il y a eu compétition entre un chimiste allemand et J.-B. Guimet ; tous les deux ont réussi plus ou moins en même temps à fabriquer ce pigment, et c'est Guimet qui s'est vu reconnaître l'antériorité. La **Figure 9** reproduit différentes illustrations liées aux prix qu'il a reçus pour cette découverte qui, en rendant ce pigment bon marché, a simplifié les pratiques artistiques.

Figure 8

A) Louis-Jacques Thénard (1777-1857), chimiste français qui a synthétisé le bleu de cobalt, dit bleu Thénard ; B) Tableau de Joseph Turner utilisant le bleu de cobalt. Joseph TURNER, Goring Mill and Church, 1806-7, Tate Gallery, London.

Source : photo © Tate, Londres, Dist. RMN-Grand Palais/Tate Photography.

Médailles d'or aux expositions universelles
Médailles d'or Paris 1834

Cliché archives privées Guimet.

La formule

- 37 parts de kaolin
- 22 de carbonate de soude
- 18 de soufre
- 15 de sulfate de soude
- 8 de charbon de bois

Premier moulin, 1826

Figure 9

Illustrations de différents prix attribués à Jean-Baptiste Guimet, pour la synthèse artificielle du bleu lapis-lazuli.

Petite digression sur la chimie analytique : pour faire cette découverte, Guimet a analysé le vrai lapis-lazuli pour déterminer ses constituants chimiques et leurs proportions. Muni de ces données, il a cherché à fabriquer le matériau en chauffant le mélange des ingrédients, placés dans le bon ordre et à la bonne température. Il a donc inauguré une démarche de synthèse du matériau à partir de sa composition ; classique aujourd'hui, cette démarche était nouvelle dans l'histoire de la chimie et des techniques.

3.2.4. Mélange de bleus et détection de fraudes. L'exemple de Van Meegren

Avec cette palette de couleurs, les artistes vont pouvoir jouer comme ils le veulent avec les couleurs, apprécier les propriétés propres de chaque matière et les utiliser en fonction de leur sujet. Cela fait partie du style d'un artiste. L'expert spécialiste d'un Maître va immédiatement le voir avec son œil ; les chimistes peuvent réussir à le caractériser par leurs analyses.

Dans une lettre à sa sœur, Van Gogh parle de son tableau de l'église d'Auvers-sur-Oise (**Figure 10**), d'un effet où « *le bâtiment paraît violacé sur un ciel d'un bleu profond et simple de cobalt pur, les fenêtres à vitraux paraissent comme des taches bleu d'outremer* », montrant bien comment il fait usage de deux pigments bleus différents. « *Le toit est violet et en partie orangé* » etc. Après, il nous parle du sable rose. Pour l'anecdote, le sable était rose, et Van Gogh a utilisé un pigment, la laque géranium, qui était coloré avec de l'éosine, une molécule de synthèse qui se décolore à la lumière. Aujourd'hui, on ne voit plus la couleur décrite dans cette lettre (il s'agit là encore d'un autre type de problème, la conservation des pigments, mais qui pourrait devenir bien utile pour vérifier qu'une œuvre est ancienne).

Certains faussaires ne se rendent pas toujours compte qu'ils n'utilisent pas le bon pigment bleu par rapport aux habitudes d'un artiste.

Figure 10

L'église d'Auvers-sur-Oise, vue du chevet, Vincent van Gogh, juin 1890, Musée d'Orsay.
« Un effet où le bâtiment paraît violacé contre un ciel d'un bleu profond et simple de **cobalt** pur, les fenêtres à vitraux paraissent comme des taches bleu d'outremer, le toit est violet et en partie orangé. Sur l'avant plan un peu de verdure fleurie et du sable ensoleillé rose. *[...]* à présent la couleur est probablement plus expressive, plus somptueuse », *Vincent van Gogh à Willemien van Gogh, Auvers-sur-Oise, 5 Juin 1890.*

L'AFFAIRE DES FAUX VERMEER

Han Van Meegeren (***Figure 11***) est un faussaire néerlandais qui a fabriqué pendant la seconde Guerre Mondiale des faux tableaux de Vermeer. En 1937, un musée néerlandais a acheté un faux des *Pèlerins d'Emmaüs*. Un autre de ses tableaux avait été vendu à Göring et, juste après la Libération, Van Meegeren a été accusé de haute trahison pour avoir vendu les chefs d'œuvres néerlandais aux Allemands. Sur le point d'être condamné, il a cherché à se dédouaner en expliquant sa tromperie. En fait, les experts de Vermeer à l'époque n'étaient pas les mêmes qu'aujourd'hui, ils avaient moins de connaissance sur le travail de l'artiste et doutaient des assertions de Van Meegeren. Celui-ci a été obligé de montrer qu'il était capable de faire un faux tableau du maître hollandais en réalisant un tableau devant la justice et la police.

Figure 11

Van Meegeren (1889-1947) lors de son procès.

La fameuse affaire des faux Vermeer en donne un exemple (***Encart « L'affaire des faux Vermeer »***). Pourtant, Van Meegeren n'a pas eu à être convaincu de faux, il a avoué de lui même, mais la chimie s'est penchée sur ses travaux après la découverte de ses falsifications pour comprendre comment il avait pu duper tant de monde et savoir s'il avait utilisé les bons matériaux. Une grande difficulté rencontrée par les faussaires est qu'ils doivent aussi réaliser des tableaux avec une matière picturale qui sèche très vite. Or une peinture à l'huile[6] ne sèche pas immédiatement : même sèche au toucher, elle reste longtemps relativement fluide car l'huile polymérise doucement. Van Meegeren avait donc mis au point un médium contenant une résine pour rendre la couche picturale dure – des études chimiques ont été faites durant ces dix dernières années pour identifier cette technique. Il utilisait aussi de l'encre pour assombrir les craquelures (puisqu'avec le temps les craquelures noircissent du fait de la saleté qui se piège dedans). Les pigments qu'il avait utilisés auraient pu le trahir et si Göring avait été chimiste, il aurait décelé un faux bleu, un outremer qui contenait un peu de bleu de cobalt (bleu Thénard) encore non inventé à l'époque de Vermeer.

6. Au sujet du séchage des peintures à l'huile, voir *La chimie et l'art, le génie au service de l'art*, Chapitre de B. Valeur, coordonné par M.-T. Dinh-Audouin, R. A. Jacquesy, D. Olivier et P. Rigny, EDP Sciences, 2010.

3.3. L'exemple du pigment blanc

Le pigment blanc a toujours été un enjeu important en peinture, car les peintres ont besoin d'une matière éclatante, avec un pouvoir couvrant important pour occulter des couleurs sous-jacentes.

3.3.1. Le blanc de plomb et le blanc de zinc

C'est ainsi que le blanc de plomb a joué un rôle majeur dans l'histoire de l'art. Utilisé depuis l'Antiquité et jusqu'au début du XXe siècle, ce pigment à base de carbonate de plomb a été préparé artificiellement. Il est toxique et a posé beaucoup de problèmes de santé aux peintres.

Des chimistes ont cherché à partir de 1780 à produire un autre pigment : l'oxyde de zinc (ZnO), ou blanc de zinc. C'était alors un pigment de bonne qualité mais de synthèse très compliquée et plus cher à produire que le blanc de plomb. Il ne s'est répandu qu'à partir de 1834, après des modifications dans le procédé de préparation par le marchant de couleurs anglais Winsor & Newton, qui a amélioré la surface des grains pour lui conférer de meilleures propriétés optiques, puis l'a commercialisé sous le nom de *blanc de Chine*. Le blanc de zinc est donc resté d'utilisation exceptionnelle entre 1780 et 1834, puis au contraire assez générale après 1834 – un bon renseignement pour détecter un faux.

3.3.2. Le blanc de titane

Le blanc de zinc a plus tard été supplanté par le blanc de titane, qui est l'oxyde TiO_2. À l'état naturel, ce pigment se trouve mélangé avec d'autres composés, comme des oxydes de fer, et n'est pas un blanc pur. C'est la forme synthétique qui a été utilisée par les peintres.

Le composé chimique TiO_2 existe sous deux formes cristallines (deux types d'agencement des atomes dans le solide), le rutile et l'anatase. En 1918 en Norvège, un pigment a été préparé pour conduire à de l'anatase, mais mélangé à du baryum et du calcium : du fait du procédé de préparation, il n'était pas pur. En 1923-1924, on a pu développer en France un procédé pour le fabriquer pur, puis en 1941, aux États Unis, le blanc de titane pur est fabriqué à partir de la forme rutile, puis utilisé en Europe après 1946. Important pour l'industrie dans un grand nombre de domaines, le blanc de titane a vu son procédé de fabrication amélioré à plusieurs reprises.

3.3.3. Le pigment blanc dans les fraudes

L'analyse du pigment blanc des peintures fournit ainsi une méthode de détection de fraudes. La présence de titane ne peut ainsi être compatible avec une réalisation d'une œuvre avant 1918. L'identification de la forme cristallographique, aisément réalisée par diffraction de rayons X ou par spectroscopie Raman, donne d'autres critères et renseigne sur la datation l'œuvre.

Cette méthode a été utilisée dans le cas de la carte de Vinland, acquise il y a une cinquantaine d'années par l'université de Yale. Représentée sur la ***Figure 12*** sur laquelle on discerne l'Europe, le Groenland et une partie de la côte nord américaine, cette carte est historiquement exceptionnelle car elle daterait d'avant Christophe Colomb mais montre tout de même l'Amérique... elle a donc déclenché de nombreuses études. Une analyse du parchemin au carbone 14 a tout d'abord donné une date de support comprise entre 1423 et 1445, donc antérieure à la découverte de l'Amérique par Christophe Colomb. Ensuite, différents laboratoires se sont penchés sur l'encre utilisée, et Robin Clark à Londres a pu montrer qu'elle contient de l'anatase en grande quantité. Se présentant sous forme de grains très fins (environ 0,15 microns), qui ne peuvent être obtenus que par la synthèse chimique et en aucune façon par broyage d'une forme naturelle, cette anatase ne peut donc qu'être postérieure à 1920. Conclusion : cette carte a été faite sur un parchemin datant d'avant Christophe Colomb mais réalisée au XXe siècle. C'est donc un faux.

Figure 12

Photographie de la carte du Vinland conservée à l'Université Yale, supposée datée d'avant le voyage de Christophe Colomb.

La fraude de Wolfgang Beltracchi est décrite dans le ***Chapitre de P. Sousi*** de cet ouvrage. Rappelons que Beltracchi a avoué en 2012, à la fin d'un spectaculaire procès, avoir imité environ cinquante peintres. C'est l'analyse du pigment blanc qui a apporté la preuve de la fraude. Belttrachi a raconté lui même l'erreur qu'il avait faite malgré tout le soin qu'il prenait à sélectionner les pigments qu'il utilisait. En règle générale, il faisait toujours ses mélanges lui-même mais il a expliqué dans une interview : « *ce jour-là, il me manquait des pigments alors j'ai utilisé du blanc de zinc en tube sur lequel il n'était pas indiqué qu'il contenait également un peu de blanc de titane. On m'a découvert uniquement à cause d'un tube mal étiqueté* ».

Cette histoire fait bien prendre conscience de la difficulté de l'identification d'une peinture du commerce. Chez le marchand de couleur, on achète un nom et une teinte, mais pas une composition chimique. En fonction de son approvisionnement – de l'industriel ou du lieu où il s'est approvisionné dans tel ou tel pigment naturel –, le marchand doit adapter sa formule pour conserver toujours la même gamme : chez un même fabriquant, une peinture en tube vendue aujourd'hui doit avoir la même couleur que celle proposée en 1950, mais les matières premières qui les composent ne sont pas forcément exactement les mêmes. Même si les faussaires apprennent l'histoire des pigments, ils seront également toujours confrontée à la possibilité d'effectuer une démarche de traçabilité du pigment ou autre produit constitutif de la peinture, à partir d'éléments traces spécifiques ou de compositions isotopiques[7] particulières, ou de l'identification d'une impureté rajoutée par le fabriquant de couleur.

7. La composition isotopique est la proportion des divers isotopes d'un élément chimique particulier. Rappelons que deux atomes sont dits isotopes lorsqu'ils ont le même nombre de protons mais pas le même nombre de neutrons (exemple : le carbone 12 a 6 neutrons et carbone 14 en a 8).

L'attribution d'une œuvre par la chimie seule reste hors de portée

La chimie, en analysant les matières contenues dans les œuvres d'art et les objets, est capable de déceler si elles sont fausses, et ses conclusions souvent indiscutables ne peuvent être négligées par les experts. Mais elle n'est pas capable de garantir l'authenticité d'une œuvre.

On peut aller plus loin vers la démonstration de cette authenticité en étudiant les techniques, la matérialité de la peinture, la façon dont les couches sont juxtaposées, superposées, la façon dont les couleurs se mélangent. Cela permet de comparer l'œuvre étudiée à des œuvres authentiques et voir si le peintre travaillait réellement de cette manière-là. La chimie doit donc documenter d'avantage le travail de création artistique et se rapprocher dans une certaine mesure de la démarche de l'expertise stylistique. On peut dire que finalement les analyses aident à découvrir une marque chimique derrière les sensations qu'apporte notre perception visuelle.

Cependant, je tiens toujours beaucoup à insister sur le fait que les approches chimiques ne sont que complémentaires de celles de l'historien de l'art, du spécialiste esthète ou du spécialiste du style. L'attribution a toujours quelque chose de délicat, et ce n'est certainement pas par la chimie qu'on va réussir à faire ces attributions et éviter tous les pièges qui peuvent être posés par les faussaires.

Partie 3

Les nouvelles techniques d'investigation

Laurence Dujourdy

Outils et techniques de profilage des drogues

Laurence Dujourdy est expert stupéfiants, chargée des partenariats, de la prospective et du développement à l'Institut National de Police Scientifique[1] (INPS).

1 Les activités des sections stupéfiants de l'INPS

Les sections stupéfiants des cinq laboratoires de l'Institut national de police scientifique sont répartis sur toute la France et emploient trente-deux scientifiques (***Encart : « Les sections stupéfiants de l'INPS »***).

1.1. La chimie analytique dans la recherche de stupéfiants

Quatre principales familles de stupéfiants circulent en France et représentent le plus gros des analyses dans les laboratoires de police scientifique (***Figure 1***). Il s'agit du cannabis, drogue d'origine naturelle, de la cocaïne, éga-

1. L'Institut national de police scientifique (INPS) est un établissement public administratif sous tutelle du ministre de l'Intérieur, créé par l'article 58 de la loi du 15 novembre 2001 sur la sécurité. L'INPS a pour mission d'effectuer les examens et analyses scientifiques et techniques demandés par les autorités judiciaires et les enquêteurs de police ou de gendarmerie dans un cadre pénal. Voir le ***Chapitre de F. Dupuch***, dans *Chimie et expertise,* sécurité des biens et des personnes, coordonné par M.-T. Dinh-Audouin, D. Olivier et P. Rigny, EDP Sciences, 2014.
Site : www.police-nationale.interieur.gouv.fr/Organisation/Etablissements-publics/INPS

LES SECTIONS STUPÉFIANTS DE L'INPS

5 laboratoires

32 scientifiques

- 2013 : 1 973 dossiers → 12 800 échantillons
- 94 % de l'alimentation du fichier national STUPS©

Partenariats

MILDT (Mission interministérielle de lutte contre la drogue et la toxicomanie) ;

OFDT (Observatoire français des drogues et toxicomanies) ;

ANSM (Agence nationale de sécurité du médicament et des produits de santé) ;

OCRTIS (Office central de répression du trafic illicite de stupéfiants) ;

EMCDDA (Observatoire européen des drogues et toxicomanies) ;

UNODC (Office des nations unies contre la drogue et le crime).

Membre du réseau européen des Instituts de science forensique (ENFSI).

lement d'origine naturelle, de l'héroïne, d'origine semi-synthétique, et enfin de l'amphétamine et de ses dérivés, qui sont des drogues d'origine synthétique. Il existe bien entendu d'autres stupéfiants, dont la liste est très longue.

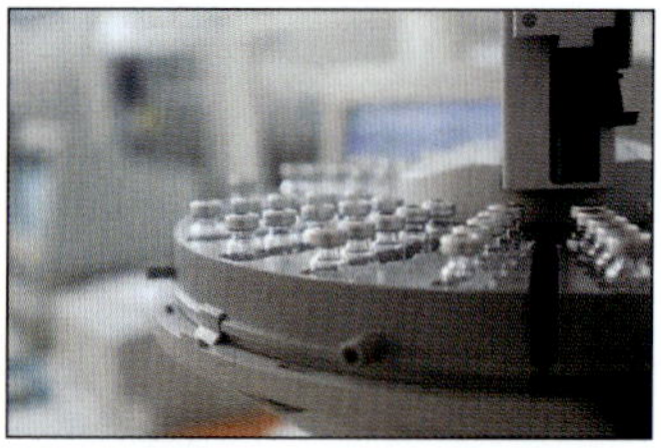

Figure 1

L'analyse chimique est un outil de routine dans la recherche des stupéfiants.

1.1.1. Vérification de la légalité de la substance

La première étape des analyses est l'identification, qui sert à classer la ou les substances, c'est-à-dire à préciser si la substance est légale ou illégale, et si elle est illégale, il s'agit d'une infraction à la législation sur les stupéfiants (ILS). Lorsque des substances atypiques sont détectées, essentiellement au niveau des produits de coupage, qui peuvent avoir un effet néfaste sur la santé, en plus du stupéfiant lui-même, une alerte est envoyée à l'Observatoire français des drogues et toxicomanies (OFDT). L'alerte est également déclenchée lorsque de nouvelles substances psychoactives sont découvertes. Les laboratoires de police scientifique font partie d'un réseau d'alerte rapide coordonné par l'OFDT.

1.1.2. Détermination de la pureté des drogues : déclenchement des alertes sanitaires

La deuxième étape des procédés d'analyse est la détermination de la pureté des drogues. Elle sert, d'une part, à évaluer le niveau du trafic et, d'autre part, à alerter sur la dangerosité du produit. Par exemple, l'héroïne dosée à 40 % représente un fort risque d'overdose, et si elle est détectée dans un échantillon, les services sanitaires sont immédiatement alertés de sa mise en circulation sur le marché. La MDMA[2] (connue sous

2. MDMA : 3,4-méthylène-dioxy-methamphétamine : nom scientifique de l'extasie qui est une amphétamine.

le nom d'ecstasy) possède également une dose létale, et les comprimés fortement dosés sont donc dangereux.

La section « stupéfiants » déclenche non seulement des alertes sanitaires mais suit aussi l'évolution des drogues mises en circulation.

1.1.3. Étude de résidus de stupéfiants sur divers objets

Les laboratoires ont aussi une activité de recherche et d'analyses de traces sur tous supports. Par exemple sur des billets de banque, cela permet de savoir si les billets saisis sur un individu suspect ou dans un lieu sont issus du trafic de drogue ou de la circulation générale. Ils travaillent également sur des sacs de sport suspectés d'avoir contenu des stupéfiants, mais où on ne retrouve plus les stupéfiants, etc.

1.2. Le profilage chimique

Le profilage fournit différents niveaux d'informations :

– le niveau tactique correspondant au niveau de la preuve, de l'enquête : il permet d'établir l'existence de réseaux de distribution nationaux ou régionaux ;

– le niveau stratégique fournit du renseignement pour résoudre des problématiques d'origine géographique ;

– le profilage chimique permet également de déterminer les voies de synthèse des stupéfiants et d'identifier les réseaux de distribution internationaux.

Le profilage intervient également dans la découverte de laboratoires clandestins, où d'une part la section « stupéfiant » intervient pour sécuriser les lieux, et d'autre part, pour stopper les éventuelles synthèses en cours, afin que les services de police n'entrent pas dans un lieu dangereux. Il permet aussi d'évaluer les types et les quantités de substances utilisées et susceptibles d'être produites.

2 Le suivi du trafic de stupéfiants

La ***Figure 2*** schématise l'organisation d'un trafic de drogue. Au sommet se situe la production, qui est réalisée plutôt hors de nos frontières. Les quantités produites sont de l'ordre de la tonne ou de la dizaine de tonnes, ce qui représente un marché de gros. Les lots de fabrication de la drogue sont ensuite séparés en plusieurs lots plus petits pour arriver à une échelle de demi-gros, de l'ordre de la dizaine ou centaine de kilogrammes. Ces lots sont encore divisés en quantités de l'ordre de la dizaine de grammes pour arriver au niveau de la rue et du marché de détail.

Bien entendu, entre le début et la fin de la chaîne, la drogue est coupée afin d'augmenter le profit. Le profilage chimique permet de remonter cette chaîne : quand un échantillon de stupéfiant est saisi au niveau de la rue, il est possible de remonter au lot dont l'échantillon faisait partie, puis à un autre lot un peu plus gros, jusqu'éventuellement au laboratoire qui l'a produit.

Figure 2

Schéma de la chaîne d'un trafic de drogue : du marché international au dealer de rue.

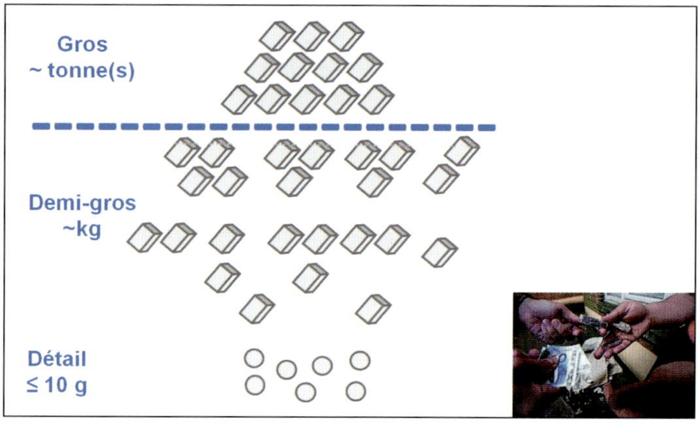

Ce réseau de distribution est associé à des personnes (trafiquants, dealers, consommateurs, etc.) qui sont surveillées par les services d'enquête. Imaginons qu'un dealer 1 soit mis sur surveillance. Au niveau des écoutes téléphoniques, on apprend qu'il a rendez-vous à la gare avec un trafiquant de drogue. Celui-ci alimente d'autres dealers, mais ce trafiquant s'alimente également au niveau d'autres trafiquants à un niveau plus haut. Toute cette chaîne devient très vite tentaculaire. Grâce au profilage, la section « stupéfiants » peut apporter son aide aux enquêteurs et leur fournir des renseignements complémentaires sur l'histoire des échantillons de stupéfiants saisis au cours de l'enquête.

2.1. Le profilage ou comment en savoir plus sur l'histoire d'un échantillon de stupéfiants

2.1.1. L'histoire du stupéfiant laisse ses traces

Les stupéfiants sont rarement des produits purs. D'une part, ils ne sont pas issus de l'industrie pharmaceutique donc ils sont peu contrôlés, même si la production est certainement aussi importante que celle de la production pharmaceutique en termes de quantités.

Il s'y ajoute des produits de coupages ; cependant, le profilage s'intéresse surtout aux éléments présents en traces dans les stupéfiants. Ces éléments en traces proviennent d'impuretés organiques ou inorganiques issues soit de la plante (pour les stupéfiants d'origine naturelle), soit de la synthèse (pour des stupéfiants fabriqués par synthèses ou semi-synthèse). Ce sont également des solvants résiduels qui proviennent de l'extraction du stupéfiant. Dans le cas de stupéfiants préformés, comme les résines de cannabis ou les comprimés d'ecstasy, on peut aussi se servir d'éléments macroscopiques (par exemple, le logo, la forme et les dimensions), en plus des éléments à caractère chimique (***Figure 3***).

Le profilage peut donc permettre de remonter à la provenance, à l'origine, de déter-

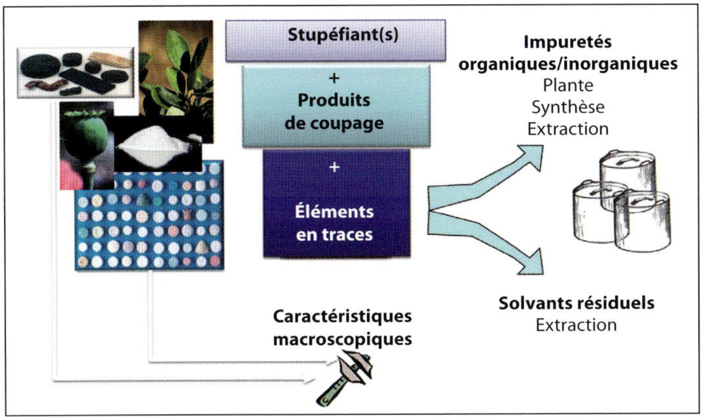

Figure 3

L'histoire du stupéfiant laisse des traces qui peuvent être analysées.

miner les voies de synthèse pour les stupéfiants d'origine synthétique, ou bien de dire si deux stupéfiants ou x stupéfiants proviennent d'un même lot de fabrication.

2.1.2. La stratégie du profilage

On peut représenter le profilage en trois étapes (***Figure 4***) : la première fait intervenir la chimie analytique qui n'est qu'un maillon de la chaîne, auquel il faut ajouter la statistique avec des études de population, et l'analyse des nombreuses données générées par les analyses chimiques.

2.1.3. La chimie du profilage

Le choix d'une méthode de séparation et d'identification

Comme vu précédemment, les stupéfiants sont toujours des mélanges de produits (un ou plusieurs stupéfiants, des produits de coupage et des éléments en traces). La chromatographie est la technique de choix pour séparer tous ces éléments. On utilise la chromatographie en phase

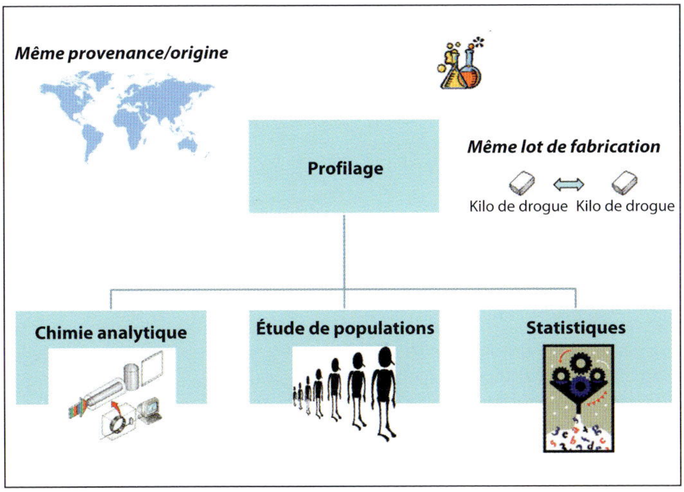

Figure 4

Description schématique du profilage.

gazeuse ou liquide[3], et les composants sont identifiés avec différents détecteurs : à ionisation de flamme, à spectrométrie de masse[4], à rapport isotopique[5], etc. (ces techniques sont détaillées dans le ***Chapitre de P. Sibille***, dans *Chimie et expertise*, EDP Sciences, 2014).

Réalisation des profils chimiques des échantillons par analyse d'empreintes chimiques

Pour comparer deux échantillons de stupéfiants A et B (***Figure 5***), on cherche tout d'abord à analyser les traces présentes dans les échantillons (impuretés, solvants, etc.). Ensuite, des composés cibles seront sélectionnés en fonction de leur pouvoir discriminant, de leur stabilité, etc. Pour chaque échantillon, un chromatogramme, typique de son procédé de fabrication, est obtenu et constitue l'empreinte chimique de l'échantillon, qui peut être assimilée à une empreinte digitale.

Les empreintes chimiques peuvent être stockées dans des bases de données et comparées entre elles au même titre que les empreintes digitales ou génétiques.

2.1.4. Le profilage de la cocaïne

Prenons l'exemple de la cocaïne (***Figure 6***). Ce produit est issu de la feuille de coca, arbuste endémique de l'Amérique du Sud. Sur le lieu de culture, les feuilles de coca sont mélangées avec de l'eau, de la chaux ou un matériau alcalin, et le mélange est écrasé. Puis du kérosène ou du diesel est ajouté comme solvant organique pour extraire la cocaïne de la feuille de coca. Le mélange est stocké dans des bidons, et la production est énorme. Ce mélange est purifié par ajouts d'acides, puis la cocaïne est précipitée avec de l'ammoniac, et à l'issue de cette précipitation, elle est filtrée et séchée pour obtenir la pâte de coca ou pasta (***Figure 7***).

La purification de la pâte de coca

La pâte de coca est impure et non consommable (donc invendable), elle est à nouveau purifiée et retravaillée soit sur le lieu de culture, soit dans un laboratoire clandestin. Elle est mélangée avec de l'acide, du permanganate de potassium, de l'ammoniac

3. La chromatographie gazeuse ou liquide est une méthode physico-chimique de séparation des espèces présentes dans un échantillon en phase gazeuse ou liquide. L'échantillon est entraîné par un courant de phase mobile gazeuse ou liquide au contact d'une phase stationnaire (papier, gélatine, silice...). Chaque espèce présente migre à une vitesse qui dépend de ses caractéristiques et de celles des deux phases en présence. Le produit à analyser est introduit dans une flamme obtenue par combustion d'oxygène et d'hydrogène. Les composés forment des ions qui, grâce à des électrodes entre lesquelles est appliquée une différence de potentiel, créent un courant que l'on peut enregistrer dans ce qu'on appelle le détecteur à ionisation de flamme.
4. Le principe de la spectrométrie de masse réside dans la séparation de molécules chargées en fonction de leur rapport masse/charge (m/z).
5. Le rapport isotopique est le rapport entre les différents isotopes d'un même élément (par exemple les différents isotopes du carbone : carbone 12, carbone 14 ou carbone 13).

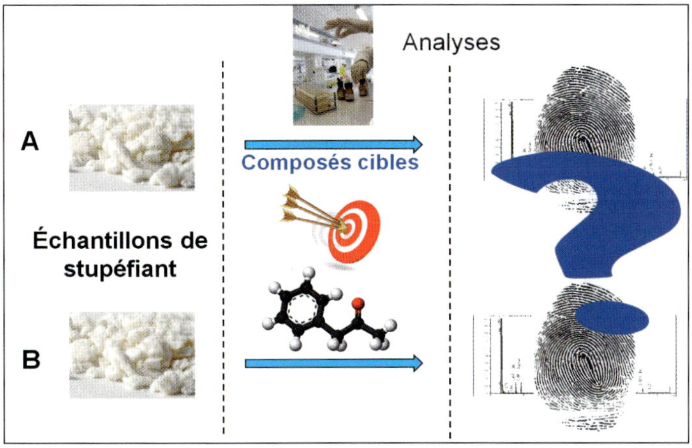

Figure 5

Principe du profilage : on compare des « empreintes chimiques », comme des empreintes digitales !

Figure 6

La cocaïne est issue de la coca.

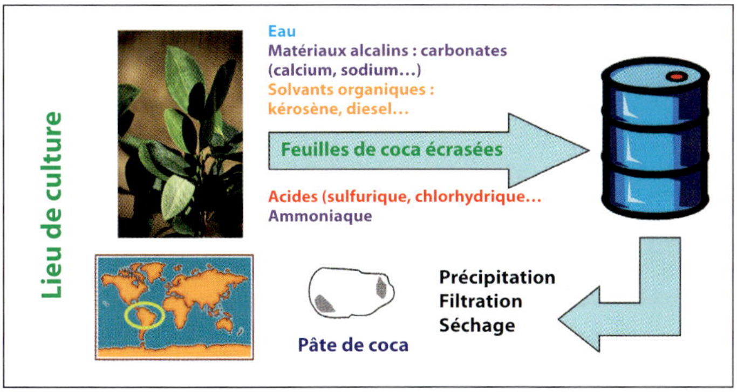

Figure 7

Les différentes étapes de l'extraction de la cocaïne de la feuille de coca.

pour précipiter et éliminer le reste des cires qui étaient présentes dans la feuille de coca, conduisant à la *coca base purifiée* : la cocaïne sous sa forme chimique de base libre.

Cette coca base n'est pas celle qui est vendue en France, en Europe ou aux États-Unis car cette forme chimique base ne peut pas être « sniffée » : il faut qu'elle soit sous forme de sel pour pouvoir passer directement dans le sang, en milieu aqueux. Il faut donc transformer cette coca base en cocaïne chlorhydrate. Pour cela, on mélange la coca base avec à nouveau des solvants comme l'éther et l'acétone, puis on ajoute de l'acide chlorhydrique. On obtient un précipité qui est filtré et séché, et constitue la cocaïne chlorhydrate, poudre blanche, qui peut être sniffée ou injectée, et donc vendue, coupée, etc. (***Figure 8***).

Les résidus : des traces précieuses pour le profilage

On passe de la forme chimique de la coca base à la cocaïne chlorhydrate, qui cristallise, emprisonne les solvants utilisés (acétone, diéthyléther, toluène, etc.) dans les cristaux. Ils représentent des traceurs précieux pour réaliser le profilage chimique de la cocaïne. Au laboratoire (de police scientifique), ils sont donc extraits en milieux aqueux, analysés par chromatographie gazeuse et utilisés comme empreinte chimique pour comparer les échantillons entre eux.

La ***Figure 9*** montre un exemple de chromatogramme obtenu, avec une forêt de pics, allant du solvant le plus léger au solvant le plus lourd.

2.1.5. Les bases de données et l'étude des populations : outils d'exploitation des analyses

Ces empreintes chimiques sont stockées sous forme de nombres dans des bases de données qui permettent d'étudier des populations. Étudier des populations, c'est établir des corrélations entre des échantillons d'origine connue ; il peut s'agir d'échantillons liés (issus de même lots de fabrication) ou d'échantillons non liés (lots différents).

La base de données, créée au laboratoire de police scien-

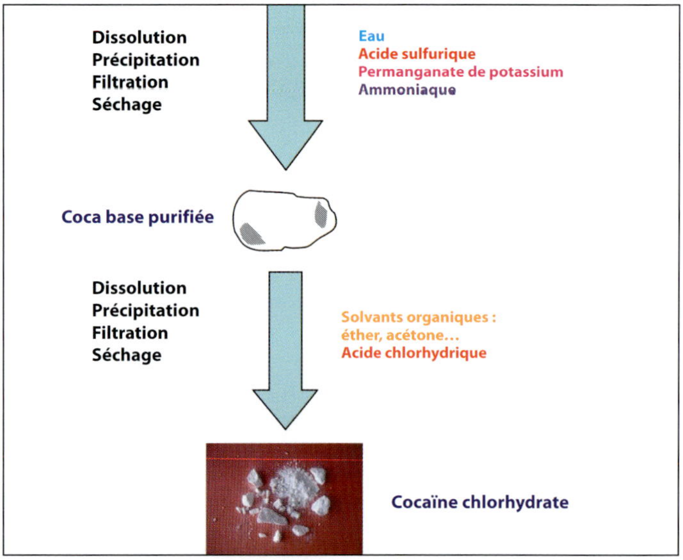

Figure 8

Les différentes étapes de purification de la cocaïne dans un laboratoire clandestin : de la coca base à la cocaïne.

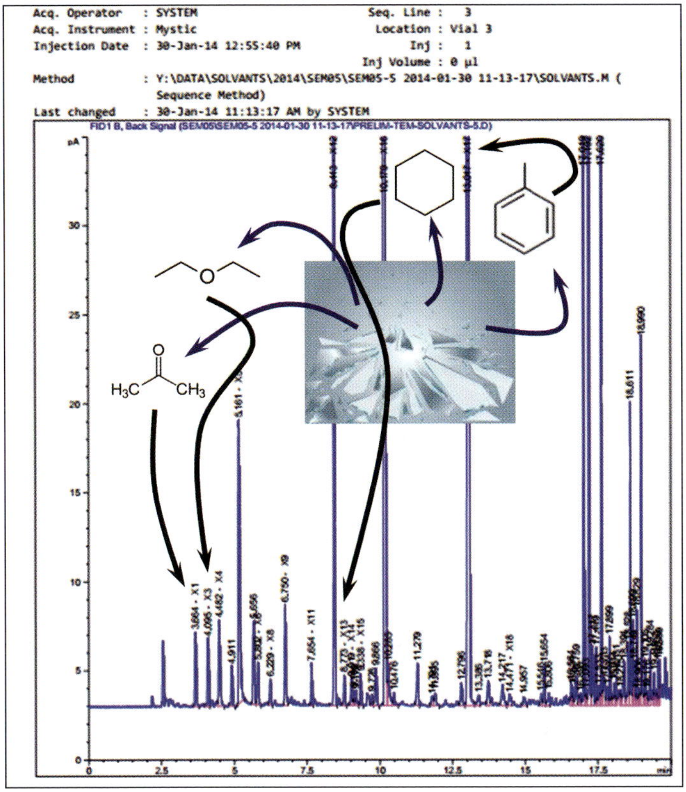

Figure 9

Exemple d'un chromatogramme d'un sel de cocaïne présentant une forêt de pics correspondant à divers solvants.

tifique de Lyon, nommée OTARIES (Outil de traitement automatisé de rapprochement inter-échantillons de stupéfiants), fonctionne depuis 2001 pour la cocaïne et 2004 pour l'héroïne. Elle regroupe 8289 profils chimiques de cocaïne et 4889 profils chimiques d'héroïne (***Figure 10***).

Il existe une autre base de données qui s'appelle le fichier national STUPS© (Système de traitement uniformisé des produits stupéfiants). Ce fichier est alimenté par les cinq laboratoires de l'INPS auxquels s'ajoute l'Institut de recherche criminelle de la gendarmerie nationale (IRCGN), et le serveur est localisé à Lyon. Ce fichier permet d'établir des rapprochements pour les échantillons préformés, comme les résines de cannabis et les comprimés d'ecstasy pour lesquels on effectue des mesures macroscopiques en plus des analyses chimiques.

Une base de données européenne est utilisée pour réaliser le profilage chimique de l'amphétamine et de l'ecstasy. Elle s'appelle EDPS (European drug profiling system) et est alimentée par onze pays européens dont le laboratoire de police scientifique de Lyon. Les liens internationaux sont transmis aux pays concernés et à Europol.

Figure 10

OTARIES, une base de données fonctionnelle depuis 2004. Elle regroupe 4 889 profils chimiques pour l'héroïne et 8 289 profils chimiques pour la cocaïne.

3 L'utilisation des bases de données

3.1. Le traitement statistique des données

Les aires sous les pics des chromatogrammes sont mesurées, et à chaque mesure est associé un vecteur défini par ses coordonnées. Il y a autant de coordonnées qu'il y a de pic dans l'échantillon analysé. Si on a deux solvants dans les échantillons, on aura deux pics, donc chaque échantillon constituera un vecteur à deux coordonnées (x, y). Si on a deux échantillons, on aura deux vecteurs h1 et h2 (***Figure 11A***). Comme dans la réalité, on a n solvants par échantillon, on aura, pour chaque vecteur, n coordonnées. Pour comparer les échantillons, il faut pouvoir comparer ces vecteurs entre eux. Pour ce faire, il est possible d'utiliser deux types de mesures : soit on utilise la mesure d'une distance d entre le point 1 et le point 2, soit on calcule un angle ϕ entre les 2 points. De nombreux outils statistiques sont disponibles pour comparer ces données, dont celui présenté par la formule de la ***Figure 11B***.

Les études de populations, réalisées à partir de la base de données, sont utilisées pour établir des corrélations entre les empreintes chimiques de différents échantillons. La

A

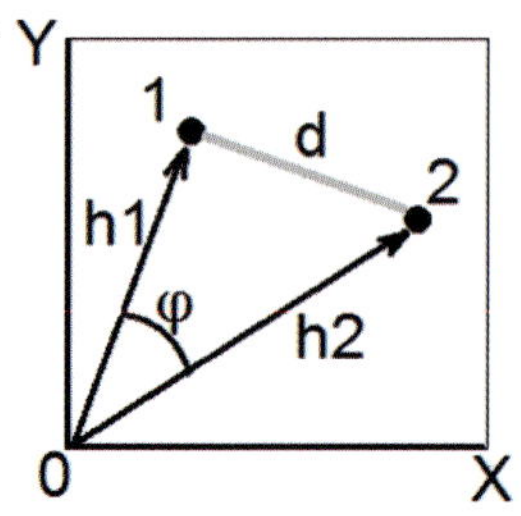

B

$$100 \times \cos^2 \varphi = \left\{ \frac{\sum_{i=1}^{n} x_i y_i}{\sqrt{\sum_{i=1}^{n} x_i^2 \cdot \sum_{i=1}^{n} y_i^2}} \right\}^2$$

Figure 11

Application d'outils statistiques pour comparer deux échantillons :
A) représentation vectorielle du chromatogramme d'un échantillon contenant deux solvants ;
B) outil statistique utilisé par les laboratoires.

population des échantillons liés aura des pourcentages ou classes de corrélations plus proches de 100 (parce que le 100 % représente le cas des échantillons identiques, et le 0 % correspond à deux échantillons totalement différents, puis on se déplace sur l'échelle entre 0 et 100 %).

La ***Figure 12*** montre l'évolution de la fréquence d'une classe de corrélation d'une part pour la population des échantillons liés et d'autre part pour des échantillons sans aucun lien entre eux. Le but ici est de déterminer un seuil de vraisemblance qui permettra de minimiser la zone représentée en gris.

En effet, dans la théorie, il faudrait que les courbes correspondant aux deux populations soient totalement séparées : pour n'avoir aucun risque d'interprétation, il faudrait que les résultats de la comparaison entre des échantillons qui ne sont pas liés retombent en totalité sur la courbe bleue, et que pour les échantillons liés, on obtienne des résultats qui soient tous sur la courbe rouge. Mais dans la réalité, ces populations ont tendance à se chevaucher, et il faut minimiser ce chevauchement avec le calcul de pourcentages de faux positifs et de faux négatifs.

Ensuite, tous ces calculs sont intégrés dans la base de données OTARIES.

3.2. Exploitation des données : exemple de rapprochements de saisies de cocaïne

Pour exploiter les résultats issus des comparaisons obtenues grâce aux bases de données, on utilise des logiciels de gestion et d'analyse visuelle de liens. Prenons l'exemple de la cocaïne pour lequel on a utilisé un logiciel permettant d'exploiter des données obtenues à partir de 344 lots différents, ce qui représente 626 saisies et 1257 échantillons. L'analyse des informations est visualisée sous la forme d'un graphique de liens.

La ***Figure 13A*** représente les résultats de l'enquête sur un trafic international qui se déroule sur deux mois avec sept saisies différentes. La saisie numéro 1 est une saisie réalisée à Orly par l'Office central de répression du trafic illicite de stupéfiants (OCTRIS) de Nanterre dont le pays d'acquisition est la Guyane, le pays de destination la France métropo-

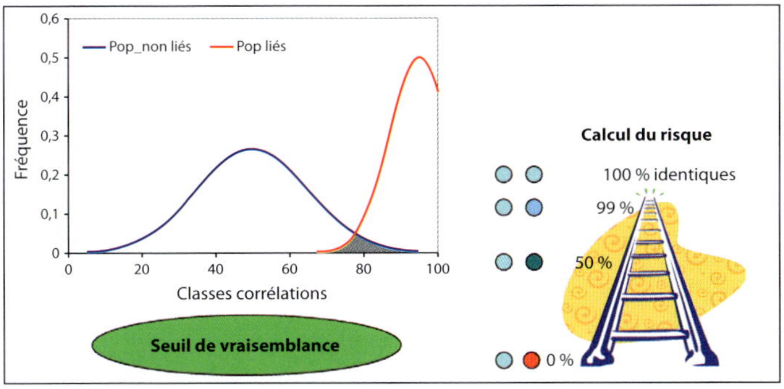

Figure 12

Évolution de l'importance des corrélation pour les populations liées et non liées.

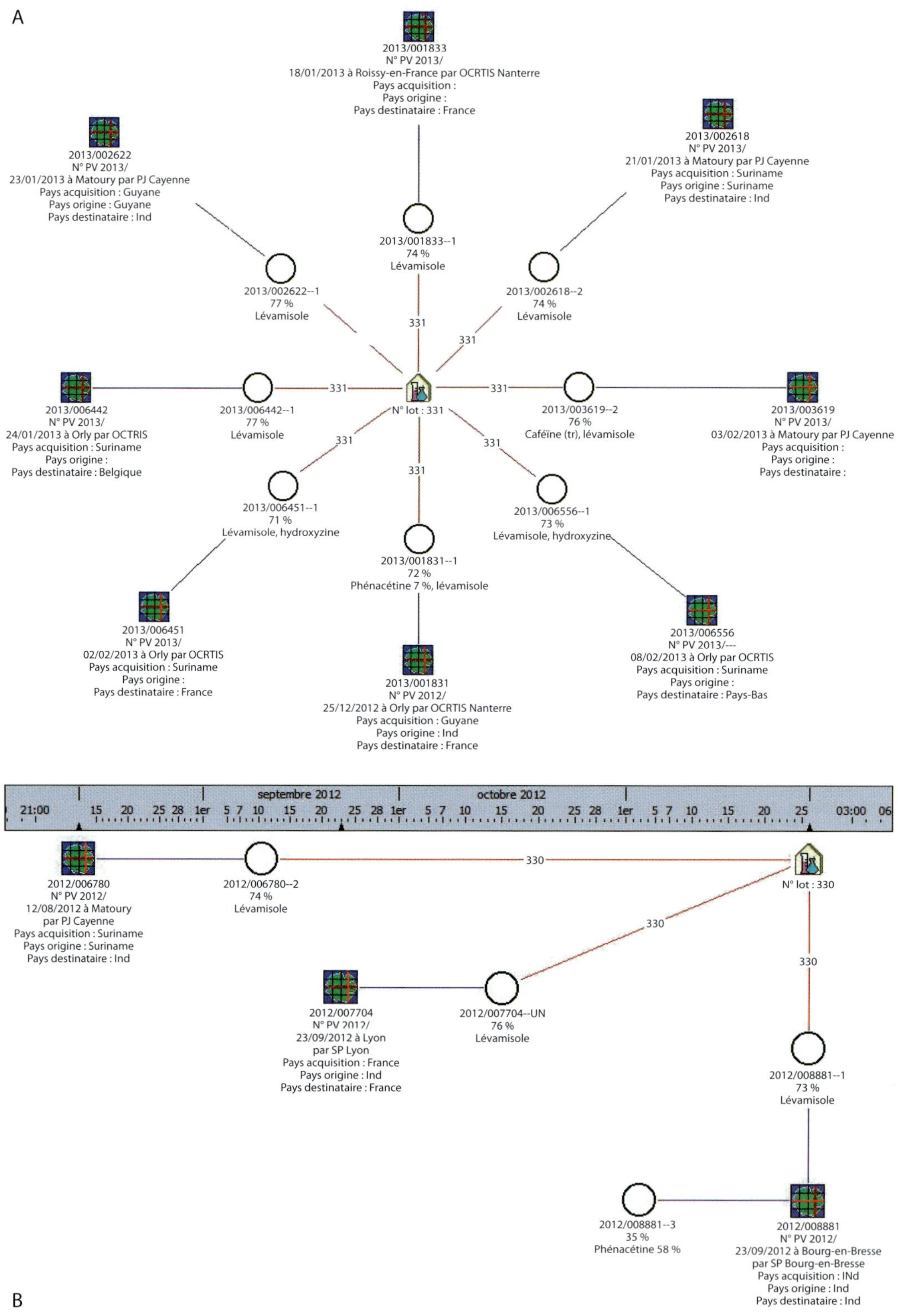

Figure 13

Représentation graphique des résultats des logiciels de gestion et d'analyse visuelle des liens entre différents lots dans le trafic de cocaïne : A) trafic international de cocaïne ; B) trafic régional de cocaïne.

litaine. La saisie numéro 2 a été réalisée à Roissy par l'OCRTIS. La saisie numéro 3 a été réalisée à Cayenne par la police judiciaire. Les saisies numéros 4, 5, 6, et 7 ont été réalisées à Cayenne, Orly, Roissy, avec des pays d'acquisition qui sont la Guyane, le Suriname, et des pays de destination qui sont la Belgique et les Pays-Bas. Ce graphique montre donc l'existence d'un réseau international de distribution entre le Suriname, la Guyane, la France métropolitaine, celle-ci étant la plaque tournante vers l'Europe puisque les destinations sont différentes.

La ***Figure 13B*** montre un autre exemple de mise en évidence par le profilage chimique d'un trafic de cocaïne, cette fois dans le cadre d'une enquête régionale. L'enquête commence par une saisie en août 2012 à Matoury, par la police judiciaire (PJ) de Cayenne. Le pays d'acquisition est le Suriname et le pays de destination est inconnu. La teneur de la cocaïne saisie est de 74 %, ce qui signifie qu'on est très haut dans la chaîne de distribution, c'est-à-dire en provenance directe de la source. Le produit de coupage était le lévamisole (produit ajouté dans le pays de production de la cocaïne).

Cet échantillon a pu être relié à un autre échantillon qui a été saisi à Lyon, par la sécurité publique de Lyon, à peu près un mois après. La teneur est similaire, à 76 %, signifiant que le niveau dans la chaîne de distribution est toujours élevé. Puis au mois de novembre 2012, à Bourg-en-Bresse, a lieu une saisie sur deux échantillons, dont un qui était relié à ce même lot de fabrication. Celui-ci était une cocaïne à 73 % coupée avec du lévamisole, mais le deuxième lot de la saisie était une cocaïne à 35 % coupée avec de la phénacétine à 58 %, indiquant qu'on se situe plutôt au niveau de la rue. Ce graphique fournit une information sur un trafic de Cayenne (en Guyane) jusque sur la région Rhône-Alpes, mettant en évidence une importation directe pour une distribution au niveau de la rue.

4 La coopération dans le domaine du profilage

La France travaille en étroite collaboration avec ses homologues européens. Le laboratoire de police scientifique de Lyon, qui est pôle pilote en la matière d'analyse de stupéfiants et de profilage, est responsable du groupe de travail du réseau européen des Instituts de science forensique[6] (ENFSI) sur le profilage. Nous travaillons en réseau avec

6. L'Université de Lausanne la définit comme suit : « *Les sciences forensiques se définissent comme l'ensemble des principes scientifiques et méthodes techniques appliquées à la résolution de questions en matières criminelle, civile ou réglementaire dans le but d'aider la justice* [...]. *L'adjectif forensique* [...] *est un néologisme. Il vient du latin* forum [...]. *Il fait partie du vocabulaire de pratiquement toutes les langues qui nous sont proches comme l'allemand, l'italien et l'anglais, mais son usage est récent en français* ». L'Université de Lausanne emploie aussi ce néologisme dans l'intitulé de ses cours: « sciences forensiques », « identification forensique », « génétique forensique ». Voir le ***Chapitre de P. Touron*** dans *Chimie et expertise*, EDP Sciences, 2014.

Figure 14

Le profilage des drogues, un travail européen collaboratif.

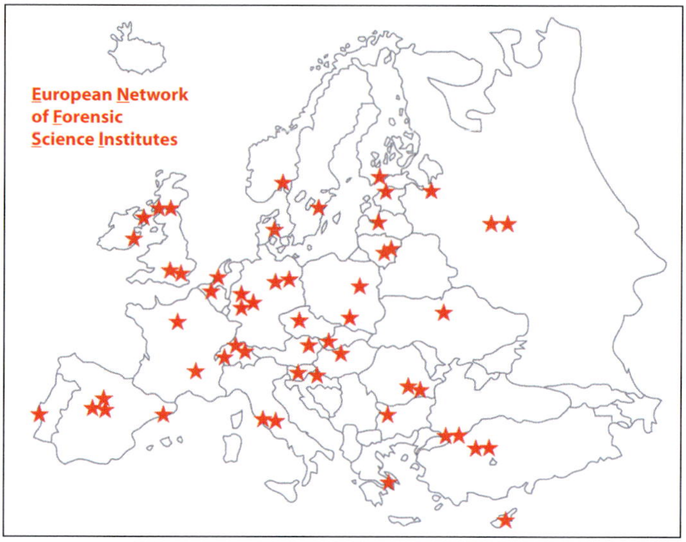

cinquante laboratoires dans trente-deux pays (***Figure 14***).

L'INPS développe aussi des actions de coopération à l'échelle mondiale : par exemple actuellement, une convention avec la police fédérale du Brésil a été signée pour travailler sur des échantillons de cocaïne d'origine certaine afin de pouvoir les profiler et ensuite de pouvoir remonter éventuellement à l'origine d'échantillons saisis en France (***Figure 15***).

Des actions internationales de formation sont aussi développées avec la Chine, la Colombie, l'Afghanistan, l'Afrique du Sud et l'Algérie.

Figure 15

Des coopérations internationales, notamment avec le Brésil.

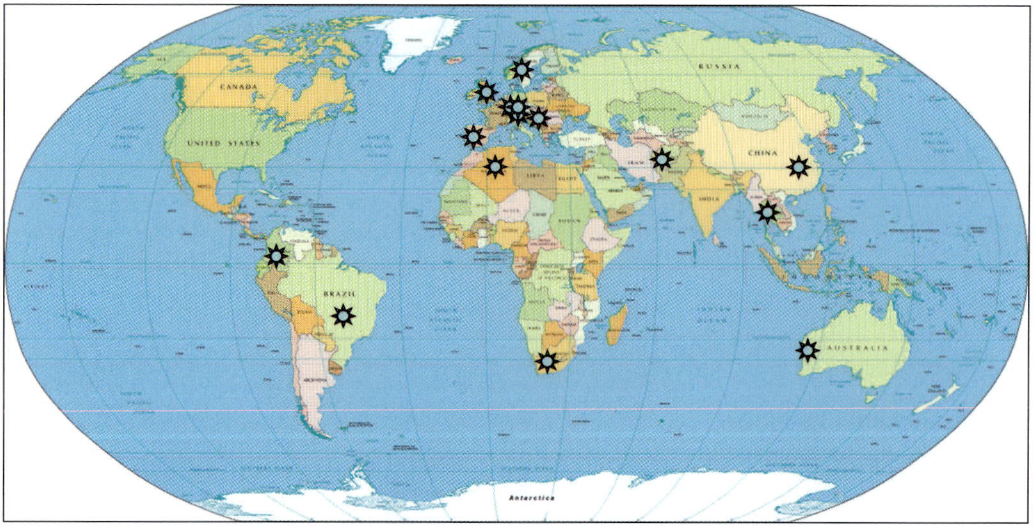

Le profilage, une science au service de la justice et de la société

En conclusion, le profilage chimique des stupéfiants fournit une information à différents niveaux du trafic et constitue une aide précieuse à l'investigation.

Le profilage est une science appliquée au service de la justice, de la police et de la santé. Cette science appliquée transdisciplinaire est en perpétuelle évolution et les experts du profilage partagent leurs connaissances au cours de sessions de formation et de coopération. Des activités de R&D sont indispensables pour pouvoir sans cesse améliorer les techniques et rester performant.

Guillaume Cognon et Bertrand Frère

Sciences et techniques séparatives innovantes pour scènes de crimes complexes

Application à la détection des accélérants d'incendie

Guillaume Cognon est l'adjoint du chef du département Environnement Incendies Explosifs de l'Institut de Recherche Criminelle de la Gendarmerie Nationale (IRCGN[1]), qu'il a intégré en 1998. Titulaire d'un Mastère de chimie de l'UPMC (Paris VI), il est expert près la Cour d'appel de Paris dans la spécialité « explosions et incendie » depuis 2008.

Bertrand Frère est le chef du département Environnement Incendies Explosifs de l'IRCGN. Après avoir travaillé pour le Groupe des Laboratoires Wolff puis au Laboratoire Central du SCERCAT (Service Central d'Études de Réalisations du Commissariat de l'Armée de Terre), il a intégré l'IRCGN en 2000. Titulaire d'un diplôme d'ingénieur de l'ENSCCF et d'un diplôme d'études approfondies de chimie, il est expert près la Cour d'appel de Paris dans la spécialité « analyses physico-chimiques » depuis 2007, et agréé par la Cour de Cassation depuis 2014.

Si les principes de la chromatographie[2] n'ont pas beaucoup évolué depuis soixante ans, date de sa découverte, cette technique de séparation analytique connait récemment un essor important du fait des progrès de l'électronique et de l'informatique. Les performances des appareils modernes (précision, répétabilité, automatisation…) contribuent à l'heure actuelle à l'accroissement de la quantité de données disponibles, de l'analyse de l'échantillon de question aux créations de bases de données de réfé-

1. http://www.gendarmerie.interieur.gouv.fr/fre/Sites/Gendarmerie/Presentation/Police-Judiciaire/Police-scientifique-IRCGN. Voir le **Chapitre de P. Touron** dans *Chimie et expertise, sécurité des biens et des personnes*, coordonné par M.-T. Dinh-Audouin, D. Olivier et P. Rigny, EDP Sciences, 2014.
2. Voir une explication de la chromatographie dans le ***Chapitre de P. Sibille*** dans *Chimie et expertise*, EDP Sciences, 2014.

rence, toujours plus importantes. La police technique et scientifique exploite ces nouvelles opportunités technologiques pour apporter une réponse plus complète, en tout cas des résultats plus pertinents et donc exploitables dans le cadre des enquêtes.

1 L'intervention de la science sur les scènes de crimes incendie

1.1. Le travail des experts

De nombreuses présentations, notamment dans les séries télévisées, ont contribué à populariser auprès du grand public une certaine image du travail d'un expert judiciaire (***Figure 1***).

La réalité est cependant très différente de ce que l'on voit à la télévision, même si dorénavant ces séries sont conseillées par des spécialistes. Les différences sont importantes en termes d'emplois : un expert judiciaire ne mène pas l'enquête, qui reste du domaine d'un juge d'instruction ou d'un officier de police judiciaire, mais est là pour répondre à une question technique, à un moment donné de l'enquête quand l'enquêteur est face à une problématique à laquelle il ne peut pas répondre seul.

Les experts travaillent donc essentiellement au niveau du laboratoire ; même s'ils sont conduits à se déplacer sur le terrain. Les déplacements se font toujours dans un cadre technique d'expertises ou d'assistance aux enquêteurs, pour apporter une compétence technique dans un domaine précis. En aucun cas l'expert ne prendra le relais de l'enquêteur pour conduire des investigations en dehors du domaine technique.

Figure 1

À gauche, les experts d'une série télévisée américaine Les experts, et à droite, de véritables experts de l'IRCGN.

Les experts mènent également une nécessaire veille technologique afin de connaitre et ainsi tenter d'appliquer les nouvelles technologies à leurs problématiques et protocoles analytiques. Mais c'est aussi un point que l'on peut hélas constater du côté des criminels qui se tiennent au courant des techniques mises en œuvre ! Les experts tentent donc d'avoir une longueur d'avance, pour apporter les réponses toujours plus précises afin de confondre les criminels, ou du moins essayer d'apporter des moyens qui permettent de les confondre.

L'expert sur le terrain va principalement utiliser le principe de l'échange de Locard, expliqué dans le **Chapitre de F. Dupuch** dans l'ouvrage *Chimie et expertise* (EDP Sciences, 2014), et basé notamment sur les échanges de matière laissée sur une scène de crime entre un lieu et un individu. Si les applications forensiques[2] chimiques permettent rarement de s'aventurer sur l'individualisation de la trace (il est extrêmement difficile de pouvoir signer formellement la présence et surtout l'action d'un individu sur une scène de crime), il s'agit de travailler sur le mode opératoire employé par le criminel, d'essayer de déterminer ce qui a pu se passer, et si les déclarations des personnes mises en cause ou des témoins sont techniquement compatibles avec les constatations.

L'exemple de la ***Figure 2*** illustre une scène de crime particulièrement complexe ! La mission de l'expert sera d'identifier le produit répandu un peu partout (explosif, stupéfiant, insecticide, peinture...), sa toxicité, ses caractéristiques (inflammabilité,...) et également tenter d'apporter des éléments qui permettent de savoir qui est à l'origine de ce dépôt, en particulier par l'étude des traces de transfert.

Pour cela, il faudra non seulement caractériser les composés présents, mais aussi travailler sur toutes les autres formes de traces disponibles. Toutes les spécialités analytiques disponibles en criminalistique peuvent alors être mises à contribution. Ne sachant pas à priori quel sera

Figure 2

Une scène de « crime » particulièrement complexe ! Identifier les produits, leurs origines... un défi pour la chimie analytique, en collaboration avec d'autres spécialités, afin de mettre en évidence une infraction et un auteur par des liens ou des transferts.

2. Au sujet des sciences forensiques, voir le **Chapitre de P. Touron** dans *Chimie et expertise*, EDP Sciences, 2014.

l'impact de la découverte d'une trace (au sens large du terme) sur l'enquête, les éléments tels que l'ADN, les empreintes digitales, les traces de pas, de sang, d'oreilles, d'outils ne sont pas à négliger. Ces éléments permettent totalement ou partiellement de signer non seulement la présence d'un individu sur une scène de crime (il s'agit d'inférer au niveau dit source), mais également d'établir un lien entre une action et une personne (il s'agit d'inférer au niveau dit activité).

1.2. La problématique de l'incendie

Il faut savoir qu'avec un peu plus de 300 000 incendies par an, soit plus d'un incendie déclaré toutes les deux minutes, les laboratoires d'État ont du pain sur la planche ! L'abondance et la nature des faits, l'ampleur des dégâts humains et matériels sous tous leurs aspects, nécessitent un investissement important pour faire face aux contraintes de sécurité des personnes et des biens (***Figure 3A***).

L'une des problématiques majeures du législateur dans ce domaine est la diminution à terme du nombre des incendies. Au-delà de la compréhension des phénomènes régissant l'éclosion et le développement des incendies, il s'agit pour les spécialistes du domaine de travailler en collaboration étroite avec les enquêteurs de manière à vérifier la compatibilité technique de ce qui a pu être mis sous la forme d'hypothèses sur le terrain avec les analyses et les examens réalisés au laboratoire. Pour diminuer à terme le nombre d'incendies, le point clé est véritablement la recherche des causes (***Figure 3B***).

À partir du moment où les causes d'un incendie sont déterminées, il est possible travailler de façon préventive, c'est le rôle notamment de la sécurité civile, de manière à soit légiférer sur des cas qui sont potentiellement dangereux, soit prendre les mesures nécessaires en cas d'incident ou d'accident.

La ***Figure 4*** illustre différents exemples de cas sur lesquels les experts sont amenés à travailler sur le terrain : de taille

Figure 3

A) Les incendies, s'élevant à plus de trois cent mille par an, posent un problème de sécurité des personnes et des biens au cœur des problématiques de la police scientifique ; B) l'une des problématiques majeures posées par les incendies est la recherche des causes.

Figure 4

Des types d'incendies divers et variés, d'échelles et de dégradations plus ou moins importantes.

limitée, de bien plus grande ampleur, de natures variées (véhicules, habitations, forêts, corps...) et d'origines diverses (naturelles telles que la foudre, chimiques telles que la fermentation, électriques ou mécaniques...). Il n'y a finalement pas deux cas qui se ressemblent, même s'il est possible d'établir avec l'expérience des généralités ou des tendances théoriques et pratiques sur le procédé de la combustion. Les spécialistes doivent donc s'adapter à chaque cas étudié. On retrouvera cette même problématique de diversité lors du traitement au laboratoire, du fait de l'hétérogénéité et de la dégradation des matériaux à notre disposition.

2 La détection des accélérants d'incendie

2.1. L'analyse des résidus prélevés sur les lieux d'incendie

La ***Figure 5*** montre une salle de préparation d'échantillons de l'IRCGN où sont déposés des prélèvements placés sous scellés (mis à la disposition de la Justice), en vue de leur traitement et de leur analyse.

Figure 5

Divers exemples de résidus prélevés sur scènes d'incendie et confiés au laboratoire de l'IRCGN en vue de leur préparation pour les analyses. Les conditionnements de type Kraft, adaptés à la conservation des prélèvements biologiques, sont en revanche inadéquats pour la préservation des composés volatils recherchés.

Généralement, les résidus d'incendies sont conservés dans des bocaux en verre, hermétiquement fermés par un couvercle en métal ou par des sacs en nylon 11 (Rilsan), notamment pour conserver les résidus volatils.

Mais certains prélèvements sont de tailles plus importantes, ou sont par exemple réalisés sur les mains d'un suspect : leur conditionnement est alors adapté afin d'apporter des réponses efficaces aux enquêteurs et aux magistrats sur la présence d'une part de produits inflammables, et d'autre part sur la pertinence de la présence de ces produits (il est logique de retrouver de l'essence dans une voiture incendiée même si ce n'est pas pour autant que l'essence aura servi à mettre le feu à la voiture). Il faut donc également travailler sur la discrimination la plus efficace possible des constituants rencontrés sur les différentes scènes à traiter, ainsi que sur les différents prélèvements à analyser.

L'analyse chimique des résidus d'incendie concernera principalement des produits commerciaux issus de l'industrie pétrolière, d'une part, parce que ce sont des produits facilement inflammables, donc intéressants pour un incendiaire potentiel, d'autre part parce qu'ils sont disponibles pour le grand public, et ne présentent donc pas de difficultés d'approvisionnement. N'étant pas tracés, il est en outre particulièrement difficile de remonter à leur origine. Le problème avec ces produits issus de l'industrie pétrolière est qu'ils sont également retrouvés un peu partout dans notre quotidien : nous sommes entourés de matières plastiques, synthétiques, sur nous, dans les locaux comme dans les véhicules. Ces produits, lorsqu'ils sont soumis à l'effet de l'incendie, peuvent se dégrader et donner une signature qui sera proche du produit inflammable qui aurait pu être déposé. Il faut donc une formation et une bonne connaissance de ces produits pour que le technicien en charge des analyses puisse faire la différence entre des produits commerciaux inflammables et des produits de dégradation. L'interprétation des résultats d'analyse est à ce stade particulièrement complexe et nécessite une expérience non négligeable pour obtenir des résultats pertinents.

La mise en évidence des familles de produits fait appel à l'analyse par chromatographie en phase gazeuse, couplée à différents détecteurs. La **Figure 6** donne des exemples de chromatogrammes obtenus pour un supercarburant (essence pour automobiles, **Figure 6A**), pour une fraction légère d'une coupe de type gazole (**Figure 6B**), et pour un produit de type alcool à brûler (**Figure 6C**). Dans un supercarburant, il est possible de détecter plusieurs centaines de composés et dans un gazole plusieurs milliers. Il est donc nécessaire de travailler par profils et c'est l'em-

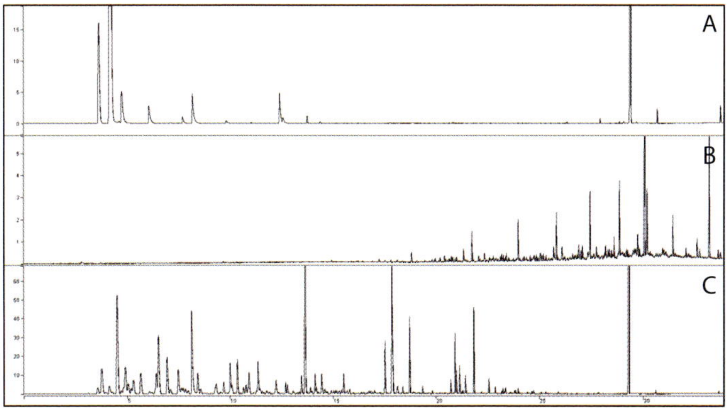

Figure 6

Identification de produits inflammables accélérants par leur profil chromatographique, sorte d'empreinte chimique, à l'aide de chromatogrammes (A : supercarburant, B : gazole, C : alcool à brûler).

preinte chromatographique du composé qui, comme une empreinte digitale, permettra d'une part son identification, d'autre part sa discrimination.

Les analyses opérées dans ce cadre sont qualitatives, car il n'est pas pertinent de tenter de relier la quantité de produit mise en évidence dans les résidus avec la quantité de produit qui aurait été déposée avant l'incendie. En revanche, il apparaît crucial de caractériser la présence ou l'absence d'un produit inflammable sur les lieux d'un incendie, afin par exemple de pouvoir privilégier l'hypothèse d'un acte humain volontaire par rapport à un acte accidentel.

Le travail de reconnaissance des produits commerciaux inflammables s'effectue essentiellement par comparaison avec des matériaux de référence, ceci afin de différencier des produits de dégradation issus des matrices présentes sur les lieux avec les autres matériaux présents sur site.

Le principe consiste en l'examen approfondi des proportions relatives des groupes de pics issus de composés de propriétés chimiques voisines, au sein d'un même chromatogramme. Ces proportions relatives vont permettre de privilégier plutôt la présence d'un produit pétrolier ou d'un produit de dégradation issu des matrices.

Pour progresser dans ce domaine, deux axes de recherche ont été identifiés :

– avoir une bonne connaissance des produits inflammables, d'une part de ceux qui sont distribués aujourd'hui mais également de leur évolution, car pour les carburants, les normes évoluent régulièrement (par exemple, le pourcentage de composés oxygénés ou soufrés dans les essences). Il faut donc s'attacher à connaître les nouveaux additifs afin de les identifier par la suite dans les analyses ;

– savoir identifier les matrices interférentes, comme par exemple les matériaux synthétiques issus de l'industrie pétrolière, de façon à identifier la signature de ces produits lors de leur dégradation par un incendie, afin d'éviter de les confondre avec un produit inflammable qui aurait pu être ajouté.

2.2. La stratégie de l'analyse de routine

L'IRCGN a mis en place une stratégie d'analyse de routine en deux étapes (***Figure 7***), qui consiste dans un premier temps à rechercher les composés organiques volatils (COV) par une stratégie dite d'espace de tête[3], puis à rechercher ensuite les semi et non volatils, par extraction par solvant. Les premières analyses se font en chromatographie en phase gazeuse, et utilisent des détecteurs à ionisation de flamme. En cas de doute, l'identification du produit est confirmée par des méthodes d'essai, qui font souvent appel à la spectrométrie de masse[4].

3. L'extraction dite par espace de tête consiste à effectuer les prélèvements des molécules volatiles à analyser dans la partie supérieure des bocaux où les échantillons sont stockés.

4. Le principe de la chromatographie est décrit dans le ***Chapitre de P. Sibille***, dans *Chimie et expertise*, EDP Sciences, 2014.

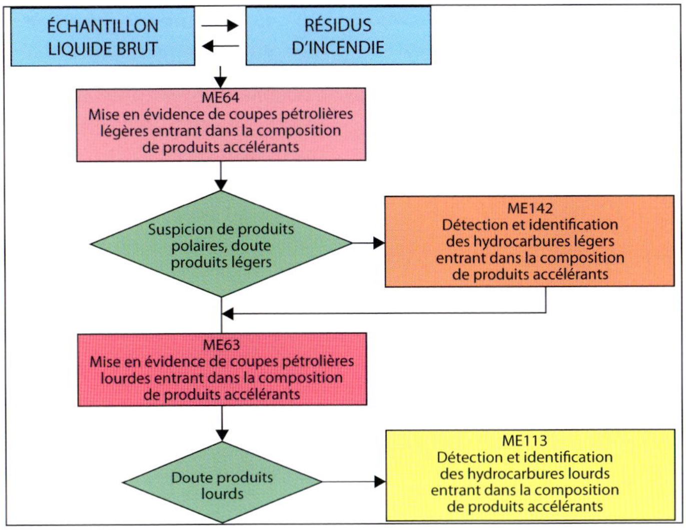

Figure 7

Schéma simplifié représentant la stratégie d'analyse de routine de l'unité d'expertise Incendies de l'IRCGN.

L'ensemble des méthodes et techniques qui composent cette stratégie d'analyse est accrédité par le COFRAC[5] (Comité français d'accréditation) depuis 2008. Cette stratégie est régulièrement mise en œuvre puisque le département traite environ sept cents dossiers par an en matière d'incendie.

D'autres laboratoires (les laboratoires du LCPP et de l'INPS qui travaillent également dans la recherche de produits accélérants dans les incendies criminels) ont développé des stratégies et des méthodes différentes mais qui aboutissent globalement aux mêmes types de résultats.

Aujourd'hui, les équipes de spécialistes de l'IRCGN sont en mesure d'identifier des produits commerciaux inflammables allant de 4 à 40 atomes de carbone, des carburants aux solvants et produits de la vie quotidienne. Mais toutes ces étapes d'analyse présentent une limitation : elles permettent l'identification de la famille chimique des composés obtenus, mais ne permettent pas le rapprochement formel de deux échantillons issus d'une même coupe pétrolière, c'est-à-dire qu'elles ne permettent pas de déterminer si deux échantillons ont, ou non, la même provenance.

Deux voies d'amélioration possibles ont été identifiées :

– *au niveau de la préparation d'échantillons*, par la mise en œuvre de traitements qui rendront les analyses plus simples et plus sélectives ; mais cela génère un surcroît de travail donc augmente le délai de réponse et la durée de traitement du scellé, ce qui ne rentre pas forcément dans les créneaux judiciaires imposés en cas d'urgence ;

5. Accréditation COFRAC n°1-1916 et 8-2527 – Portée disponible sur www.cofrac.fr.

– *l'utilisation d'outils analytiques à haut pouvoir discriminant*, permettant de s'affranchir d'étapes de traitements préalables des échantillons.

C'est plutôt cette seconde voie de développement qui a été choisie. Les outils analytiques employés seront décrits dans les paragraphes suivants.

2.3. La préparation des échantillons

Dans le cas des résidus d'incendies, la préparation d'échantillons au laboratoire est inexistante pour identifier les composés volatils des résidus stockés en bocaux, car les manipulations entraineraient des pertes en qualité et en quantité d'informations (***Figure 8***). D'autre part, ces échantillons traités dans le département incendies sont issus d'une scène de crime, et peuvent aussi faire l'objet de recherches de traces d'ADN, de traces papillaires, et éventuellement de microtraces (fil, cheveux, poils...), ou de détermination de tel ou tel matériau. Plus l'échantillon sera dégradé, moins il sera potentiellement utilisable par les autres départements. Pour ce type de prélèvements, on choisit de ne pas effectuer de préparation d'échantillons, hormis pour des cas singuliers tels que des extraits liquides dans des conditions particulières ; c'est le cas notamment lors d'étapes de purification d'extraits liquides issus de cadavres calcinés, où l'on essaye de s'affranchir des acides gras qui sont présents dans les restes humains et qui masquent les composés inflammables potentiellement recherchés.

Figure 8

La préparation d'un échantillon issu d'un incendie ou d'une scène de crime est délicate : à tout moment on peut perdre des informations précieuses !

3 La chromatographie multidimensionnelle

La chromatographie multidimensionnelle[6] s'est rapidement imposée comme outil d'analyse de choix pour obtenir une empreinte et une vision la plus globale possible des produits complexes. Du fait d'une importante capacité de pics, elle peut fournir des informations détaillées des échantillons, sans pour autant avoir forcément recours à des étapes de traitement préalables qui pourraient être préjudiciables à la qualité des résultats.

3.1. Principe de la chromatographie intégralement bidimensionnelle

La chromatographie classique à une dimension est un système relativement simple avec un système d'injection, une colonne chromatographique et un détecteur. Dans le cas d'un système bidimensionnel, deux colonnes chromatographiques de propriétés différentes sont couplées en série et reliées entre elles au moyen d'un modulateur cryogénique. Le modulateur a pour fonction de stopper et de refocaliser les composés issus de la première colonne chromatographique pour les réinjecter intégralement[7] dans

6. La chromatographie multidimensionnelle est une chromatographie où l'éluant (la phase mobile) et les produits à séparer passent dans plusieurs colonnes.
7. Elle est dite « intégralement bidimensionnelle » lorsque la totalité de l'échantillon subit les deux dimensions de séparation. Lors d'une réinjection « partielle », on parlera plutôt de « Heart-cutting ».

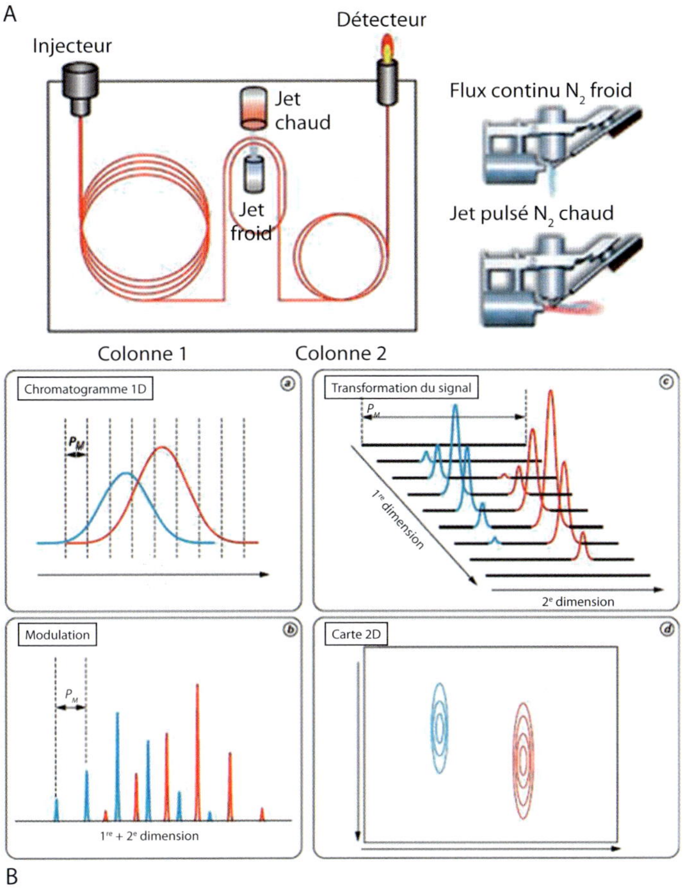

Figure 9

Principe de la chromatographie intégralement bidimensionnelle CPGxCPG : A) schéma du montage en série de deux colonnes ; B) détail des étapes de traitements des deux signaux obtenus puis obtention du résultat final sur une carte 2D.

la seconde colonne. Tout ce qui est séparé dans la première colonne va subir une deuxième séparation dans la deuxième colonne[8]. (***Figure 9A***).

Concrètement, c'est un système en continu de jet d'air froid puis d'air chaud qui va permettre d'abord le blocage des molécules dans la première colonne (piège froid) puis la réinjection dans la seconde colonne, qui va d'une part refocaliser les pics à une période de modulation donnée pour les réinjecter et donner une succession de chromatogrammes de quelques secondes qui, après déconvolutions et traitements informatiques, ne va pas fournir un chromatogramme classique avec une succession de pics mais une succession de taches dans un espace bidimensionnel (***Figure 9B***).

3.2. Les chromatogrammes

La ***Figure 10*** illustre très simplement l'apport visuel de la chromatographie bidimensionnelle lors de l'analyse de mélanges de propriétés voisines. Le chromatogramme obtenu sur un mélange test

8. Jeanville M., Fernandez X., Filippi J. J. (2011). Chromatographie en phase gazeuse à deux dimensions : GC-GC et GCxGC, *Techniques de l'ingénieur, Chromatographie et techniques séparatives.*

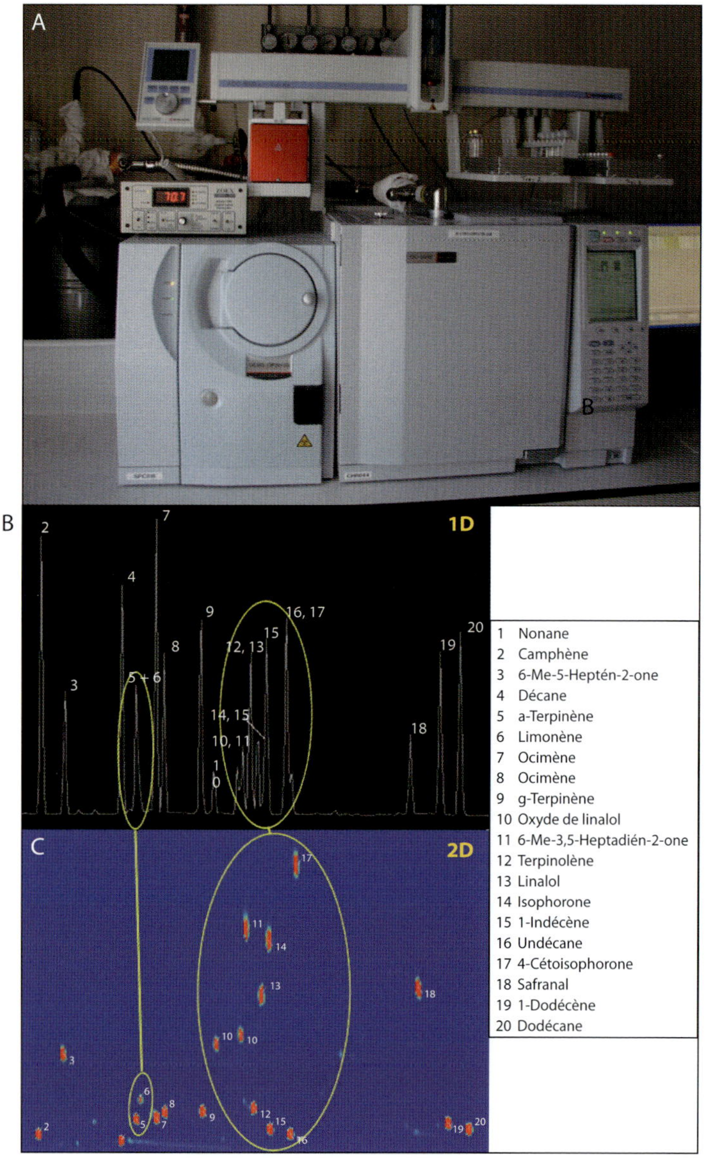

Figure 10

A) Appareil de chromatographie multidimensionnelle CPGxCPG-SM détenu au laboratoire (développement en collaboration avec la société Shimadzu) ; B) chromatogramme CPG obtenu en une dimension (1D) ; C) chromatogramme en deux dimensions (2D) pour le même échantillon.

avec un chromatographe CPG à une dimension (***Figure 10B***) montre nettement des zones de coélution[9]. L'analyse en CPGxCPG permet la visualisation rapide de l'ensemble des composés séparés, matérialisés par des taches (spots) bien individualisées (***Figure 10C***).

La chromatographie multidimensionnelle d'échantillons relativement simples permet de comparer facilement deux composés. La ***Figure 11*** com-

9. La coélution désigne le cas où deux composés différents ne sont pas séparés chromatographiquement et sont représentés par un même pic, ou présentant un épaulement, sur un chromatogramme à une dimension.

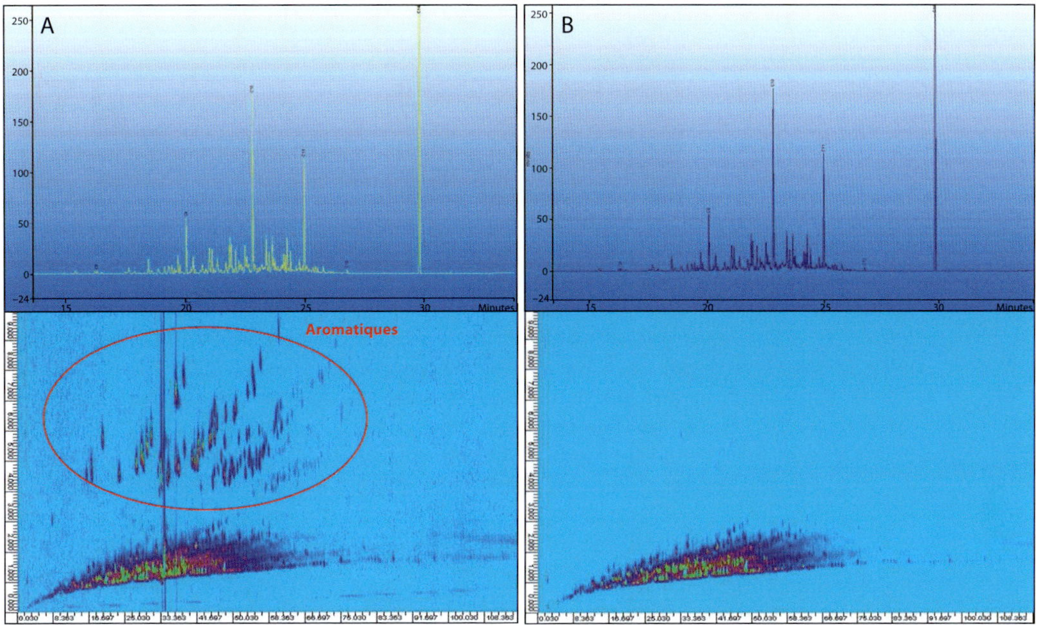

pare les chromatogrammes de deux coupes pétrolières de type White Spirit, l'un avec des composés aromatiques (échantillon A), l'autre ayant subi une étape de désaromatisation (échantillon B). Les deux chromatogrammes supérieurs correspondent à l'analyse chromatographique classique, les deux inférieurs à leur analyse chromatographique bidimensionnelle où l'on voit très clairement apparaître l'ensemble des taches correspondant aux constituants aromatiques (entourés en rouge pour le composé A).

3.3. La « multiconfiguration » des jeux de colonnes apporte des renseignements complémentaires

Le laboratoire a voulu aller plus loin dans la discrimination des coupes pétrolières complexes et s'est attaché à comparer des coupes du type gazole (biodiesel) (***Figure 12***), afin de progresser dans la recherche d'une origine commune, et à défaut de tenter éventuellement de les rattacher à une marque ou à une famille de distribution.

Si la comparaison apparaît relativement simple pour les composés du type White Spirit, elle se complique fortement dans le cas des gazoles ou des fiouls domestiques, pour lesquels 2 500 à 3 000 composés sont visibles en chromatographie bidimensionnelle, alors que seulement 200 à 300 sont détectables avec la chromatographie classique. La multiplication de configurations différentes de jeux de colonnes au sein d'un même chromatographe a permis d'obtenir des compléments d'informations comme cela est visible dans le cas de la ***Figure 13***, qui correspond aux

Figure 11

A) Chromatogrammes une dimension et deux dimensions d'un distillat moyen de pétrole de type White Spirit de référence, contenant une famille de composés aromatiques ; B) chromatogrammes une dimension et deux dimensions d'un White Spirit désaromatisé.

Figure 12

Objectif : comparer les coupes pétrolières de type gasoil ou diesel.

analyses d'un gazole en chromatographie bidimensionnelle. S'il est encore illusoire en l'état actuel de la technique et de nos connaissances d'aller sur l'individualisation de la preuve, c'est-à-dire de pouvoir reconnaître formellement dans des résidus d'incendie la marque et le lieu de distribution (pompe) d'un gazole (ce que les enquêteurs et les magistrats adoreraient), en revanche, le gain obtenu est énorme en termes de discrimination et de comparaison.

La ***Figure 13B*** présente le chromatogramme d'un gazole réalisé avec deux colonnes de propriétés et d'affinités différentes : la première colonne est apolaire et la seconde est polaire, c'est-à-dire qu'elle va séparer les différents constituants selon leur différence de polarité. L'inverse peut être réalisé (***Figure 13C***) : c'est le même produit dans les deux chromatogrammes, mais les conditions chromatographiques, radicalement différentes, fournissent des informations complémentaires qui permettent d'accroître la quantité d'informations disponibles.

Le zoom de la ***Figure 13B*** correspond à l'identification des esters méthyliques d'huiles végétales présents dans le biodiesel. L'utilisation de la détection par spectrométrie de masse (comme troisième dimension théorique de séparation) permet de confirmer la présence spécifique d'une molécule ou d'une famille de molécules au sein de l'espace bidimensionnel.

La ***Figure 13A*** est la représentation en 3D d'une analyse effectuée en deux dimensions dans laquelle l'intensité de chaque pic est représentée par un nuancier de couleurs. Cette vision qui résulte d'un traitement mathématique est particulièrement appréciée des analystes, d'une part parce qu'elle permet de mieux évaluer les proportions relatives des pics pour des zones de l'espace bidimensionnel qui correspondent aux mêmes types de propriétés physicochimiques, d'autre part elle permet également de mieux visualiser les traces et la représentation du bruit de fond. La visualisation d'un pic en volume se veut également « rassurante » pour l'analyste, car les taches obtenues en deux dimensions peuvent s'avérer déroutantes à interpréter.

3.4. Le post-traitement des données

Le volume des données issues des analyses multidimensionnelles est extrêmement important ; il va donc falloir recourir à des outils statis-

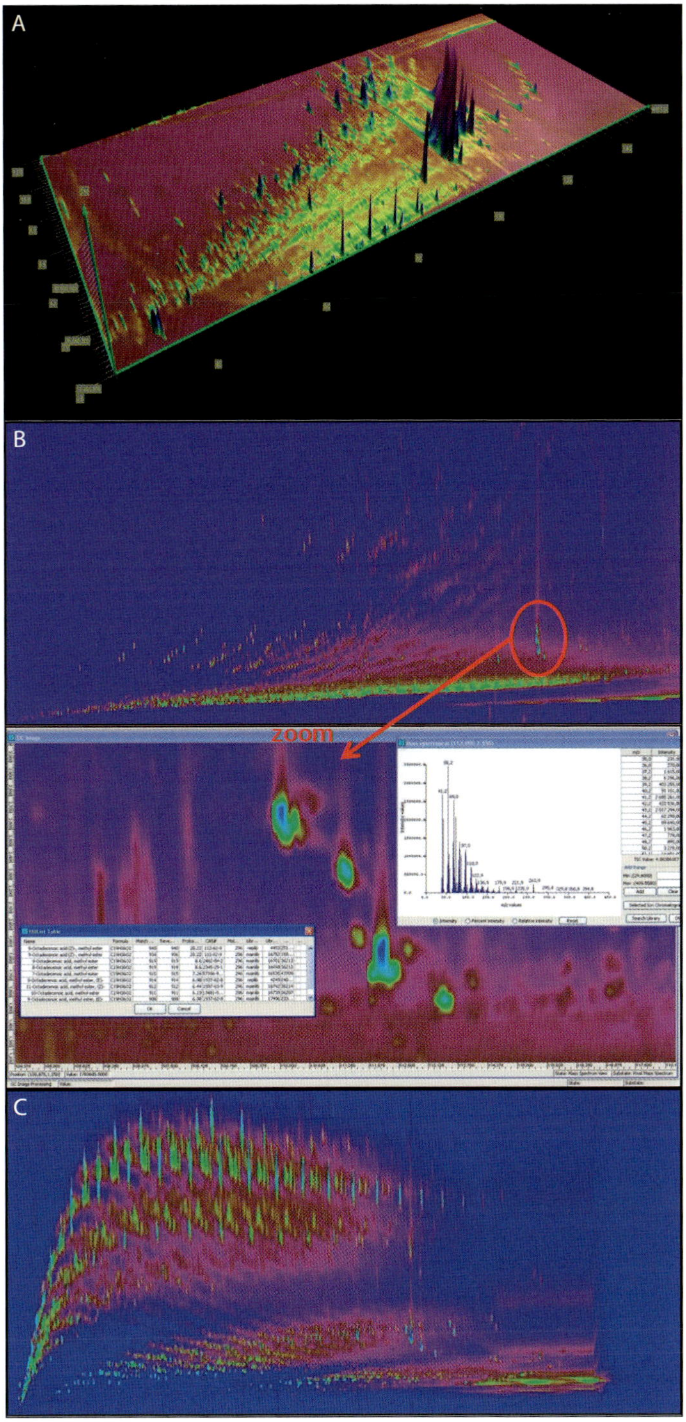

Figure 13

Chromatographie bidimensionnelle d'un gazole : A) chromatogramme en vision 3D ; B et C) chromatogrammes d'un même produit obtenus par deux configurations de colonnes différentes, donnant une complémentarité d'informations liée à une exploitation différente de l'espace bidimensionnel.

tiques et des systèmes de traitement de données pour rendre les résultats d'analyses pertinents.

Dans la première étape du post-traitement, le chromatogramme bidimensionnel est découpé en *région* ou *zones* (***Figure 14A***) de manière à essayer de trouver les composés présentant une variabilité qui pourrait être intéressante à des fins discriminatoires. Cela peut être des composés présents à l'état de traces, mais qui varient d'une marque à une autre, ou d'une saison à une autre (car pour les essences comme les gazoles, il y a des spécifications été, des spécifications hiver et

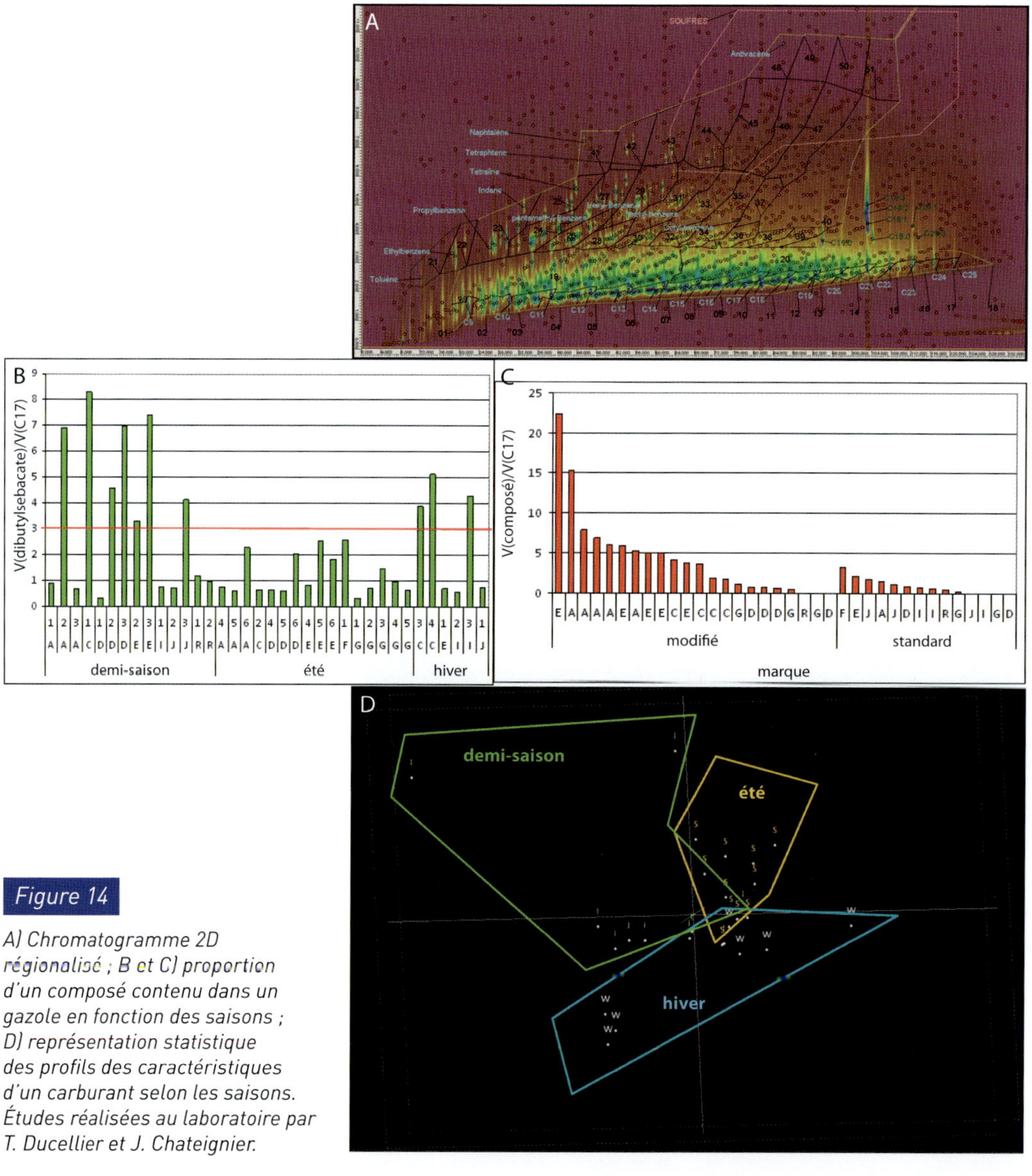

Figure 14

A) Chromatogramme 2D régionalisé ; B et C) proportion d'un composé contenu dans un gazole en fonction des saisons ; D) représentation statistique des profils des caractéristiques d'un carburant selon les saisons. Études réalisées au laboratoire par T. Ducellier et J. Chateignier.

des spécifications intersaison pour répondre aux exigences des motoristes, afin d'éviter des phénomènes de cliquetis pouvant générer des casses-moteur).

L'emploi d'outils statistiques (traitements chimiométriques) a été rendu nécessaire pour exploiter ces données et permettre, à partir de l'ensemble des analyses réalisées sur notre population de carburants de référence détenue au laboratoire, d'entrevoir des possibilités de discrimination entre les gazoles de type été, hiver et intersaison (***Figure 14B*** et ***C***).

4 Les pistes de progrès pour l'avenir

Même en disposant d'outils performants en matière d'analyse et notamment en termes de discrimination et d'association d'échantillons, il faut sans cesse améliorer et élargir la connaissance des produits recherchés. Comme nous l'avons vu, connaître la classification été, hiver ou intersaison des carburants est importante pour conclure à une origine commune ou non. Il faut donc bien connaître les spécifications de chacun de ces produits qui existent sur le marché. Il faut également améliorer la connaissance des matrices interférentes : il apparaît de nouveaux composés et de nouveaux matériaux, et il faut savoir comment ils se comportent, notamment lorsqu'ils sont exposés au feu.

Pour améliorer la précision des résultats d'analyse, il nous faudra encore améliorer la qualité des prélèvements réalisés sur site car le prélèvement est en quelque sorte la première étape de l'analyse. S'il est mal effectué, c'est-à-dire au mauvais endroit ou mal conditionné, quelle que soit la qualité de l'analyse, il ne sera pas possible d'aboutir à résultat correct. C'est pourquoi les enquêteurs suivent une formation afin d'améliorer les prélèvements et de les standardiser pour gagner du temps au niveau du traitement en laboratoire.

L'IRCGN dispose aussi d'un bus laboratoire qui peut se déplacer sur site et amener les systèmes analytiques au plus près de la scène de crime quand cela est possible, de façon à réaliser quelques premières analyses sur place (***Figure 15***). Il reste cependant peu utilisé

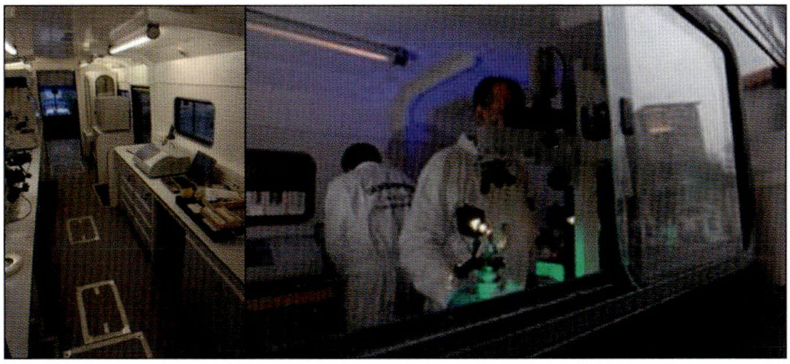

Figure 15

Intérieur du Labunic, un bus laboratoire mobile permettant la réalisation d'analyses sur les scènes de crimes.

pour la partie chimie, sauf lors d'interventions lors de manifestations de type Rave Party qui concernent la mise en évidence de produits stupéfiants.

L'avenir, pour la partie analytique, est d'utiliser tous les couplages à disposition, notamment en matière de chromatographie multidimensionnelle, où apparaissent régulièrement des nouvelles possibilités (**Figure 16**). Même si les produits recherchés peuvent être traités traditionnellement en chromatographie gazeuse, les couplages avec la chromatographie liquide et la spectrométrie de masse présentent, avec les récents progrès informatiques, des potentialités particulièrement intéressantes.

La spectrométrie de masse à haute résolution a tendance à s'imposer dans les laboratoires de chimie analytique en complément indispensable (**Figure 17**) pour l'identification des produits, et notamment lors d'analyses de matrices complexes telles que le gazole.

Figure 16

Le couplage de la chromatographie en phase liquide (CPL) avec la spectrométrie de masse haute résolution (SMHR) fournit des informations complémentaires à la chromatographie en phase gazeuse (CPG).

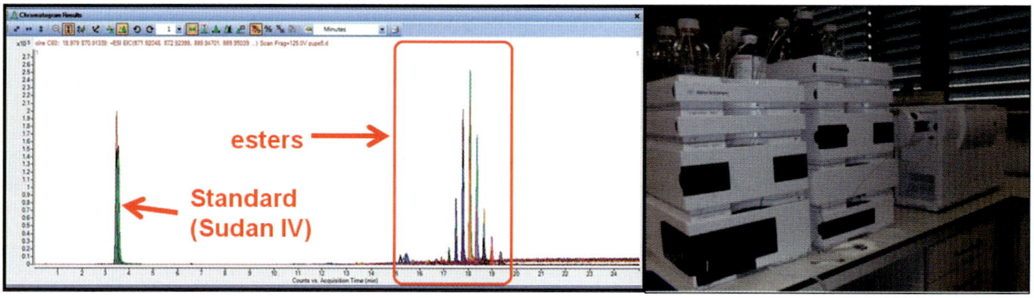

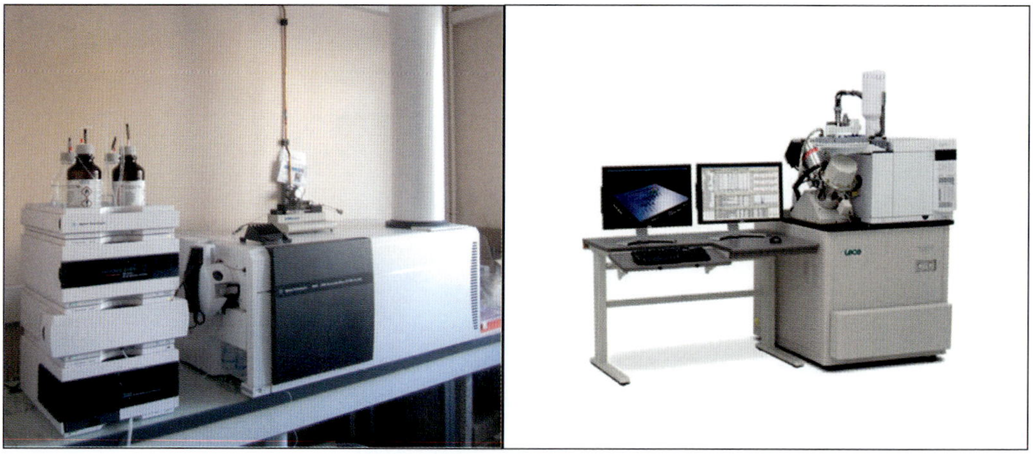

Figure 17

Appareils de spectrométrie de masse à haute résolution.

L'analyse chimique par chromatographie, l'alliée de la criminalistique

Les systèmes de chromatographie multidimensionnelle sont donc une voie d'avenir à développer pour améliorer la réponse des chimistes aux questions posées par les enquêteurs et donc aussi la prévention des incendies.

Il est clair que l'apport de multiples systèmes chromatographiques couplés à la spectrométrie de masse, voire à la spectrométrie de masse haute résolution, constituent ainsi l'avenir dans le cadre d'un plateau technique pluridisciplinaire pour résoudre les affaires criminelles.

En complément, l'emploi des outils statistiques peut s'avérer très utile pour évaluer la pertinence et le poids de chaque type d'analyse, de manière à apporter une réponse globale aux enquêteurs et aux tribunaux.

Pierre Charrue et Bruno Vanlerberghe

Les nouvelles technologies d'investigation des explosifs

Bruno Vanlerberghe est chef des interventions et risques chimiques du pôle Explosifs du Laboratoire Central de la Préfecture de Police (LCPP[1]). Il est aussi membre scientifique du réseau des laboratoires Biotox-Piratox, adjoint Chimie au détachement central interministériel d'interventions techniques et expert technique en sûreté aérienne pour la détection des explosifs.
Pierre Charrue travaille à la direction des applications militaires du CEA[2]. Il est spécialiste dans le domaine des explosifs, et collabore avec plusieurs entités étatiques ainsi qu'avec différentes instances internationales (UE, OTAN).

Mieux vaut prévenir qu'intervenir. Les besoins opérationnels imposent donc la mise en œuvre de systèmes de détection d'explosifs et d'engins explosifs pour la prévention des attentats, que ce soit dans la sécurisation du transport aérien ou dans celle d'infrastructures critiques. Malheureusement, la prévention échoue parfois, et il faut aussi pouvoir disposer de moyens d'analyses et d'investigation post-attentats afin de poursuivre devant la Justice les personnes coupables de tels actes.

Dans la suite de ce chapitre, nous aborderons ces différentes thématiques en les positionnant au cœur de l'organisation générale des dispositifs de sécurité et de la logique qui préside à leur mise en œuvre.

1. Le LCPP est un organisme scientifique pluridisciplinaire placé sous l'autorité du Préfet de Police qui intervient à Paris et en petite couronne sur toutes les questions de sécurité des personnes et des biens, de salubrité et de pollution (site : www.lcpp.fr). Voir le ***Chapitre de P. Carlotti***, dans *Chimie et expertise, sécurité des biens et des personnes*, coordonné par M.-T. Dinh-Audouin, D. Olivier et P. Rigny, EDP Sciences, 2014.
2. www.cea.fr

1 Explosifs et engins explosifs

(par **Bruno Vanlerberghe**)

1.1. Un peu d'histoire

La fabrication des explosifs est connue depuis la nuit des temps puisque la poudre noire fut découverte en Chine en 220 avant Jésus-Christ (***Figure 1***). En 690, les arabes ont utilisé la poudre noire au siège de La Mecque. Et c'est au XIIIe siècle qu'elle est arrivée en Europe.

La poudre noire est un mélange de salpêtre, c'est-à-dire du nitrate de potassium, ou éventuellement du nitrate de sodium, auquel sont ajoutés 15 % de charbon de bois, qui fournit le carbone, et 10 % de soufre. Cette recette simple a fait merveille pendant de nombreux siècles.

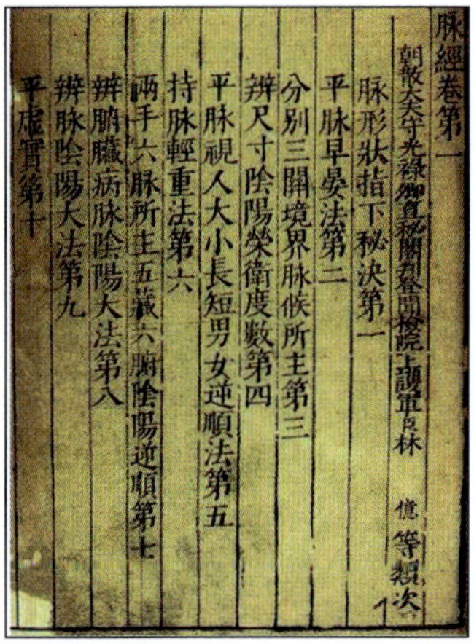
脈經卷第一
朝散大夫守光祿卿直秘閣判登聞檢院上護軍臣林億等類次
脈形狀指下秘決第一
平脈早晏法第二
分別三關境界脈候所主第三
辨尺寸陰陽榮衛度數第四
平脈視人大小長短男女逆順法第五
持脈輕重法第六
兩手六脈所主五藏六腑陰陽逆順第七
辨臟腑病脈陰陽大法第八
辨脈陰陽大法第九
平虛實第十

Figure 1

La poudre noire a été découverte en Chine en 220 av. J.-C.

1.2. Qu'est-ce qu'un explosif ?

1.2.1. Généralités

Un explosif est un assemblage d'atomes oxydants et d'atomes réducteurs séparés les uns des autres. Les atomes réducteurs peuvent être du carbone, de l'hydrogène ou du soufre. Les atomes oxydants sont essentiellement constitués d'oxygène ou d'atomes d'halogènes tels que le fluor ou le chlore.

Au sein d'une molécule explosive, les atomes d'oxydants et réducteurs sont séparés par un atome neutre qui est l'azote. De tels groupements chimiques sont appelés « **groupements explosophores** » puisqu'ils sont à l'origine du comportement explosif de ces matériaux. Parmi ces groupements explosophores, on trouve —NO, $C—NO_2$, $C—O—NO_2$, $N—NO_2$. Il en existe donc de plusieurs types que nous ne détaillerons pas ici.

Les groupements explosophores comme NO_2 sont les réserves d'oxygène actif. Lorsque l'on casse ces liaisons, les atomes d'oxygène se recombinent instantanément avec les atomes réducteurs présents (carbone, hydrogène, soufre) pour former des molécules simples de type H_2O, CO, CO_2, en libérant l'énergie de formation de ces molécules de manière très rapide. L'ensemble de ces molécules constitue ce que l'on appelle les **produits de détonation**. Ces gaz chauds, en se détendant dans l'environnement immédiat de la décomposition, conduisent à la formation d'une onde de choc qui va générer des effets mécaniques et thermiques très importants sur l'environnement. C'est ce que l'on regroupe généralement sous le vocable « d'explosion ».

Les explosifs peuvent être utilisés pour générer une onde de choc aérienne et/ou pour projeter des matériaux à grande vitesse (cas des obus d'artillerie, par exemple). Ces projectiles engendrent des dégâts très importants sur l'environnement plus ou moins lointain de l'explosion.

Les substances explosives existent sous deux formes :

– les **substances explosives** en mélange qui fonctionnent par association de différents constituants complémentaires pour former un système oxydo-réducteur métastable.

C'est le cas par exemple de la poudre noire, d'un mélange de nitrate d'ammonium et de fioul (ANFO), ou encore de chlorate (ClO_3^-) et de sucre ;

– les **composés explosifs** : ce sont des corps purs qui possèdent au sein de leurs structures moléculaires à la fois des groupements oxydants et des groupements réducteurs qui leurs confèrent les propriétés annoncées précédemment.

La ***Figure 2*** présente des exemples de familles de telles molécules explosives :

– des esters nitriques, comme la nitroglycérine (NG), la pentrite (PETN) ;

– les nitroaromatiques, comme le Tétryl, le TNT ;

– les nitramines, comme le RDX, le HMX ;

– les explosifs peroxydes, comme le TATP, utilisé fréquemment par des groupes terroristes.

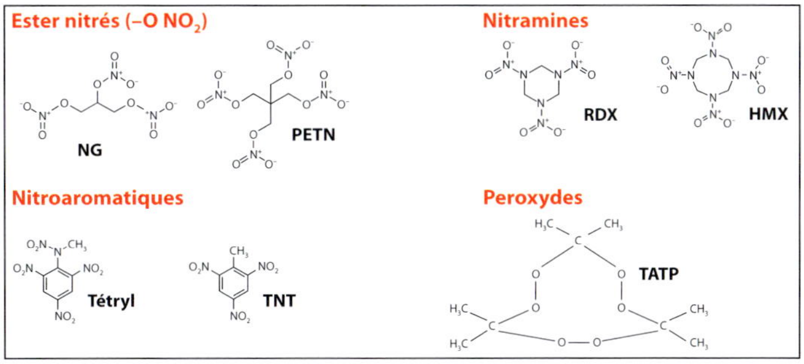

Figure 2

Exemples de molécules explosives.

1.2.2. Classification des explosifs

On peut aussi les classer les explosifs selon deux types (***Figure 3***) :

– les **explosifs primaires**, qui sont des explosifs extrêmement sensibles. Ils n'ont qu'un seul régime de décomposition : la détonation. Ils explosent extrêmement facilement et ils constituent l'explosif majoritairement présent dans les détonateurs commerciaux, même si on y ajoute un peu d'explosif secondaire ;

– **les explosifs secondaires** sont eux beaucoup plus diversifiés puisqu'on retrouve les produits décrits précédemment, c'est-à-dire soit des compositions explosives type nitrate-fioul, soit des corps purs comme la pentrite et le tétryl. Ils peuvent présenter plusieurs régimes de décomposition : la combustion, la déflagration, la détonation, sachant que l'on peut passer du régime de combustion au régime de détonation selon l'environnement du matériau explosif. On les trouve essentiellement dans les charges principales qui constituent les munitions. Ils sont aussi utilisés dans des applications civiles dans les mines et carrières, et aussi comme « booster » pour favoriser l'amorçage de certains explosifs très peu sensibles.

Figure 3

Les explosifs primaires et les explosifs secondaires.

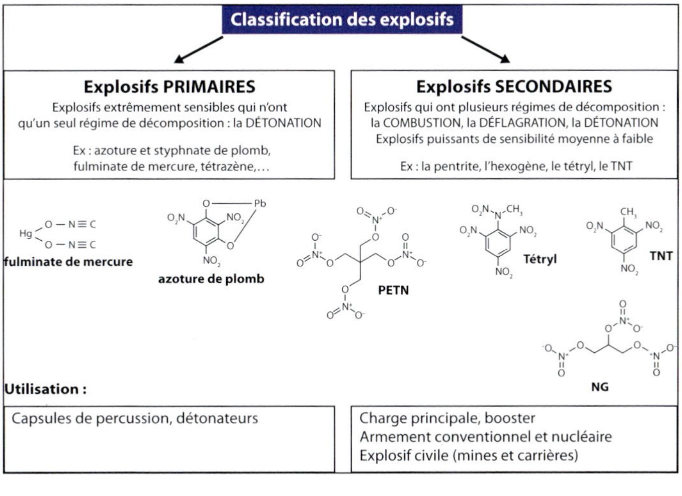

1.2.3. Les régimes de décomposition des explosifs

– **La combustion, la déflagration** : la zone de réaction se déplace dans le milieu initial par conduction thermique. Le volume, la pression et la vitesse matérielle varient de façon continue, et les vitesses caractéristiques sont de l'ordre de quelques millimètres par seconde à quelques centaines de mètres par seconde ;

– **La détonation** : la vitesse de réaction se déplace dans le milieu initial par une onde de choc. Le volume, la pression, la température et la vitesse matérielle subissent une discontinuité (***Figure 4***). Les vitesses caractéristiques sont de plusieurs kilomètres par seconde.

Les quelques exemples suivants illustrent les différences de vitesses de propagation du front de réaction : pour la poudre noire c'est 400 mètres par seconde ; pour le nitrate-fioul, c'est déjà 3 500 mètres par seconde ; pour la dynamite, c'est 6 500 mètres par seconde, et pour la pentrite, 8 000 mètres par seconde.

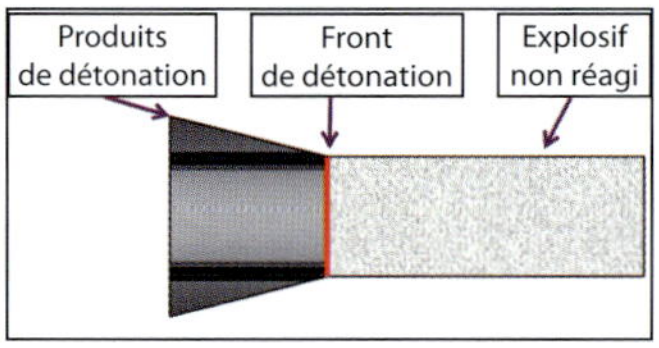

Figure 4

Déplacement d'une onde de choc dans une détonation.

1.2.4. Les composants d'un engin explosif artisanal

Les composants d'un engin explosif artisanal sont reportés sur la ***Figure 5***. Le système de déclenchement peut être un téléphone portable, une minuterie, un système à pression, et même une pince à linge qui, sous ouverture d'un contact, vont provoquer l'explosion.

La source d'énergie est généralement une pile.

L'initiateur est un détonateur, et la charge explosive peut être de plusieurs centaines de grammes à plusieurs kilos, voire plusieurs centaines de kilos s'il s'agit, par exemple, d'un véhicule qui est piégé.

Tout cet ensemble est dissimulé dans un emballage. Certains systèmes ont deux emballages, le premier pour la charge explosive (par exemple une boîte Tupperware ou une bouteille de gaz), et le second pour le transport de l'ensemble est très varié, le but étant d'être le plus discret possible.

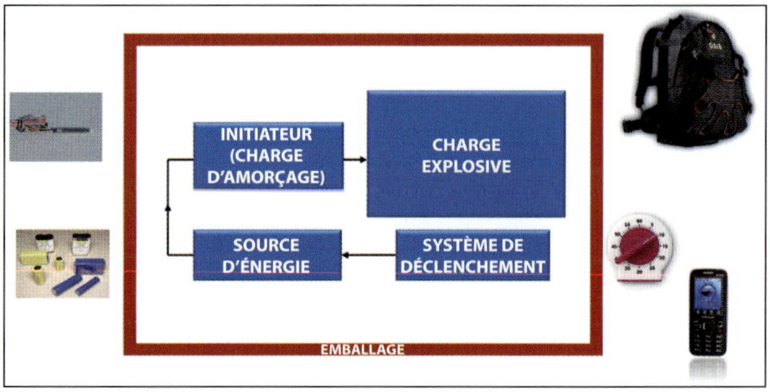

Figure 5

Composants d'un engin explosif artisanal.

1.3. Les explosifs : une menace permanente

Les attentats ne datent malheureusement pas d'aujourd'hui. La première « machine infernale » explose en 1800, sur le passage de la voiture du Premier Consul Napoléon (***Figure 6A***). En 1835, a eu lieu un attentat à l'explosif contre Louis-Philippe, qui devait passer en revue la garde nationale sur les grands boulevards, à Paris (boulevard du Temple, ***Figure 6B***). En 1858, Félice Orsini et quatre complices jettent trois bombes sur le cortège Impérial qui se rendait à l'Opéra (***Figure 6C***). À l'époque, il n'y avait ni moyens de détection, ni moyens d'analyses pour prévenir ces attentats !

Plus récemment, malgré les moyens de prévention mis en place, plusieurs attentats terribles restent dans la mémoire collective : Madrid en 2004 (192 morts, 1750 blessés), Londres en 2005 dans le métro et dans les bus (52 morts, 700 blessés), Oslo en 2011 (une voiture garée devant un bâtiment officiel contenant plusieurs centaines de kilos d'explosifs), Boston lors du marathon de Boston (un sac déposé parmi la foule), Tripoli en 2013 (une voiture explose devant l'ambassade de France), et enfin Volgograd en 2013. On retrouve le principe, souvent utilisé par les terroristes, d'attaquer les réseaux de transports, que ce soit les bus ou les gares.

Pour déjouer les mesures de prévention mises en place, les terroristes font preuve d'inventivité qu'il faut essayer d'imaginer : par exemple l'utilisation de substances liquides en 2006, ou encore la tentative de dissimulation des explosifs dans une imprimante transportée par un vol commercial en 2010.

1.4. Les sources d'approvisionnement des explosifs

La ***Figure 7*** résume les principales sources d'approvisionnement des explosifs.

Ils peuvent être dérobés dans les mines et carrières, bien que ces lieux soient de plus en plus protégés. Chaque année pourtant, plusieurs centaines de kilos d'explosifs sont retrouvés lors de perquisitions réalisées dans des affaires de banditisme, essentiellement sous forme de pains d'explosifs issus de trafics principalement en provenance de l'est de l'Europe.

La littérature sur la fabrication d'explosifs artisanaux est

Figure 6

A) Attentat contre Napoléon, le 24 décembre 1800, 22 morts et 56 blessés ; B) attentat contre Louis-Philippe, le 28 juillet 1835, 18 morts et 42 blessés ; C) attentat contre Napoléon III, le 14 janvier 1858, 8 morts et 150 blessés.

Figure 7

Les sources d'approvisionnement des explosifs sont multiples.

malheureusement extrêmement riche, notamment *via* Internet où l'on trouve des informations plus ou moins pertinentes. Les terroristes utilisent les explosifs parce qu'ils sont malheureusement encore trop facilement accessibles.

1.5. Les cibles potentielles d'attentats

La prévention exige de prendre en compte et de protéger les principales cibles potentielles des attentats, que sont essentiellement la foule, les bâtiments publics, les stades, les transports de masse (trains, métros et avions) (***Figure 8***). Les derniers attentats en France datent des années 1990. Il y a eu également dans un passé récent des attaques contre les transports maritimes comme celle du golfe d'Aden, dans les années 2000, où un petit bateau est venu accoster un pétrolier avec l'intention de le couler.

Les autres cibles potentielles sont les infrastructures critiques de fonctionnement des institutions nationales comme les administrations, les industries, les industries à risques, les centrales nucléaires.

2 La détection des explosifs

(par **Pierre Charrue**)

La lutte contre le terrorisme est essentiellement faite en amont (***Figure 9***). Les services de renseignements de la police et de la gendarmerie sont les plus efficaces dans cette lutte et permettent heureusement d'arrêter la plupart des attaques.

Malheureusement, il demeure toujours un risque qui néces-

Figure 8

Les cibles potentielles des attentats : stades, foule, bâtiment public, transport de masse, aviation, transport maritime, administration, industrie, centrale nucléaire, police, renseignement, etc.

Sources : Wikipédia : métro : Licence CC-BY-SA-3.0, Pline ; piste d'avion : Licence CC-BY-2.0, Phillip Capper ; cargo : Licence CC-BY-SA-2.5, Ra Boe.

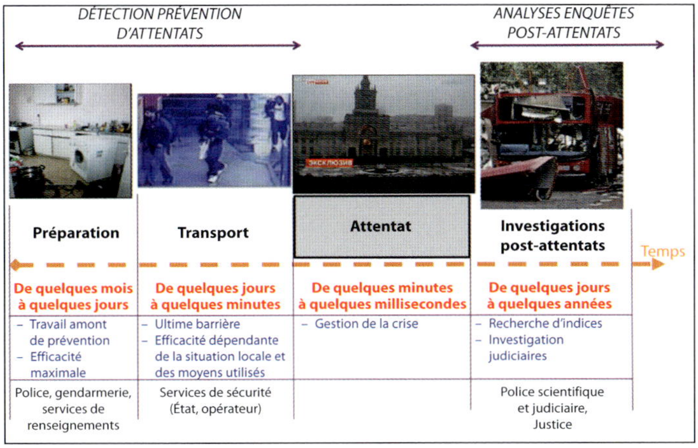

Figure 9

Les différents moments de détection d'explosifs.

site de mettre en place une ultime barrière pour que les porteurs de ces engins de mort soient détectés avant qu'ils n'arrivent dans les infrastructures et qu'ils n'atteignent leur cible. Les moyens utilisés sont des moyens de détection locaux comme ceux des aéroports et de toutes les infrastructures protégées.

Lorsque la pré-détection a malheureusement échoué, il faut gérer la crise et diligenter le travail d'investigation post-attentat (ce qu'on appelle aussi le « forensic »), où des moyens d'analyses de traces sont mis en œuvre au profit de l'enquête pour remonter les filières et arrêter les auteurs de ces attaques.

2.1. Les défis de la détection des explosifs

Il faut prendre en compte le fait que les configurations et conditions d'emploi des engins explosifs sont extrêmement variables, et qu'il y a par conséquent de nombreux défis à relever pour détecter des explosifs dans des infrastructures.

D'abord, il faut **localiser la charge**, qui peut être par exemple une bombe humaine, une valise abandonnée, ou encore un véhicule piégé.

Il faut **tenir compte de la diversité des environnements** : les conditions pour protéger une infrastructure critique à partir de l'extérieur sont différentes de celles à mettre en œuvre dans un aéroport.

Il faut **déjouer** les tentatives des auteurs d'attentats qui masquent la présence d'explosifs en utilisant **des emballages particuliers**, **des leurres**, etc. Pour que le système soit opérationnel, il faut éviter les fausses alarmes, qui, en plus d'aller l'encontre de l'objectif recherché, peuvent avoir un impact important sur l'exploitation des infrastructures critiques, en particulier dans le cas du transport de masse.

Il faut **une réponse rapide et adaptée à la diversité des configurations**. Il existe déjà une très grande variété d'explosifs, et malheureusement cette menace est en perpétuelle évolution. De plus, les formes physiques de ces matériaux explosifs sont très variables : des solides, des gaz, des liquides, des gels, etc. Il faut savoir sonder à travers des vêtements, des emballages, des parois. Il faut généralement maîtriser plusieurs techniques simultanément pour éviter les effets de masquage, définir les scénarii d'utilisation et connaître les limites d'emploi de ces techniques dans les conditions opérationnelles.

Toutes ces conditions montrent qu'il n'y a pas de solution simple et unique pour répondre au problème, et qu'il faut adapter les moyens de détection aux conditions du terrain, ainsi qu'à la nature des menaces à identifier. Pour ce faire, différents moyens de détection, basés sur des principes physiques variés, ont été développés ou sont en cours de développement dans les laboratoires, afin de faire face à ces différents défis que représente la détection des explosifs.

2.2. Les moyens de détection

On a deux grandes catégories de détecteurs (***Figure 10***) :

– les détecteurs actifs : ils émettent un signal qui interagit avec la cible, et le signal ainsi modulé est capté, décrypté et analysé pour voir s'il y a lieu ou pas de déclencher une alerte ;

– les détecteurs passifs sont ceux où le corps ou l'objet suspect émet lui-même le signal qui peut les perdre. Ce sont par exemple l'émission de vapeurs de matériaux explosifs, ou encore des variations de températures sur une personne qui révèlent la présence d'un objet masqué, etc.

2.2.1. Principe du détecteur actif

Dans un détecteur actif (***Figure 11***), l'émetteur émet une onde électromagnétique vers une personne ou un objet à contrôler ; cette onde peut être soit réfléchie par l'objet, soit transmise à travers l'objet. Dans les deux cas, l'onde sera modulée par rapport à l'onde incidente. Dans le cas de la réflexion d'onde,

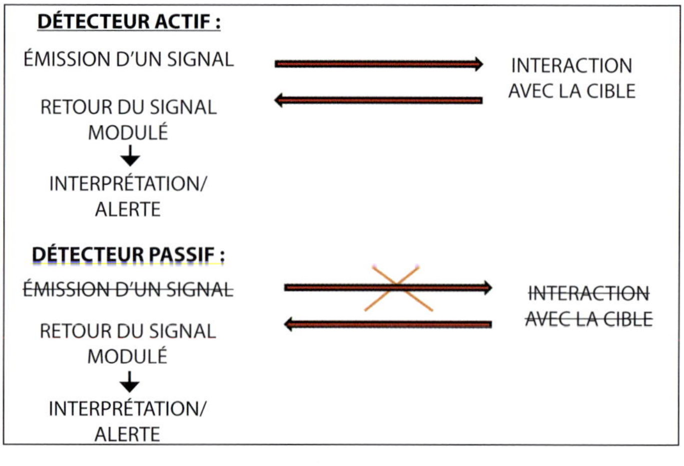

Figure 10

Les deux grandes catégories de détecteurs.

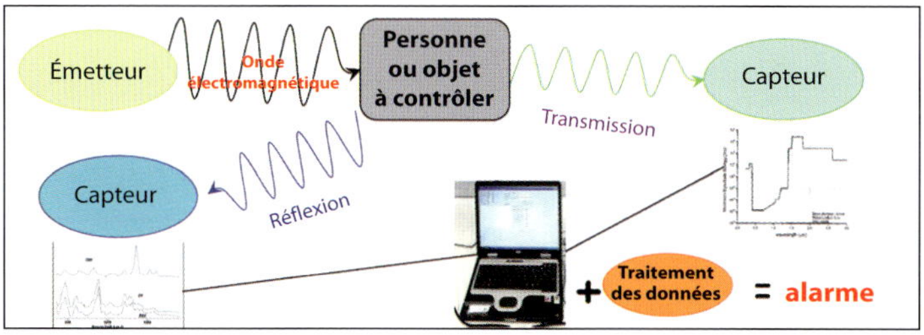

Figure 11

Principe du détecteur actif.

on obtient essentiellement un spectre de la surface ou un spectre à faible profondeur. En transmission, l'onde traverse l'objet ou la personne, derrière lesquels on récupère un signal modulé qui présentera des caractéristiques exploitables pour une interprétation.

La **détection** peut être faite à distance dans les deux modes par des **capteurs dédiés**. On peut avoir des réponses multiples : de l'imagerie et, par exemple, une réponse spectrale dans certaines conditions. Les temps de détection peuvent être relativement rapides (inférieurs à la seconde).

Et l'on peut faire des contrôles à poste (personne par personne) ou en masse, c'est-à-dire à la volée. Mais il existe toujours une possibilité de masquage pour chaque type de technologie considérée. Il existe des technologies très efficaces mais elles ne sont pas toujours applicables sur l'homme, c'est le cas des technologies d'analyse par rayons X (« *RX backscattering* »), que l'on ne peut pas utiliser en France.

D'une manière générale, les machines doivent respecter une réglementation extrêmement précise et stricte, applicable à la manipulation de ces faisceaux-sondes, en présence du grand public.

La ***Figure 12*** présente le domaine spectral des ondes électromagnétiques utilisées ou utilisables. À gauche, figurent les rayonnements durs à très courtes longueurs d'ondes ou rayonnements ionisants (rayons X et rayonnement UV), qui peuvent traverser des objets ou des vêtements, ce qui peut être intéressant pour sonder des bagages, des colis ou examiner à distance certains objets suspects. Cependant, ces rayonnements ne sont évidemment pas utilisables sur des personnes ou sur des animaux. À droite, on trouve les rayonnements de plus grandes longueurs d'ondes, qui peuvent traverser des vêtements avec plus ou moins de facilité, et

Figure 12

Domaine spectral des ondes électromagnétiques utilisées dans les détecteurs actifs.

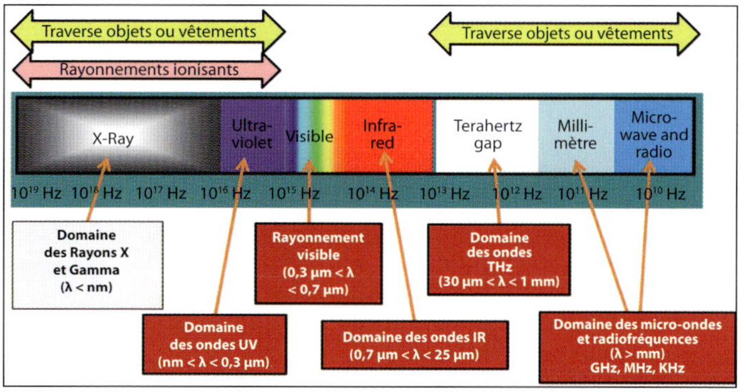

vont également apporter des informations complémentaires pertinentes. Au milieu, se trouvent les rayonnements dans le visible et l'infrarouge, également utilisés pour obtenir en réflexion essentiellement des informations de surface (spectres de réflexion).

2.2.2. Principe du détecteur passif

Un détecteur passif est applicable sur l'homme puisqu'aucune onde ne le traverse (***Figure 13***). Le masquage est plus difficile dans la mesure où l'on est vraiment proche de l'objet ou de la personne à contrôler, et l'on peut faire du contrôle à poste. Ce sont des techniques qui présentent un bon niveau de sensibilité, voire de sélectivité. En cas d'alarme, la détection est vérifiée par les prélèvements au contact (par exemple typiquement ce qui est fait dans les aéroports), car il n'y a pas de localisation de la menace. On peut toutefois avoir des temps de mesure longs, et une robustesse d'emploi qui dépend des conditions d'utilisation et d'environnement opérationnel.

2.3. Les différents types de détecteurs actifs

2.3.1. Détecteur à rayons X

Les détecteurs actifs utilisant les rayons X sont ceux utilisés dans les aéroports pour l'inspection des bagages. Ces systèmes permettent d'identifier avec une bonne précision la forme des objets, d'en mesurer la densité, et un numéro atomique moyen Z, qui est un paramètre physique caractéristique d'un matériau.

Le CEA a développé d'autres types de technologies, en particulier des capteurs spectrométriques qui permettent, en plus, d'analyser le spectre rayons X de l'objet examiné (***Figure 14***).

Mais cette technologie RX présente plusieurs inconvénients. Elle ne peut être mise en œuvre uniquement que pour des contrôles à poste, et

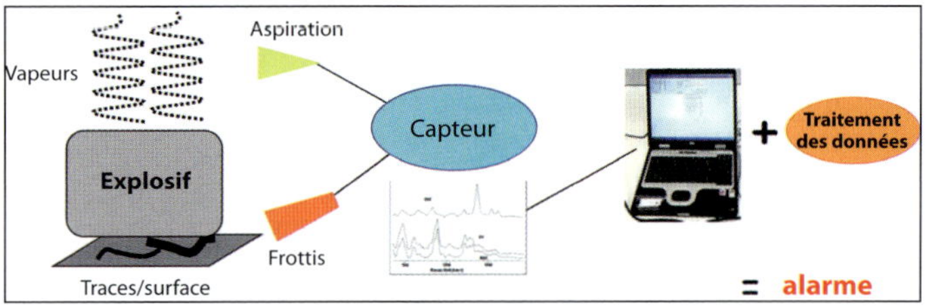

Figure 13

Principe du détecteur passif.

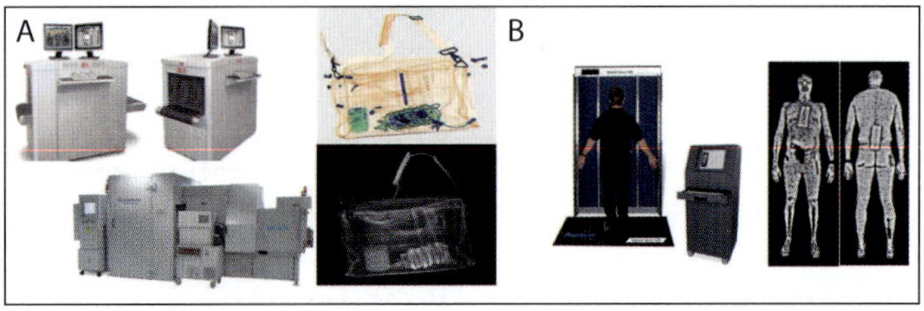

Figure 14

Utilisations du détecteur à rayons X pour les objets (A) et pour l'homme (B) (« back scattering »).

il faut que ces machines soient servies par un personnel bien formé. Les coûts d'acquisition sont relativement significatifs. De plus, pour des problèmes d'éthique et de réglementation, ce type de détecteur n'est pas facilement utilisable sur l'homme : sur la ***Figure 14B*** est représenté un système que l'on appelle le *back scattering*, qui utilise du rayonnement X rétrodiffusé[3]. Ces systèmes ont essentiellement été développés aux États-Unis et mis en place dans certains aéroports américains (à Washington par exemple), mais viennent d'être retirés suite aux plaintes répétées des ligues de défense citoyenne américaines.

2.3.2. Détecteur à rayonnements neutroniques

Le détecteur à rayonnement neutronique utilise le principe de la diffusion élastique en réflexion et transmission du rayonnement[4]. C'est une technologie qui permet d'accéder à essentiellement deux paramètres : les mesures de densité et la composition élémentaire d'un objet suspect (mesure du Z moyen), dans un endroit particulier qui aura été préalablement repéré. Cette technologie fonctionne bien ; des prototypes ont été étudiés depuis longtemps, et, il y a quelques années, développés en particulier pour des contrôles de conteneurs maritimes (***Figure 15***). Malheureusement, cette technologie a du mal à s'implanter. Aujourd'hui, ce sont encore des prototypes qui sont utilisables pour contrôler des bagages abandonnés. Ces technologies, assez intéressantes, restent malgré tout difficiles à mettre en œuvre en France du fait d'une réglementation compliquée. Les Russes, en revanche, l'utilisent en association avec des rayons X pour le contrôle des bagages dans certains aéroports.

Figure 15

Détecteur à rayonnements neutroniques.

2.3.3. Détecteur à ondes infrarouges

Différents systèmes travaillent dans le domaine des ondes infrarouges (***Figure 16***). Les technologies à grande distance permettent par exemple d'explorer la surface d'un véhicule ou l'arrière d'un camion ou d'une camionnette. L'imagerie infrarouge peut être utilisée pour repérer certaines fréquences caractéristiques des molécules explosives présentes sur une surface ; ces images sont souvent superposées aux images réelles obtenues par vidéo. Cette technologie est utilisée pour détecter et localiser les traces de certains explosifs qui peuvent même être ainsi identifiés.

L'Institut de recherche allemand Fraunhofer a développé une technologie de ce type appelée IRLDEX. Les États-Unis utilisent également l'imagerie infrarouge dans une configuration comparable. On peut aussi utiliser l'infrarouge en mode cohérent grâce aux lasers, et cela dans

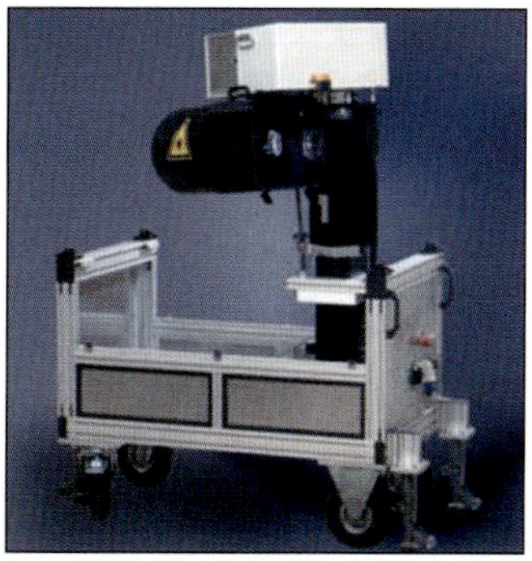

Figure 16

Détecteur à ondes infrarouges.
Source : Fraunhofer Institute.

3. Le rayonnement X rétrodiffusé est un rayon X qui est dévié de sa trajectoire pour revenir vers sa position initiale.
4. La diffusion élastique en réflexion et transmission de rayonnement est un phénomène complexe d'interaction entre le matériau analysé et le rayonnement qui le traverse.

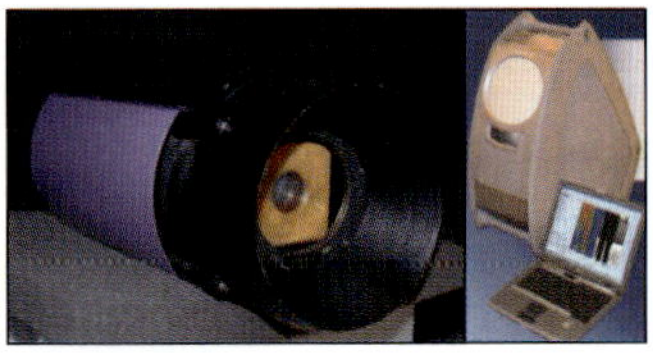

Figure 17

Utilisations du détecteur à ondes térahertz.

le cadre de la réglementation. Celle-ci impose que les lasers qui n'appartiennent pas à la classe 1[5] ne puissent pas être utilisés en présence de public (pour la protection des yeux). Ne sont utilisables que les lasers « eye safe ».

2.3.4. Détecteur à ondes térahertz

Le domaine des ondes térahertz[6] correspond aux fréquences entre 500 et 5 000 gigahertz (***Figure 17***). Cette technologie de détection peut être utilisée en mode actif ou en mode passif. Elle permet de faire de l'imagerie sur des objets cachés sous des vêtements. Toutefois, l'inconvénient majeur de ce domaine de fréquences est qu'il faut tenir compte des bandes de rotation[7] des petites molécules présentes dans l'air. Il faut donc travailler sur des fenêtres spectrales[8] bien particulières. Cette technologie est néanmoins très intéressante pour un contrôle de second niveau, par exemple pour identifier sous une chemise un objet suspect. Elle permet aussi, par exemple, dans le cadre d'une technologie développée au Japon, de rechercher et identifier la présence de poudres suspectes dans des enveloppes.

2.3.5. Détecteur à ondes millimétriques

Le domaine des ondes millimétriques est utilisé dans les portiques appelés « body-scanner » (***Figure 18***). Ces technologies commencent à apparaître dans certains aéroports européens, en particulier à Amsterdam Schiphol en Hollande. Ce type de technologie permet de repérer, sous les vêtements, la présence d'objets suspects, ce qui par ailleurs peut poser des problèmes éthiques. C'est pour cela que la France était jusqu'à une période récente plutôt réticente à son déploiement sur certaines infrastructures critiques.

5. On classe les lasers selon une échelle de 1 à 4, où les lasers de classe 1 sont les moins dangereux et nécessitent peu de précaution, tandis que les lasers de classe 4 peuvent provoquer un incendie ou des brûlures de la peau.
6. 1 THz = 10^{12} Hz = 1 000 000 000 000 Hz.
7. La bande de rotation d'une molécule est la partie du spectre caractéristique du mouvement de rotation de cette molécule sur elle-même.
8. En spectroscopie, la fenêtre est un intervalle d'énergie dans lequel on peut étudier la molécule.

Figure 18

Utilisations du détecteur à ondes millimétriques.

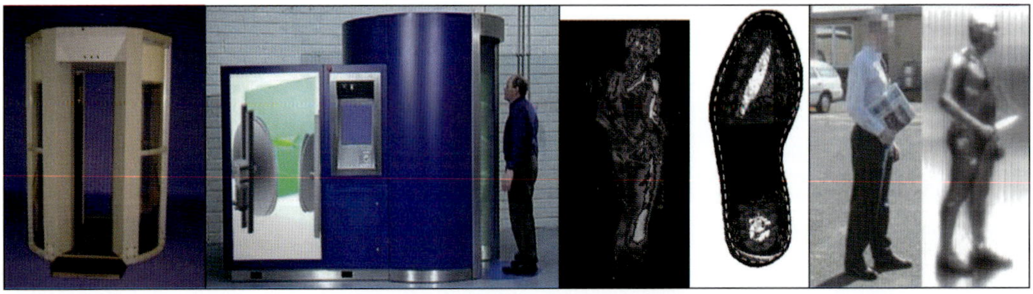

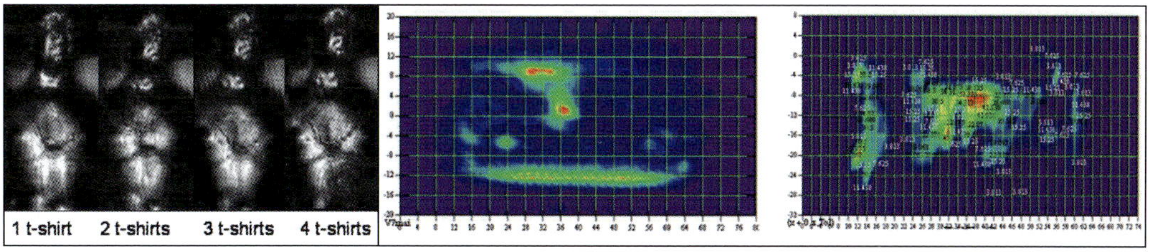

Figure 19

Utilisations du détecteur à micro-ondes (spectres obtenus).

2.3.6. Détecteur à micro-ondes

Les micro-ondes, dans le domaine des ondes millimétriques, correspondent aux ondes radars, c'est-à-dire typiquement en dessous des fréquences de l'ordre de 100 gigahertz (***Figure 19***). Ces ondes ne permettent pas d'obtenir des images très bien résolues, elles ne permettent que la reconnaissance des formes, de sorte que la question de la protection de la vie privée ne se pose pas de la même manière que précédemment. Ces technologies sont actuellement en forte évolution du fait de développements multiples.

2.3.7. Détecteur à radiofréquences

Ces détecteurs utilisent les ondes de fréquences inférieures au gigahertz, typiquement de l'ordre de quelques mégahertz. Cette technologie permet d'identifier les structures cristallines contenant des atomes d'azote par une technique dite de Résonance Quadripolaire Nucléaire (RQN). Tous les explosifs azotés ont un spectre RQN caractéristique, non ambigu quand il est identifié. Mais cette technologie n'est encore qu'à l'état de prototype et n'est applicable qu'à des explosifs solides ; il faut la coupler avec une autre technologie, par exemple l'imagerie IRM ou la RMN[9], pour être efficace. L'une des premières tentatives d'application présentée est ce qu'on appelle le « shoe-scanner », dont l'objectif est de repérer de l'explosif présent dans les chaussures (***Figure 20***). Cette méthode est issue de l'affaire « Reid » survenue il y a quelques années.

2.3.8. Comparaison des différents types de détecteurs actifs

Les avantages et les inconvénients des différents types de détecteurs actifs sont comparés dans le ***Tableau 1***.

Figure 20

Utilisations du détecteur à radiofréquences.

9. RMN : la résonance magnétique nucléaire est une propriété de certains noyaux d'atomes dans un champ magnétique. La spectroscopie RMN permet d'obtenir un spectre de ces noyaux atomiques caractéristiques des atomes, ce qui permet d'accéder à la composition du matériau analysé. L'imagerie par résonance magnétique (IRM) est une technique magnétique reposant sur la RMN et permettant d'obtenir des images 2D et 3D d'un objet caché (par exemple pour observer des organes sans intervention sur le corps).

Tableau 1

Avantages et les inconvénients des différents types de détecteurs actifs.

Avantages	Inconvénients
Domaine des rayons X	
- Technologie disponible et ayant largement fait ses preuves (contrôle des bagages pour aviation civile) - Mesure rapide	- Contrôles à poste uniquement Personnel « formé » - Coût d'acquisition et de fonctionnement (20 k€ à quelques M€) - Non applicable sur l'homme en France
Domaine des rayonnements neutroniques	
- Grand pouvoir de pénétration (envisageable pour le contrôle de containers et cargos) - Masquage difficile - Imagerie possible	- Contrôles à poste uniquement - Technologie non mature (pas commercialisée) - Coût d'acquisition et de fonctionnement - Non applicable sur l'homme (sanitaire et réglementaire) - Contraintes réglementaires (aspects opérationnels)
Domaine des ondes infrarouges	
- Mesures à grandes distances (plusieurs mètres) - Contrôles de masse - Mesure rapide - Traces/surface : difficilement contrôlable par les terroristes	- Pas de pouvoir de pénétration - Faible surface éclairée - Technologie portable mature (commercialisée) - Coût d'acquisition et de fonctionnement - Difficile à appliquer à l'homme (RAMAN) - Contraintes réglementaires (aspects opérationnels)
Domaine des ondes THz	
- Mesures à distance (plusieurs mètres pour l'imagerie) - Capacité moyenne de pénétration des vêtements - Contrôles de masse - Applicable sur l'homme - Technologie en début de commercialisation	- Pouvoir de pénétration limité - Technologie adaptée surtout pour les explosifs solides - Coût d'acquisition - Spectroscopie non mature - Sources THz stables et large bande difficilement accessibles
Domaine des ondes millimétriques	
- Mesures à distance (plusieurs mètres) - Capacité de pénétration des vêtements - Contrôles à poste ou de masse - Applicable sur l'homme - Technologie commercialisée	- Pouvoir de pénétration limité - Forme suspecte = explosif ? (levée de doute indispensable) - Coût d'acquisition - Aspects éthiques (protection vie privée)

Tableau 1

(suite)

Avantages	Inconvénients
Domaines des micro-ondes	
- Mesures à distance - Capacité de pénétration des vêtements - Contrôles à poste - Applicables sur l'homme - Technologie commercialisée (domaine en forte évolution, STANDEX)	- Forme suspecte = explosif ? (levée de doute indispensable) - Coût d'acquisition (quelques dizaines de k€)
Domaine des radiofréquences	
- Grande sensibilité - Contrôles à poste - Mesure rapide - Identification - Possibilité de couplage RGN/IRM (détection solides et liquides)	- Pouvoir de pénétration limité (masquage) - Sensibilité - Technologie adaptée pour les explosifs solides et cristallisés à base d'N uniquement - Coût d'acquisition - Difficilement applicable sur l'homme en l'état (normes radiofréquences) -Interférences magnétiques

2.4. Exemples de détecteurs passifs

Les pressions de vapeurs de matériaux explosifs sont reportées sur la ***Figure 21***. Les pressions de vapeur sont technologiquement détectables jusqu'au ppb (partie par milliard ; 1 ppb = 0,000 000 1 %). En dessous de ces concentrations, la chose est plus difficile à cause des interférents potentiels présent dans l'air, l'hygrométrie ou les polluants atmosphériques. Les détecteurs passifs doivent aussi être sélectifs.

2.4.1. Détecteurs biologiques

Les détecteurs biologiques utilisent principalement une réponse physiologique, et en particulier l'odorat d'animaux. Ces détecteurs un peu parti-

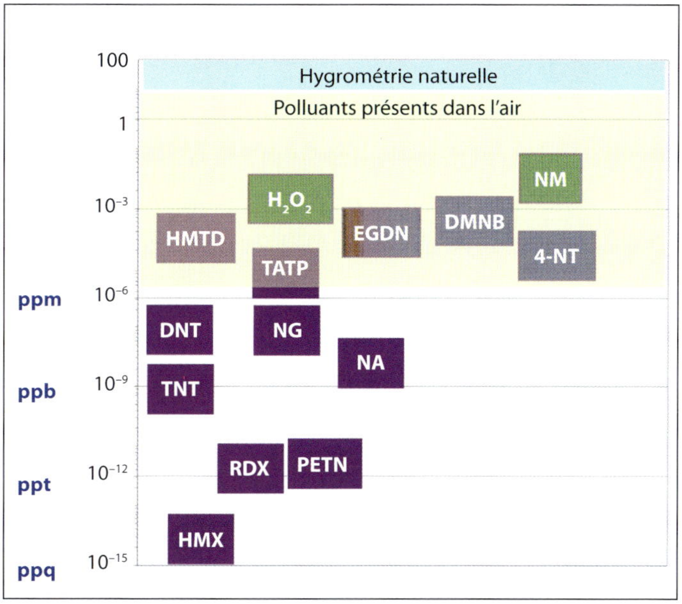

Figure 21

Diagramme des pressions de vapeur de quelques explosifs à température ambiante.

culiers sont basés sur l'apprentissage et/ou le dressage. Les chiens sont d'excellents détecteurs passifs (***Figure 22***). Des rats géants, dont l'odorat est très développé, sont utilisés dans certains pays tels que le Mozambique pour trouver des mines. Des abeilles et des souris ont aussi été testées dans ce même objectif.

Ces techniques ont l'avantage d'être disponibles et d'avoir largement fait leurs preuves dans différents domaines (aviation civile, déminages, douanes). De plus, elles sont très sensibles, leur réponse est rapide et l'on peut procéder à la détection à partir de prélèvements ou frottis réalisés sur un objet ou une surface quelconque.

Leurs inconvénients, liés à l'utilisation collaborative d'animaux, sont l'obligation d'un contrôle à poste, avec un personnel présent et bien formé, et travaillant en symbiose avec l'animal. La disponibilité opérationnelle des chiens est limitée dans le temps et l'éventail des cibles est lui aussi limité par l'apprentissage et la capacité propre de l'animal à mémoriser les odeurs.

Figure 22

Des exemples de détecteurs biologiques.

2.4.2. Détecteurs chimiques

Les grands systèmes développés aujourd'hui pour la détection de vapeurs sont basés sur des couches « actives » déposées sur des transducteurs[10], l'acquisition du signal se faisant par l'adsorption spécifique des molécules cibles sur ces couches « actives », l'ensemble couche et transducteur constituant le capteur.

Le principe est expliqué sur la ***Figure 23A***. Les molécules de gaz sont adsorbées sur un matériau sensible, ce qui se traduit par une information physico-chimique (du type variation de masse (Δm), de température (Δt), de densité ($\Delta\sigma$) ou de fluorescence...), qui est transformée en une information électrique (ΔU, Δi...) par un dispositif adapté. Le signal ainsi généré est transmis à l'appareil de mesure.

La ***Figure 23B*** montre trois exemples de transducteurs : de fluorescence, de masse *via* une microbalance à quartz, et d'onde acoustique de surface.

Ces technologies ont l'avantage d'utiliser des éléments issus de la microélectronique et donc d'être duplicables aisément pour un coût de fabrication et de fonctionnement qui restent raisonnables. Elles sont généralement portables, et tout type de personnel peut

10. Un transducteur est un dispositif physique permettant de convertir un signal physique en un autre signal. Par exemple, le haut-parleur transforme un signal électrique en onde sonore. Les transducteurs de fluorescence, de microbalances à quartz ou d'ondes acoustiques de surface en sont d'autres exemples.

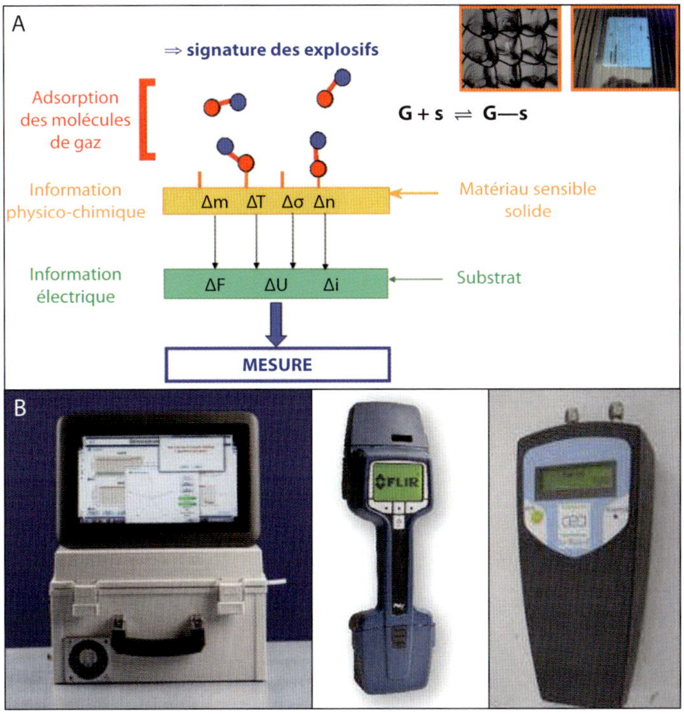

Figure 23

Détecteurs chimiques : A) principe de mesure ; B) quelques exemples de transducteurs.

les utiliser. Elles sont en outre sensibles et sélectives, et peuvent être utilisées pour des vapeurs ou des frottis. Il existe cependant encore peu de systèmes commercialisés, et leur robustesse dépend de l'environnement dans lequel on les utilise (humidité, courant d'air...). Leur temps de réponse (de l'ordre de quelques dizaines de secondes) reste encore l'une des limitations à leur usage intensif, mais les choses s'améliorent rapidement.

Le CEA travaille au développement de ce type de capteur. Le programme de la recherche se déroule sur cinq points :

– la recherche et la mise en œuvre de nouveaux matériaux sensibles ;

– les technologies de dépôts en couches minces ;

– la mise au point des tests de performance ;

– la miniaturisation et l'intégration des systèmes ;

– les essais en conditions réelles sur site opérationnel.

La ***Figure 24A*** montre un exemple de recherche de matériaux sensibles par greffage de molécules actives sur des particules de silice.

Les techniques utilisées pour le dépôt de couches minces sont variées, comme le montre la ***Figure 24B***.

Pour réaliser les tests de performance, il a fallu générer des atmosphères représentatives de la réalité contenant des traces de vapeurs d'explosifs et/ou d'interférents chimiques potentiels. Les teneurs de ces différents constituants se devaient

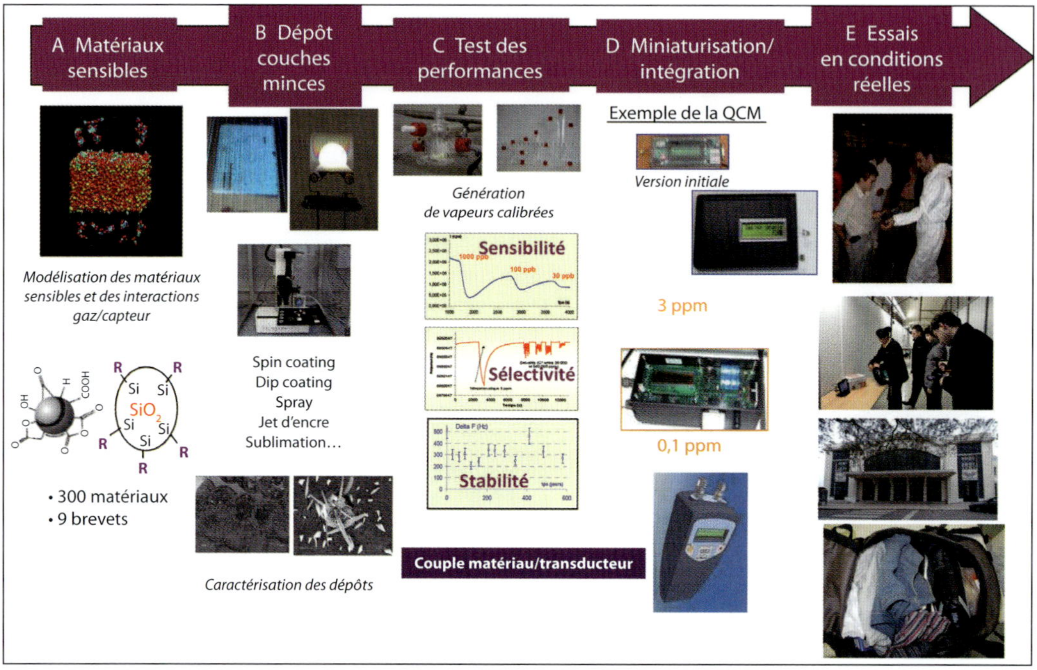

Figure 24

A) Modélisation des matériaux sensibles et des interactions gaz/capteur ; B) exemples de dépôts de couches minces et caractérisation des dépôts ; C) exemples de tests de performances ; D) miniaturisation des systèmes ; E) essais en conditions réelles.

d'être parfaitement bien calibrées pour tester la sensibilité, la sélectivité et la stabilité de ces machines prototypes (***Figure 24C***).

La ***Figure 24D*** montre l'importance de la miniaturisation et de l'intégration de la technologie dans un système qui prédéfinit ce que pourrait être une version commercialisable ; cette dernière doit ensuite être testée en conditions réelles.

2.5. Tendances et évolutions des moyens de détection

Ainsi que nous l'avions rappelé précédemment, aucun appareil de détection ne couvre l'ensemble des menaces connues. Tous les appareils ont des limitations technologiques, et toutes les technologies ont leurs points faibles. Le nombre de fausses alarmes doit être réduit afin que ces technologies soient crédibles en utilisation opérationnelle. Les machines actuelles ont un coût d'acquisition et de mise en œuvre qui reste très élevé. Il est donc nécessaire de réinvestir quasiment en permanence pour accroître la capacité de détection en termes de sensibilité et d'élargissement de l'éventail des menaces potentielles.

L'évolution actuelle tend à utiliser plusieurs types de technologies en même temps pour un même point de contrôle pour élargir les capacités de détection et compenser les limitations respectives de chacune d'elles. Pour limiter le « masquage », on utilise des technologies dites « orthogonales », qui apportent chacune des renseignements différents et complémentaires. L'ensemble de ces technologies est intégré au sein de systèmes de détection, et l'on développe désormais des concepts opérationnels de plus en plus sophistiqués basés sur une intégration de ces systèmes au sein des infrastructures à protéger.

Le Système T-REX : un prototype de système de détection

Pour détecter les traces d'explosifs, le CEA a développé un système qui associe trois technologies de capteurs. La réponse est très rapide, elle ne prend que dix secondes, et l'identification de l'explosif prend une à deux minutes. Ce prototype, mis au point par quatre départements du CEA (***Figure 25***), est en cours de transfert technologique vers le monde industriel. Il permet de détecter entre autres des explosifs militaires, des explosifs artisanaux, ainsi que certains précurseurs chimiques de ces explosifs. La mise au point de ce prototype a nécessité quatre années de travaux en laboratoire (***Figure 26***). La notion de **système de détection** est appliquée au concept STANDEX.

Ce système pourrait par exemple être mis en œuvre avec des imageurs à micro-

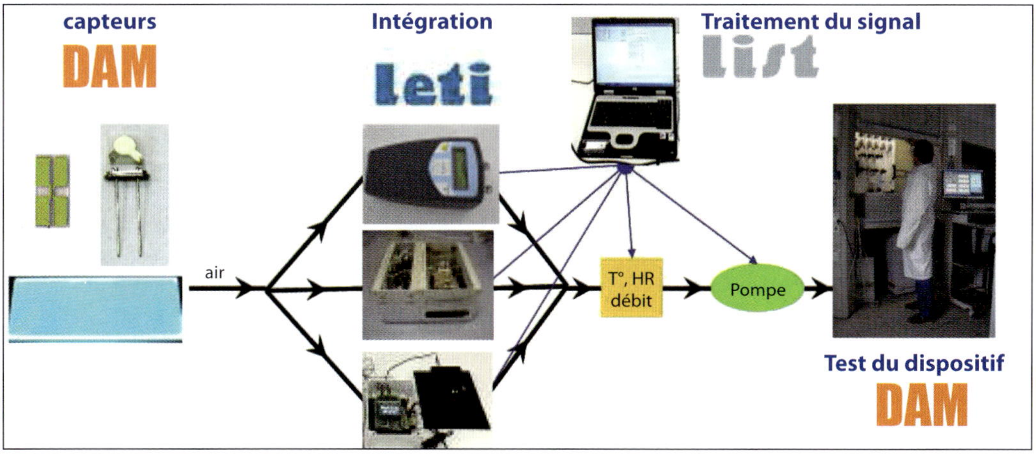

Figure 25

Le projet transverse CEA.

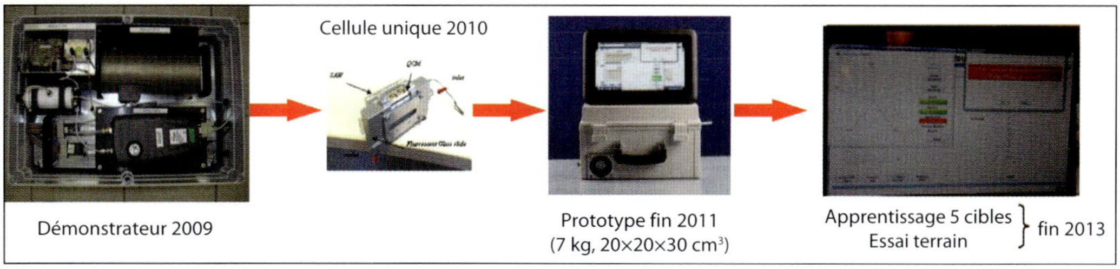

Figure 26

Mise au point du système T-REX.

ondes pour détecter et identifier la présence de « menace » sur des personnes qui entrent dans une infrastructure critique (*Figure 27*). Le couplage des deux types de détection permettra de limiter le taux de fausses alarmes et ainsi de rendre la détection plus fiable.

La *Figure 28* montre la vision de l'opérateur sur sa console. Les cônes bleus sont les cônes de détection. Les personnes observées sont les petits cubes en mouvement. Lorsqu'un porteur potentiel de menace est détecté, son cube change de couleur

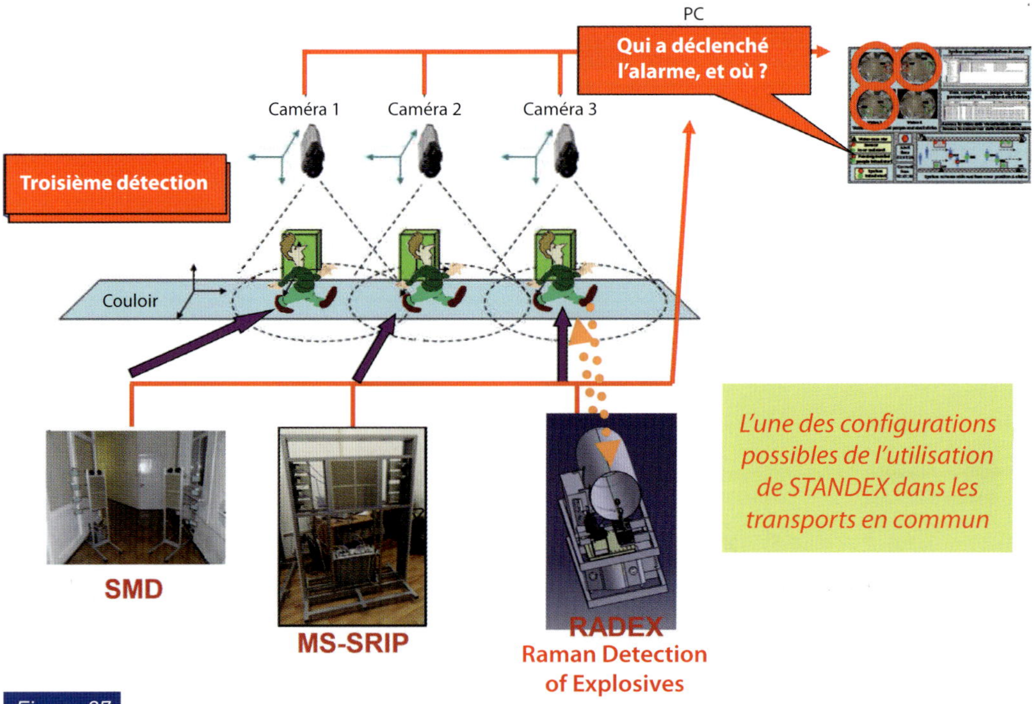

Figure 27

Configuration du système STANDEX de détection les explosifs.

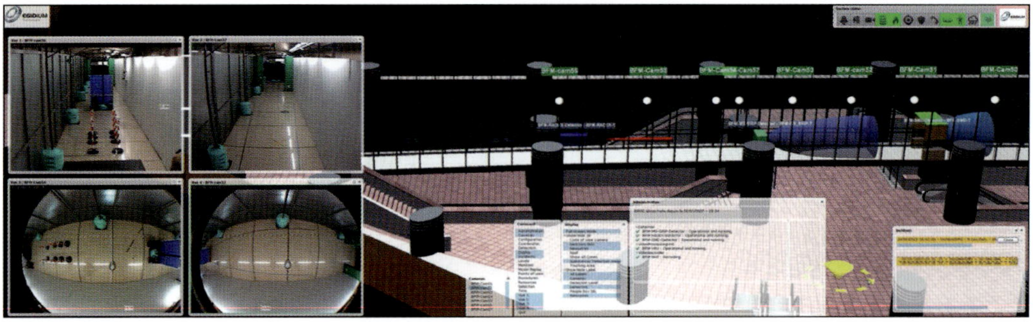

Figure 28

Vision de l'opérateur sur la console du système de détection les explosifs.

et devient orange. Lorsque l'alerte est confirmée par une autre détection, le cube orange devient rouge et le système génère automatiquement une alerte vers les forces de sécurité.

3 Les analyses post-attentat

(par **Bruno Vanlerberghe**)

3.1. De l'explosion à l'analyse

Prenons l'exemple d'une forte explosion survenue à 7h du matin, dans un quartier urbain, avec une voiture enflammée (***Figure 29A***). Les secours arrivent (***Figure 29B***), les pompiers en brisent les vitres pour éteindre l'incendie. De nombreux dégâts sont constatés : des vitres brisées sur les immeubles voisins (***Figures 29C***), des véhicules endommagés, des fragments partout (***Figure 29D***).

L'idée que incendie provient directement du véhicule paraît peu probable, et dès leur arrivée, les pompiers ont suspicion d'un attentat ; ils appellent le service de déminage dont l'objectif est d'éviter le sur-attentat, en effectuant immédiatement une visite de sécurité afin de s'assurer qu'un second engin n'est pas dissimulé au voisinage du premier et d'examiner les traces et indices. Dans cet exemple, un cratère est présent derrière le véhicule enflammé ; on peut donc soupçonner que ce n'est pas la voiture qui a explosé (***Figure 29D***).

Sur une scène d'attentat, tout n'est pas détruit, il reste des morceaux physiques notamment, on doit chercher et retrouver des morceaux de l'emballage de l'explosif. Dans le cas présent, les enquêteurs trouvent de petits morceaux : de sac, de la minuterie, de la batterie, du conteneur, des morceaux de fils (***Figure 30***). À ces éléments physiques, s'ajoutent des traces chimiques parce que la réaction chimique des explosifs est rarement complète, ce qui permet de prélever ces traces soit en collectant des morceaux physiques

Figure 29

Attentat avec mise en œuvre d'un engin explosif improvisé : A) une voiture est enflammée ; B) arrivée des pompiers ; C) constat des dégâts sur les immeubles voisins ; D) relevé des traces et indices.

Figure 30

Morceaux physiques présents sur une scène d'attentat à l'explosif.

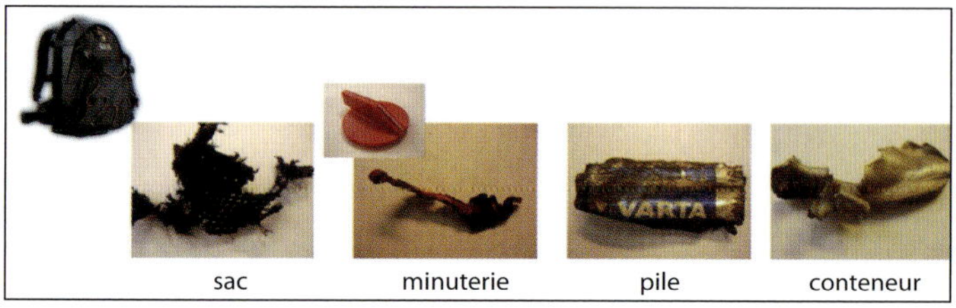

qui ont été en contact avec l'engin, soit en réalisant des essuyages à sec ou avec des solvants pour entraîner les traces d'explosifs.

Un quadrillage de la zone de l'attentat doit être rapidement mis en place (***Figure 31***) afin de positionner, à l'aide d'un système de repérage en (x ,y), les différents éléments recueillis dans les différentes zones de la recherche.

La collecte est un long travail qui consiste à chercher partout, sous et dans les voitures, sur les trottoirs, sur les toits, dans les murs… les moindres traces, ou matériaux ou objets (***Figure 32***). Si une voiture est percée par les éclats, les portières sont démontées pour les récupérer. Ce travail dure généralement plusieurs heures.

Le ratissage minutieux de la zone d'attentat permet non seulement de collecter des centaines d'éléments de l'engin, y compris dans les logements voisins, mais aussi d'évaluer les effets sur les infrastructures, notamment de déterminer la taille du cratère, sa profondeur, de regarder jusqu'à quelle distance les vitres sont brisées (***Figure 33***).

Tous les fragments de cette collecte sont mis sous scellé

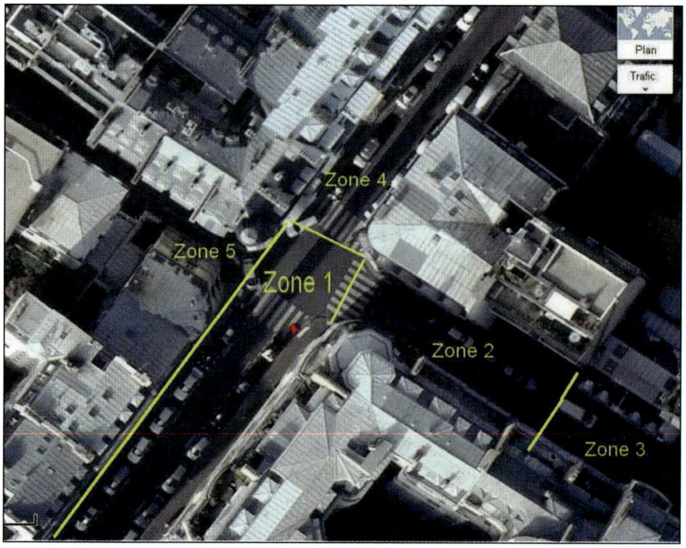

Figure 31

Quadrillage d'une zone d'attentat à l'explosif.

Figure 32

Collecte sur une zone d'attentat à l'explosif.

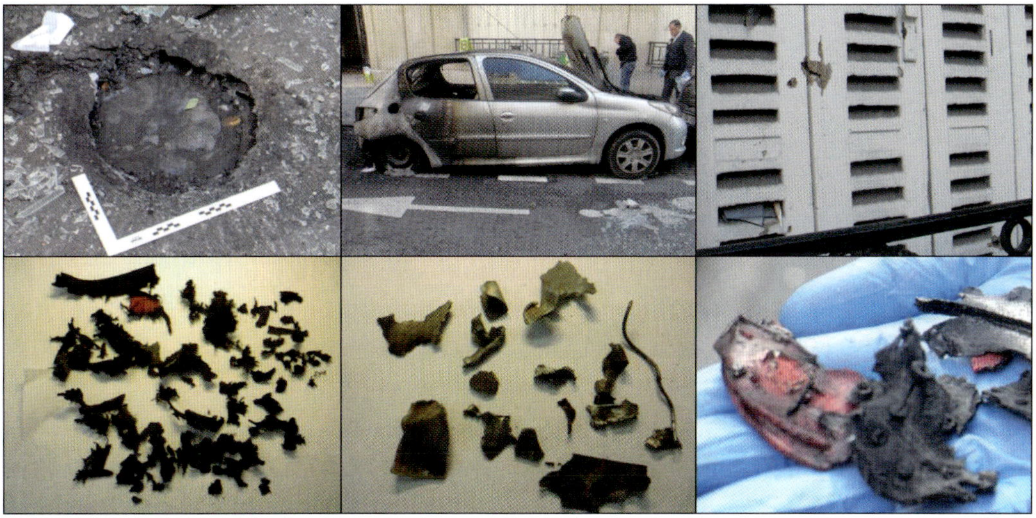

Figure 33

Ratissage minutieux et collecte dans la zone de l'attentat.

et, comme pour les résidus d'incendie, les échantillons sont collectés dans des bocaux étanches afin de ne pas perdre les traces éventuelles d'explosifs, notamment s'ils sont extrêmement volatils, afin de pouvoir les analyser dans les meilleures conditions possibles (**Figure 34**).

Figure 34

Mise sous scellés de pièces à conviction.

3.2. L'analyse des pièces à conviction

Les étapes du processus d'analyse des indices et pièces à conviction sont résumées sur la ***Figure 35***. On dispose aujourd'hui de nombreuses techniques d'analyse. Les échantillons à analyser sont de type organique, mais aussi inorganique (métaux, céramiques, roches, béton…).

La première étape, à partir d'un échantillon collecté, consiste à rechercher les composés organiques volatils.

Figure 35

Les étapes du processus d'analyse.

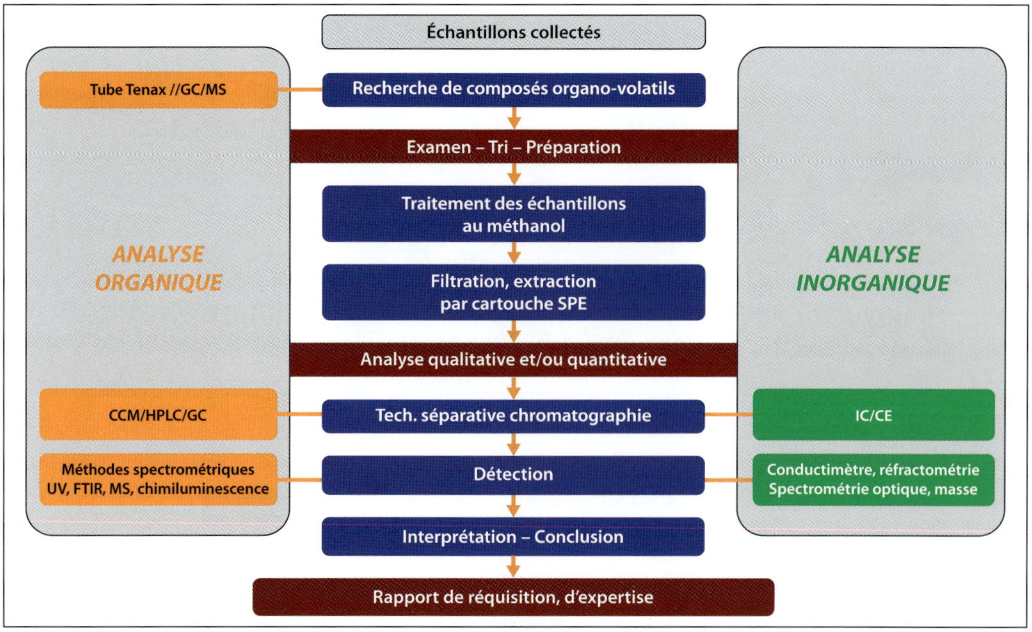

Le bocal de collecte est mis en contact avec un tube Tenax[11] contenant un « lit adsorbant », qui piège les molécules volatiles ; celles-ci sont ensuite désorbées et analysées par CPG/SM[12], afin d'identifier les traces des différentes molécules d'explosifs.

La deuxième étape est l'examen « Tri-Préparation », qui permet de remonter à l'origine du morceau de fil ou de débris trouvé, qui pourrait correspondre à telle ou telle minuterie. Cet examen est associé à un travail de photographie. Les échantillons sont ensuite triés pour les rassembler par catégories : tous les morceaux de piles, tous les morceaux de minuterie, etc.

Ensuite vient la phase de préparation des échantillons en vue des analyses chimiques. Ces analyses sont qualitatives et, si possible, quantitatives. Pour les traces d'explosifs, l'analyse quantitative est difficile. On utilise les techniques séparatives de type chromatographie : chromatographie liquide (CPL) et chromatographie gazeuse (CPG). Le problème de la chromatographie gazeuse est qu'il faut chauffer les échantillons, et les molécules thermolabiles, sensibles à la chaleur, peuvent alors être détruites donc perdues. Associées à ces techniques de chromatographie, on dispose de tout un panel de moyens de détection analytiques : des méthodes spectrométriques du type UV, infrarouge, spectrométrie de masse, ou de chimioluminescence. Pour l'analyse des échantillons inorganiques, on utilise de la chromatographie ionique, de l'électrophorèse capillaire[13], voire de l'ICP[14] (ICP optique, ICP/ SM).

Revenons sur l'étape de préparation des échantillons (***Figure 36***). Ces derniers sont traités dans un solvant, généralement du méthanol, et l'extrait brut de ce traitement passe dans des cartouches de SPE[15], qui retiennent les molécules à analyser. La cartouche est ensuite rincée à l'eau pour récupérer un premier éluant[16] contenant certaines molé-

11. Un tube Tenax est un tube permettant de collecter des échantillons de composés volatils. Le « lit » fait référence à la partie adsorbante du tube.

12. La CPG/SM (chromatographie en phase gazeuse couplée à la spectrométrie de masse) est décrite dans les ***Chapitres de G. Cognon/B. Frère*** et ***P. Sibille***, dans l'ouvrage *Chimie et expertise, sécurité des biens et des personnes*, coordonné par M.-T. Dinh-Audouin, D. Olivier et P. Rigny, EDP Sciences, 2014.

13. Électrophorèse capillaire : technique permettant de séparer les espèces chimiques d'un système selon leur charge électrique. Voir *La chimie et le sport*, Chapitre de J.-L. Veuthey, coordonné par M.-T. Dinh-Audouin, R. A. Jacquesy, D. Olivier et P. Rigny, EDP Sciences, 2011.

14. ICP : spectrométrie par torche à plasma. C'est une technique qui permet de déterminer la concentration de différents constituants d'un mélange de manière rapide. Voir le ***Chapitre de P. Carlotti***, dans *Chimie et expertise*, EDP Sciences, 2014.

15. SPE : extraction sur phase solide. C'est une technique permettant de séparer les différents constituants gazeux d'un système.

16. L'éluant est le solvant utilisé en chromatographie pour dissoudre le composé solide à analyser et/ou le faire migrer à travers un système permettant de séparer les différents constituants.

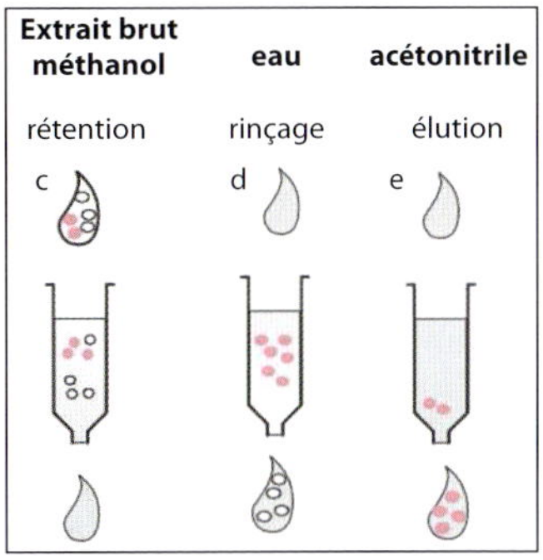

Figure 36

Préparation des échantillons pour l'analyse des traces d'explosifs.

cules. Puis elle est ensuite traitée à l'acétonitrile (CH_3CN), et la phase acétonitrile est récupérée pour être injectée dans les colonnes séparatives des techniques analytiques choisies.

3.3. Les techniques d'analyse séparative

Les techniques d'analyse séparative ont beaucoup évolué ; auparavant, on ne disposait que de la chromatographie sur couche mince (CCM), dont le principe est rappelé sur la ***Figure 37***. C'était une technique simple mais peu sensible. La révélation des différentes molécules d'explosifs organiques s'effectuait en pulvérisant des réactifs chimiques sur la plaque, notamment le réactif de Griess (sélectif des nitramères et des esters nitrés), et le réactif de Bratton-Marshall (sélectif des nitroaromatiques).

On utilise maintenant la chromatographie en phase liquide couplée à la spectrométrie de masse haute résolution (« CPL/SM exactive »), qui présente l'intérêt d'être extrêmement sensible (***Figure 38***).

Les avantages de cette technique sont illustrés sur la ***Figure 39***. Les analyses sont très rapides, les composés sont identifiés à partir de leurs masses exactes, et les limites

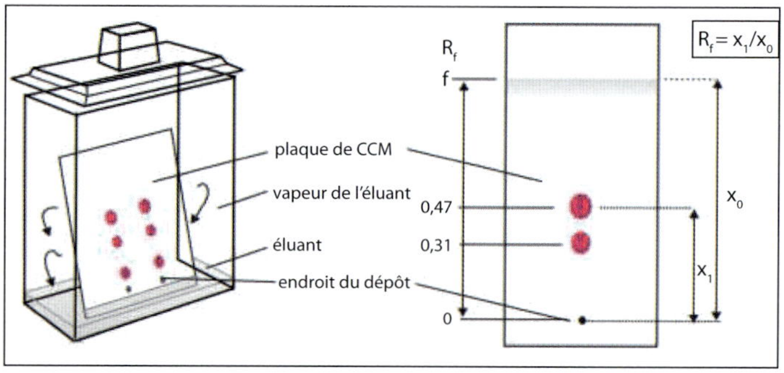

Figure 37

Principe de la chromatographie sur couche mince (CCM).

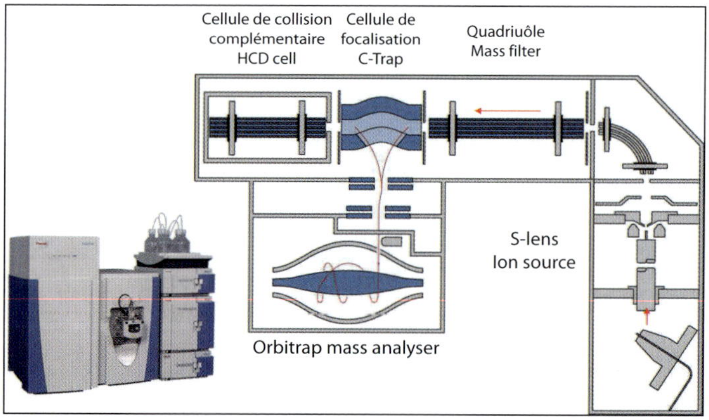

Figure 38

Appareil et schéma de principe du couplage CPL/SM.

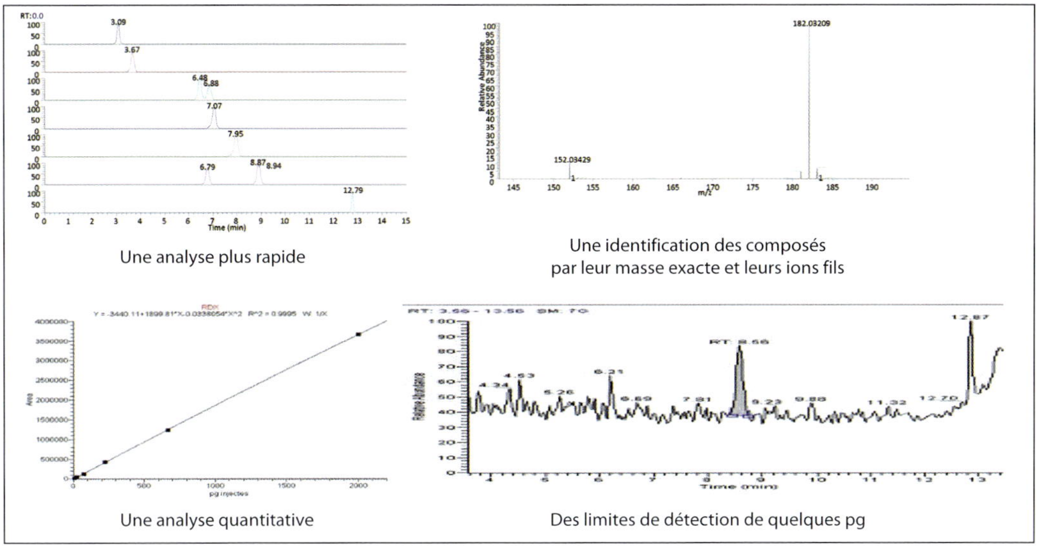

de détection sont de l'ordre du picogramme (10^{-12} g).

Le ***Tableau 2*** montre l'évolution des limites de détection résultant de l'évolution des techniques d'analyse. En 1970, cette limite était de 60 nanogrammes (10^{-9} g) pour le nitroglycol, et cette limite a peu évolué depuis. En revanche, pour certains produits comme le Tétryl par exemple, on est passé de 40 à 0,2 nanogrammes. Et grâce

Figure 39

Les avantages de la CPL/SM.

Tableau 2

Évolution des limites de détection.
HPLC (« *Hight-performance liquid chromatography* ») = Chromatographie en phase liquide à haute performance.

	1970 CCM	1990 HPLC/UV	2005 HPLC/SM	2014 HPLC/SM HR
Nitroglycol	60	/	/	Un gain de 10 attendu pour certaines molécules
Nitroglycérine	6	3,5	5	
Pentrite	15	7	2	
RDX	10	1,5	1	
HMX	1,5		1	
Tétryl	40	1,5	0,2	
TNT	40	1,5	0,2	
2,6-DNT	/	1,5	0,5	
2,4-DNT	/	1,5	0,5	
Nitrocellulose	60	/	/	

(en ng déposé ou injecté)

Figure 40

Exemple d'une miniaturisation d'appareil.

aux progrès de la spectrométrie de masse haute résolution (SMHR), on peut encore espérer descendre d'un facteur de dix prochainement.

3.4. Tendances et évolutions des systèmes de détection

Comme évoqué dans le ***Chapitre de B. Feignier***, dans *Chimie et expertise* (EDP Sciences, 2014), la tendance est de « miniaturiser » les systèmes d'analyse, afin de pouvoir travailler sur des échantillons de plus en plus petits (les « *labs on chip* »). La difficulté pour analyser ce type d'échantillon est toujours la phase de préparation à partir des échantillons prélevés sur la voie publique, qui en général sont des échantillons sales, et ce sont ces phases de préparation qui sont les plus longues à réaliser (***Figure 40***).

Les explosifs, un vaste domaine pour des compétences et technologies variées

La détection des explosifs est un vaste domaine qui fait intervenir des compétences variées et qui présente des spécificités opérationnelles. Il faut savoir choisir selon les cas les détecteurs en ce qui concerne leurs configurations, les cibles et les limitations opérationnelles. Les technologies utilisables sont variées et doivent être sélectionnées en fonction des scenarii d'emploi, des cibles et des lieux d'utilisation.

La tendance actuelle est de s'orienter vers des systèmes de détection couplant la mise en œuvre de différentes technologies pour accroître la couverture des différents besoins opérationnels et améliorer les performances globales, ainsi que la fiabilité de la détection. Hors aérien, on manque encore de règlementations claires pour l'utilisation de ces technologies structurées en systèmes en présence de public.

L'orientation des configurations de détection en systèmes regroupant plusieurs technologies de capteurs, voire de systèmes au sein des infrastructures critiques, semble inexorable. Ces configurations devraient améliorer à la fois la fiabilité de la détection et le confort des personnes, qui doivent se soumettre au quotidien à ces contrôles. Ces configurations permettront également de réajuster très rapidement les calibrages des différents capteurs mis en œuvre pour faire face à l'évolution permanente de la menace.

Laboratoire sur le terrain au profit de l'enquête

D'après la conférence de **Sandrine Pereira-Rodrigues**

Sandrine Pereira-Rodrigues dirige depuis 2011 la section d'intervention des produits inconnus du pôle Explosifs, Intervention, Risques chimiques du Laboratoire Central de la Préfecture de Police (LCPP)[1]. Elle est experte auprès de la cour d'appel de Paris dans le domaine de la criminalistique et a rejoint le LCPP en 2004 après un certain nombre d'affectations dont le déroulement de ses travaux de doctorat à la délégation générale pour l'armement au centre d'étude du Bouchet (DGA Maîtrise NRBC), spécialisé notamment dans le domaine des armes chimiques de guerre.

1 La sécurité liée aux risques chimiques dans les grandes métropoles

Comment garantir ce besoin et cette nécessité sécuritaire dans des métropoles qui concentrent de hautes densités de population et une importante activité économique ? Paris et sa petite couronne possèdent une population de près de sept millions d'habitants ; la seule capitale voit transiter *via* ses réseaux de transports environ dix millions de voyageurs chaque jour. Il est alors aisé d'imaginer les conséquences, dans ces environnements urbains qui concentrent une

1. Le LCPP est un organisme scientifique pluridisciplinaire placé sous l'autorité du Préfet de Police qui intervient à Paris et en petite couronne sur toutes les questions de sécurité des personnes et des biens, de salubrité et de pollution (site : www.lcpp.fr). Voir le ***Chapitre de P. Carlotti***, directeur du LCPP, dans *Chimie et expertise, sécurité des biens et des personnes*, coordonné par M.-T. Dinh-Audouin, D. Olivier et P. Rigny, EDP Sciences, 2014.

haute activité, d'un incident ou d'un acte de malveillance mettant en œuvre une substance chimique, les dommages qui seraient occasionnés aux infrastructures et aux personnes, notamment en termes de désorganisation de la vie économique, mais également les conséquences du sentiment de panique qui serait engendré. En quelques clics, en quelques secondes, des images, des vidéos, des informations peuvent être transférées aux quatre coins du monde et venir alimenter un sentiment de peur qui se sera répandu de manière instantanée *via* les réseaux de communication.

Dans ce contexte urbain, on peut légitimement s'interroger sur la problématique du risque « chimique » et la menace qu'il représente dans notre quotidien. La chimie est à l'origine de la vie, elle est omniprésente dans notre environnement, elle est perçue comme source de bienfait, de bien-être, de confort et est un facteur d'amélioration et de progrès. Toutefois, les produits chimiques, du fait de leurs caractéristiques physico-chimiques (réactivité, inflammabilité, toxicité, corrosivité), représentent un risque pour l'homme et son environnement.

Dans un usage normal, les activités de nature chimique sont cadrées par des processus contrôlés et par des réglementations établies et adaptées ; ces dispositions sont destinées à limiter et prévenir les accidents ou incidents. Toutefois, il est possible de gérer les risques mais pas de les supprimer totalement : les erreurs humaines et les problèmes techniques ouvrent la porte à l'imprévu. Lorsque le risque chimique ne peut plus être maîtrisé, quels que soient les processus ou les réglementations existants ou appliqués, la chimie ne constitue alors plus un risque mais une réelle menace, susceptible d'occasionner des blessés, des morts, des dommages aux bâtis et aux structures, ainsi qu'à l'environnement.

Des incidents sont signalés régulièrement dans différents pays et des quatre continents, et ce, quel que soit le niveau d'industrialisation du pays concerné. Ainsi, on peut citer l'incident survenu récemment à l'usine Lubrizol de Rouen en 2013 qui a occasionné des émanations d'importantes quantités de mercaptan[2], produit soufré à l'odeur nauséabonde. Ces nuisances olfactives, invisibles à l'œil nu et sans risque pour les personnes du fait des faibles teneurs, ont été ressenties jusqu'en région parisienne et dans le sud de l'Angleterre. Elles avaient suscité de vives inquiétudes abondamment relayées par les réseaux sociaux avec plus de 10 000 appels reçus en une nuit par les seuls sapeurs pompiers de Paris.

Les cas d'épandage de substances chimiques dans l'environnement, que ce soit suite à des fuites de récipients ou de réservoirs, sont multiples et nous pouvons en citer

2. Le mercaptan, « qui capte le mercure » (car réagit avec les ions Hg^{2+}) est un composé organique comportant un groupement thiol —SH (groupement sulfhydryle).

quelques exemples. Ainsi, en 2010, en Hongrie, les écoulements de boues usagées toxiques utilisées pour l'extraction de l'aluminium dans la bauxite, contenant de hautes teneurs d'arsenic et de cyanure, sont à l'origine du décès de trois personnes, ainsi que de plusieurs centaines de blessés.

En Nouvelle-Calédonie, en 2009, un déversement de plusieurs dizaines de milliers de tonnes d'acide sulfurique dans une rivière est à l'origine de dommages majeurs au niveau de la faune et de la flore.

Rappelons que la survenue des marées noires occasionnent de véritables désastres écologiques, tel que le tristement célèbre naufrage de l'Erika en 1999, qui transportait plus de trente mille tonnes de fioul qui se sont déversées dans l'océan, souillant quelque 400 km de nos côtes bretonnes et engluant mortellement près de 300 000 oiseaux.

Citons également l'explosion de l'usine AZF en 2001 à Toulouse (explosion d'un stock d'engrais constitué de nitrate d'ammonium), qui entraîna la mort d'une trentaine de morts, fit plusieurs milliers de blessés et de lourds dégâts matériels. La détermination des causes et circonstances de cet accident a fait l'objet d'opérations d'expertises approfondies. Enfin, il convient d'évoquer les accidents de transport, comme en Belgique, en 2013, où suite au déraillement d'un train transportant des wagons citernes contenant de l'acrylonitrile, les émanations toxiques qui se sont dégagées suite à l'explosion des récipients et à la combustion des substances ont amplifié les pertes humaines occasionnées. De manière plus générale, chaque année, des citernes transportant des produits chimiques inflammables ou pas, sont accidentés, que ce soit sur la voie routière ou sur la voie ferroviaire ; ils occasionnent des dommages aux infrastructures situées à proximité, aux habitations, ainsi que des décès dans la population.

En dehors de ces évènements accidentels, en cas de détournement des produits ou des processus, des actions humaines délibérées peuvent être à l'origine d'évènements très meurtriers car destinés à l'être, et aux conséquences matérielles importantes.

Ces actes peuvent être réalisés à des fins notamment de profits financiers, dans le cadre de trafics de drogues, dont la synthèse peut de surcroît être réalisée avec des processus qui sont parfois mal maîtrisés, ce qui entraîne un risque d'explosion de ces laboratoires clandestins ou un danger pour les consommateurs de ces drogues de mauvaise qualité (***Figure 1***).

Ces actes peuvent aussi être perpétrés dans un contexte de malveillance ou d'intention de nuire, pour engendrer le sentiment de peur. Rappelons la crise des poudres à l'anthrax en 2001, qui causa trois décès aux États-Unis. L'anthrax est une bactérie qui peut être transportée sur un support inerte tel que la farine, le sucre ou le plâtre.

Figure 1

Le risque chimique lié aux laboratoires clandestins, à la malveillance, aux menaces, agressions,...

Source : LCPP.

La survenue de ces trois décès, relayée dans les media, a inspiré des idées malveillantes ou des plaisantins aux quatre coins du monde où des enveloppes contenant des poudres ont été reçues par des autorités, des institutions ou des personnalités. En France, entre septembre et novembre 2001, environ 4 300 cas d'enveloppes contenant des poudres suspectes qui, bien que toutes inoffensives, ont dû être traitées, avec les coûts et les conséquences que l'on peut imaginer pour les laboratoires associés à ces enquêtes et l'engorgement des structures d'analyse.

Les produits chimiques peuvent également être détournés de leur usage normal en vue d'élaborer des armes, afin d'exercer une pression sur les autorités ou sur la population, pour défendre des idées politiques ou des croyances religieuses dans le cadre d'actes terroristes, par exemple des engins explosif improvisés, des armes chimiques,...

Par ailleurs, la disponibilité et l'accessibilité des produits dans les commerces favorisent leur mise en œuvre par des personnes psychologiquement déséquilibrées à l'encontre des citoyens.

2 L'enquête sur le terrain

2.1. L'enquête au service de la sécurité

En cas de survenue d'accident ou d'incident à caractère chimique, de nature accidentelle ou provoqué par l'homme, des plans et des dispositifs d'intervention des services de secours et de police sont déployés. Afin d'apporter une réponse adaptée à l'événement et conseiller efficacement les autorités et services de secours, il est nécessaire d'identifier rapidement la ou les substances mises en œuvre, établir l'origine du sinistre ou de la malveillance afin d'en limiter les conséquences (***Figure 2***).

En effet, les soins dispensés aux victimes sont fonction de la substance à laquelle elles ont été exposées et que les seuls symptômes ne permettent pas d'identifier, que ce soit suite à un contact direct avec la peau ou les yeux, ou suite à l'inhalation ou encore l'ingestion d'une substance.

Il est nécessaire de mettre en place des moyens efficaces de neutralisation et de décontamination des lieux pour permettre un retour à la normale et participer à la sécurité et à l'efficacité des intervenants sur le terrain (services de secours et police) par le conseil du port de tenues de protection adaptées au risque identifié.

2.2. L'enquête au service de la justice

L'enquête qui se joue à la suite ou en parallèle de la sécurisation est un acte de police scientifique qui a pour objectif d'établir rapidement les causes et origines de l'événement afin d'apporter une aide à la justice (***Figure 3***). En cas de malveillance avérée ou largement suspectée, des actes complémentaires de po-

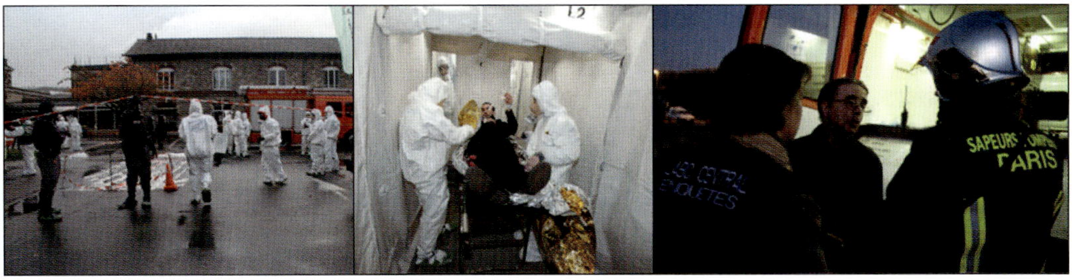

lice scientifique sont à réaliser afin de constituer la preuve d'un acte d'infraction, retrouver et confondre l'auteur ainsi que prévenir et limiter la récidive du phénomène.

Pour apporter une aide à la justice et contribuer ainsi à la protection des citoyens, les délais de réponse aussi courts que possible sont un critère extrêmement important. Que ce soit pour les primo-intervenants ou pour les autorités, il faut donc identifier rapidement les substances chimiques employées pour évaluer notamment la dangerosité et le risque encouru, que ce soit pour les populations impliquées ou pour les intervenants eux-mêmes. Cela permet de :

– limiter les conséquences socio-économiques et l'impact sur l'activité économique : plus rapidement la substance sera connue, plus rapidement les lieux seront rendus à la vie normale ;

– aider les secours et les autorités à la prise de décisions sur la base d'éléments matériels et concrets issus des résultats d'analyse.

Les informations transmises vers les autorités et les médias permettent d'enrayer également le phénomène de peur ou de psychose que l'inconnu peut alimenter. Par exemple, dans le cas de l'incident de l'usine Lubrizol, seule la communication des résultats des mesures de polluant effectuées dans l'atmosphère de la région parisienne a permis de rassurer et d'apaiser les populations exposées.

L'identification des produits se fait habituellement sur des prélèvements qui sont constitués sur le terrain puis conditionnés et transportés vers les structures des laboratoires d'expertise compétents, et en

Figure 2

Déploiement des différents dispositifs de secours (police, SAMU, pompiers...).
Source : Préfecture de Police.

Figure 3

L'enquête sur le terrain par la police scientifique doit être réalisée dans des délais courts afin d'aider efficacement la justice.
Source : Préfecture de Police.

Figure 4

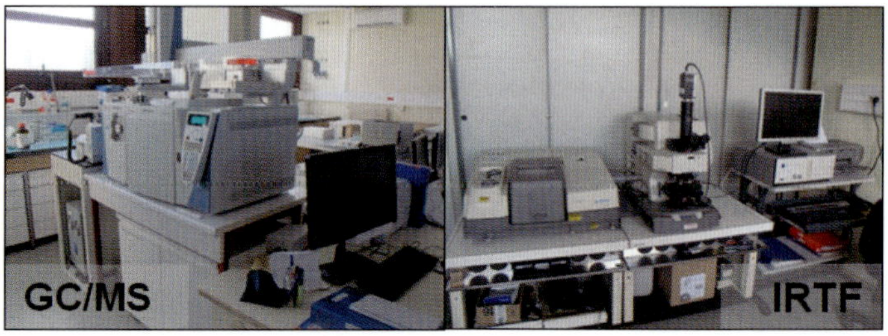

Le LCPP dispose de laboratoires d'analyses et d'expertises dans le domaines des explosifs, des incendies, et de l'identification de tout type de substances, dans tout type de matrice (liquide, solide ou gazeuse).

Source : Préfecture de Police.

cas d'actes malveillants avérés, vers les laboratoires du réseau national des laboratoires BIOTOX-PIRATOX dont fait partie le laboratoire central de la Préfecture de Police. L'ensemble de ces laboratoires est capable d'identifier la menace et lever le doute sur l'inconnu (domaine des explosifs, des incendies et du produit chimique inconnu), quel que soit le type de substance et quel que soit le type de matrice[3] (liquide, solide ou gaz), et ce, en déployant des techniques analytiques de pointe selon une démarche expertale (***Figure 4***).

3 Le laboratoire mobile embarqué

L'obligation d'analyser les prélèvements dans les laboratoires d'expertise nécessite leur transport, ce qui peut gêner l'enquête car induit un délai dans la réponse attendue. En cas de survenue d'un événement en dehors des heures d'activités de la plupart des laboratoires de police scientifique (soirée, nuits, week-ends et jours fériés), le délai de réponse peut alors s'accroître de manière importante, même en faisant appel aux laboratoires de police scientifique qui dispose d'astreintes.

Pour réduire les délais, il s'agirait donc de supprimer le transport et de pouvoir apporter rapidement, en cas de besoin, les capacités d'analyse sur le terrain, c'est-à-dire des personnels compétents et des analyseurs performants.

La réponse apportée à cette nécessité est la création d'un laboratoire mobile intégré dans un véhicule utilitaire peu encombrant, capable de se déplacer rapidement malgré les contraintes urbaines de l'agglomération parisienne pour rejoindre la scène et procéder aux analyses sur le terrain.

Le laboratoire mobile embarqué du laboratoire central de la Préfecture de Police est une unité d'intervention d'urgence qui dispose des compétences d'un laboratoire d'expertise analytique (***Figure 5***). Il peut être sollicité 24 heures sur 24, 7 jours sur 7, il intervient dans

3. L'influence de l'environnement chimique d'un atome est appelé effet de matrice. Il est commode de distinguer dans tout échantillon, quel qu'il soit, les deux termes suivants : l'analyte (ce que l'on cherche à déterminer) et tout le reste, qui est la matrice.

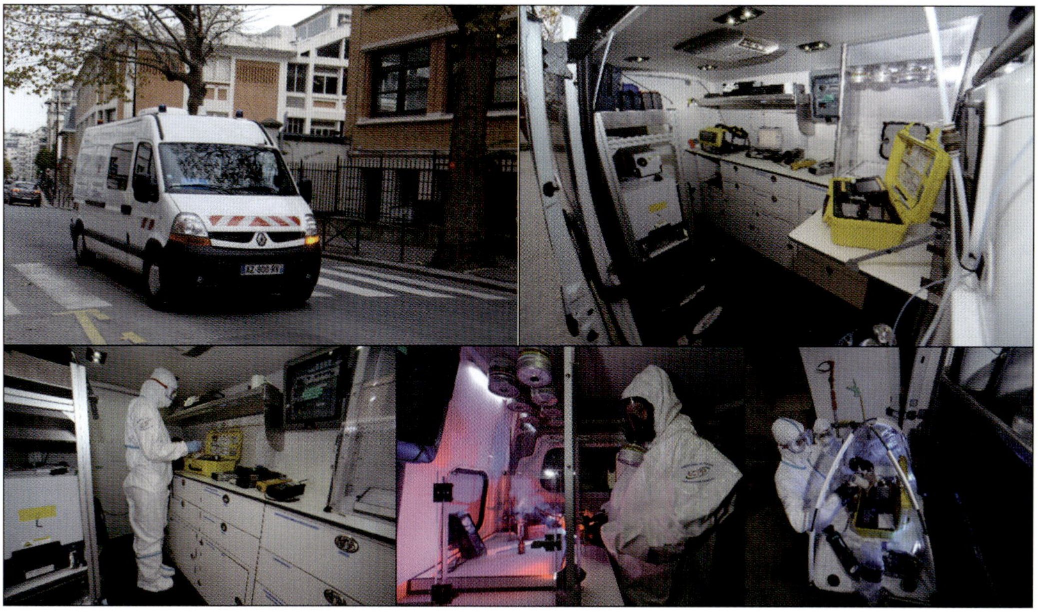

des délais très courts. Il est mobilisable sur l'ensemble de la région parisienne (Paris et petite couronne : 75, 92, 93 et 94), mais peut intervenir à la demande des autorités sur un secteur élargi (Grand Paris, incluant 77, 78, 91 et 95). Il est également susceptible d'être projeté sur des missions à l'échelle nationale.

Ce véhicule et ses matériels sont mis en œuvre par des personnels experts chimistes polyvalents, formés aux exigences du terrain. Ils sont formés pour travailler en conditions dégradées (environnement hostile, urgence, stress,...), et également pour procéder à des prélèvements en zone contaminée équipée des EPI (équipement de protection individuel) adaptés en fonction du risque encouru.

Le véhicule aménagé est équipé comme un laboratoire, de paillasses et de hottes, et de tous les équipements de « pointe » permettant de procéder à la détection et à l'identification des substances. Il est électriquement autonome car il dispose d'un groupe électrogène, et peut donc être « posé » en pleine nature et travailler pendant plusieurs heures sans nécessiter un apport d'énergie extérieure. Il est aussi connecté au réseau Internet afin de faciliter l'accès aux bases documentaires techniques et permettre l'échange des informations vers les autorités.

Les personnels qui pilotent cette unité technique mobile appliquent une méthodologie d'analyse rigoureuse, validée et adaptée aux contraintes du terrain. Les matériels dont est équipé le laboratoire mobile permettent de déployer une méthodologie qui s'effectue en deux temps : des détections de premier niveau, qui sont

Figure 5

Laboratoire mobile embarqué dans lequel les experts chimistes peuvent réaliser des analyses.
Source : LCPP.

suivis d'une identification des produits.

3.1. Détection et évaluation du risque chimique

Il s'agit dans la phase de détection d'évaluer le risque radiologique, biologique et chimique (RBC) par la mise en œuvre de capteurs qui répondent de manière plus ou moins spécifique en présence des substances présentes. Nous nous intéresserons présentement uniquement aux détecteurs chimiques dits de premier niveau. Le ***Tableau 1*** présente quelques-uns des détecteurs non spécifiques tels que les détecteurs de COV (composés organiques volatils) qui signalent la présence d'une substance dans l'atmosphère sans pouvoir toutefois en identifier la nature ; ils permettent d'établir un périmètre autour de la zone à risque ou de localiser la source d'émission. Les oxygénomètres et les explosimètres offrent par ailleurs une fonction sécuritaire pour les personnels.

Bien que non spécifiques, certains détecteurs ou tests de terrain permettent une orientation vers l'identification, en établissant la famille d'appartenance de la substance recherchée (***Tableau 2***). Il convient alors de prendre en compte les risques d'interférences et de faux-positifs lors de l'usage de ces moyens, l'interprétation des réponses

Tableau 1

Détecteurs mis en œuvre sur le terrain pour évaluer le risque chimique.

Explosimètre (gaz et liquides volatils) Composés inflammables	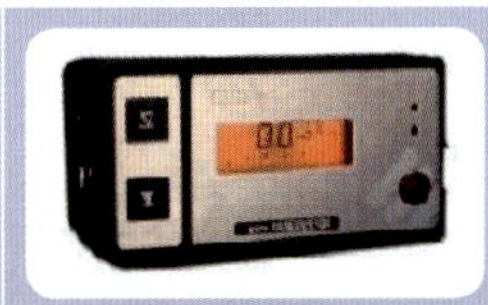 *Gazmètre, GMI*
Oxygénomètre	 *Industrial Scientific*
PID : détecteur à photo-ionisation FID : détecteur à ionisation de flamme (gaz et liquides volatils) Composés Organiques Volatils	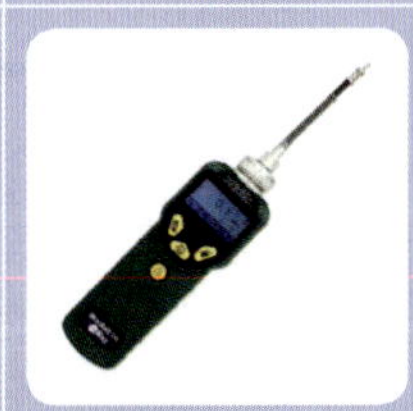 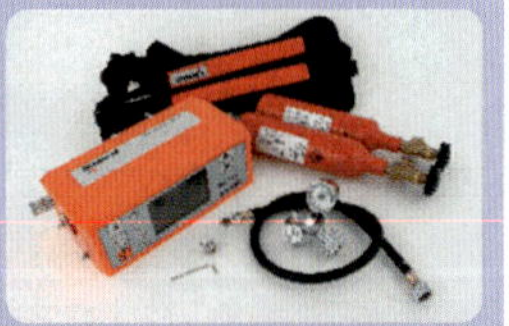 *MIniRAE* *SEWERIN*

Tableau 2

Détecteurs mis en œuvre sur le terrain pour retrouver la famille du produit chimique.

Cellules électrochimiques spécifiques (gaz et liquides volatils) monoxyde de carbone CO, ammoniac NH_3, acide cyanhydrique HCN, hydrogène sulfuré H_2S, chlore Cl_2	  *Industrial Scientific*
AP4C : photométrie de flamme (gaz et liquides) Phosphore, Soufre, Arsenic, Composés azotés, Composés Organiques Volatils (gaz et liquides)	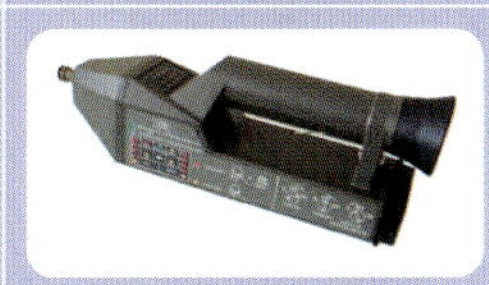 *Proengin*
Bandelettes colorimétriques spécifiques et papier pH (ions dans liquides ou solides solubilisables)	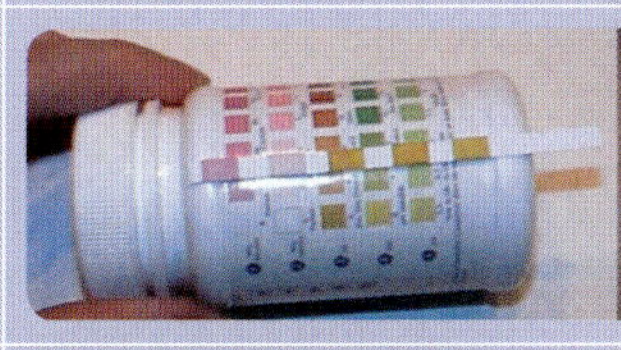 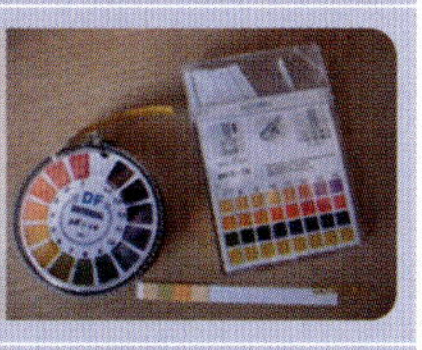
Tubes colorimétriques spécifiques (gaz et liquides volatils) jusqu'à 34 composés	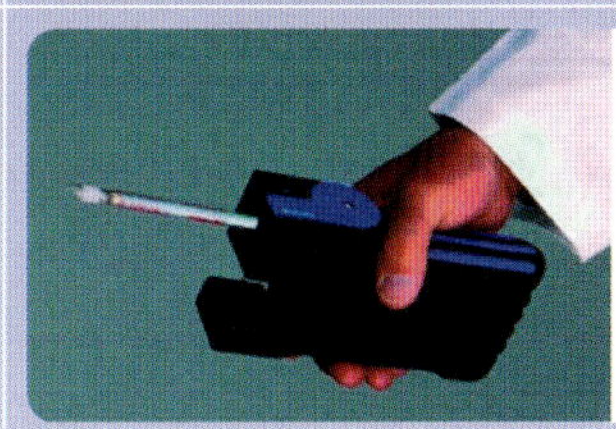 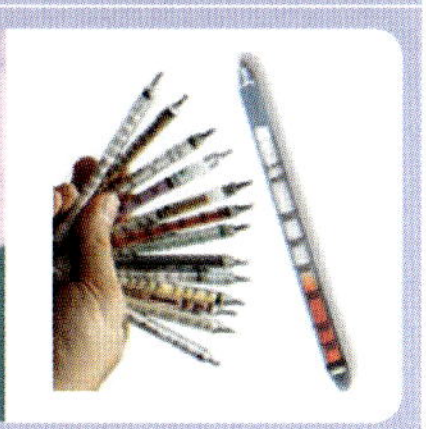 *Draeger*

obtenues est effectuée par des chimistes qualifiés.

3.2. Identification des produits sur le terrain

Les équipements permettant l'identification sont de conception analogue aux appareils matériels de laboratoire classique et possèdent des performances analytiques comparables tout en répondant aux exigences de portabilité requise pour des matériels de terrain. L'équipement permet de répondre à des besoins d'analyse de substances organiques et minérales dans tous types de matrice. Il comporte des matériels compacts et robustes qui doivent être peu gourmands en énergie et doivent notamment pouvoir supporter les éventuels chocs lors des déplacements du camion.

Les principaux appareils d'identification employés sont indiqués dans le ***Tableau 3***.

Tableau 3

Exemples de matériels couramment utilisés par le laboratoire mobile.

Spectrométrie Infrarouge à transformée de Fourier (IRTF) (liquides et solides) – (gaz et liquides volatils)	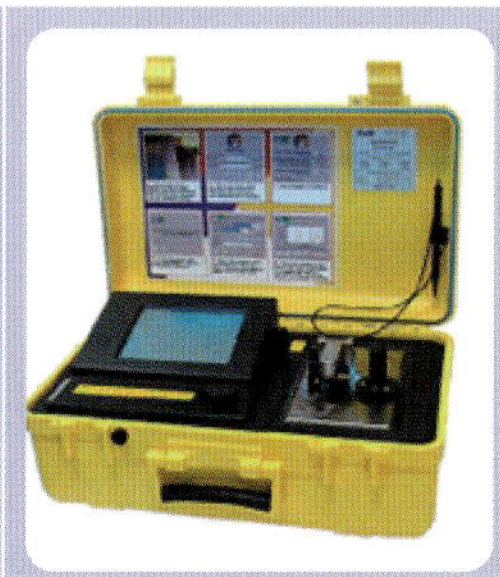  *Smiths detection* *Gasmet*
Spectrométrie de fluorescence X dispersif énergie (liquides et solides)	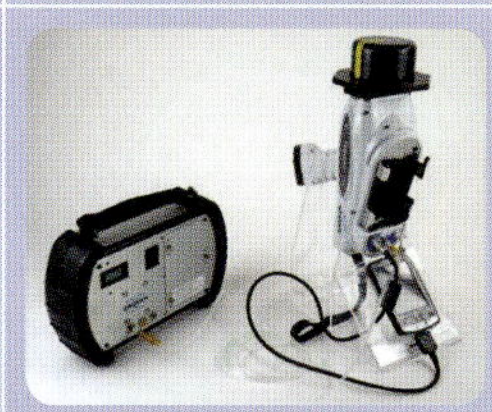 *Bruker*
Spectrométrie Raman (liquides et solides)	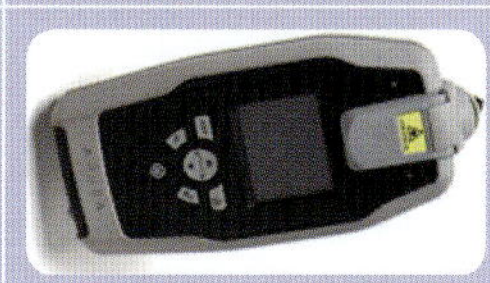 *AHURA*
Chromatographie en phase gazeuse couplée à de la spectrométrie de masse (CPG/SM) (gaz et liquides volatils)	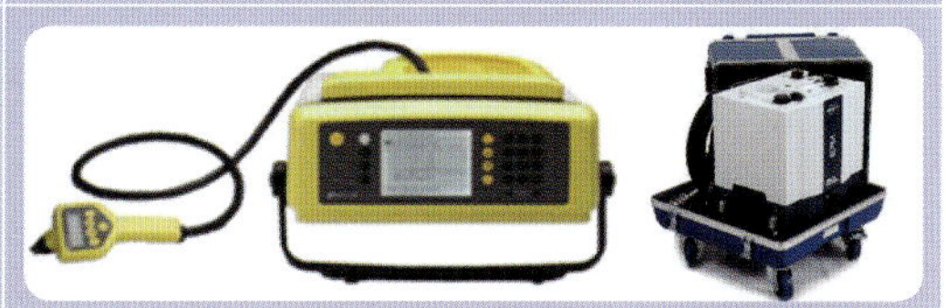 *Inficon* *Bruker*

3.3. Les prélèvements

L'équipe sur le terrain doit pouvoir effectuer un prélèvement intègre et représentatif des agents chimiques mis en œuvre, sans altération de sa nature et de ses caractéristiques. Une bonne analyse sur un prélèvement réalisé néanmoins de manière incorrecte ou mal conservé peut avoir des conséquences néfastes sur la bonne conduite des investigations. Le prélèvement doit pouvoir être au besoin conservé afin de constituer une preuve ou être destinée à des analyses complémentaires en laboratoire d'expertise.

La stratégie de prélèvement, le conditionnement et la conservation sont donc des points essentiels sur le terrain, au préalable de l'analyse. Le conditionnement adéquat est réalisé par des person-

A

B

Figure 6

Divers kits de prélèvement pour assurer un prélèvement intègre et représentatif.
A) Gaz et vapeurs : pompes, poches en matière souple de un à deux litres et tubes absorbants (charbon actif, gel silice, polymères type Tenax©) ; B) Liquide et solides : emballage adapté (verre, plastique, étanchéité).

Sources : trois dernières photos : Préfecture de police.

nels qualifiés. Pour cela, ils disposent de différents types d'emballages adaptés au type de matrice à prélever (**Figure 6**) : par exemple, pour les gaz et les vapeurs, les agents disposent de poches en matières souples de un à deux litres, de tubes absorbants (charbon actif, gel de silice, polymères du type Tenax©). Pour les liquides et les solides, on utilisera des bocaux étanches en verre ou en plastique.

4 Un exemple d'enquête explosive

Illustrons la méthodologie et le fonctionnement du laboratoire d'analyse mobile sur une scène de crime en présentant un cas fictif mais néanmoins inspiré de faits réels.

4.1. Le contexte

Vers 06 h 30, un dimanche matin, dans une zone pavillonnaire très tranquille, une forte explosion fait trembler tout le quartier. Les services de secours, sapeurs pompier, SAMU et police sont alertés, un périmètre de sécurité est établi. Les démineurs du LCPP sont appelés et arrivent rapidement sur place, ils procèdent à la sécurisation conjointement aux équipes d'intervention qui ont établi un périmètre de sécurité. Le siège de l'explosion est rapidement identifié : un cabanon situé dans le jardin de l'un des pavillons (**Figure 7**).

Il est important de toujours penser en termes de sécurité dans le cadre d'une intervention sur explosion, la prise en compte du contexte est primordiale.

Les premiers éléments apportés par une rapide enquête réalisée dans le voisinage font apparaître que : l'occupant des lieux est un individu âgé d'environ trente-cinq ans, qui vit seul dans la grande maison familiale depuis le décès de ses parents dans un accident survenu une dizaine d'années auparavant. Doctorant en chimie analytique dans une

Figure 7

Explosion signalée dans un cabanon de jardin : alerte des services de secours et de police (SAMU, Sapeurs-Pompiers,...), intervention des démineurs, des enquêteurs techniques post-explosion du LCPP et du laboratoire d'analyse mobile.
Source : Préfecture de Police.

université parisienne, il a alors brutalement abandonné ses travaux de recherche. Sans emploi, taciturne, voire perturbé, il mène depuis une vie assez solitaire ; il ne reçoit pas et ne fréquente pas son voisinage. Ses proches voisins signalent qu'il effectue de nombreux allers-retours nocturnes depuis la maison vers le cabanon dans lequel il passe beaucoup de temps. Les opérations de reconnaissance qui sont effectuées conjointement par les démineurs et par les services de secours permettent de retrouver l'occupant couché sur l'herbe à côté du cabanon. Il est gravement blessé, inanimé, il présente des blessures sur tout le corps, notamment des brûlures au niveau des cheveux. Il est en détresse respiratoire, son avant-bras droit a été arraché, son torse et la face avant de ses cuisses comportent des traces de multi-impacts, et son bas-ventre est également déchiré. Il est évacué rapidement vers les services hospitaliers.

Une prise de contact dans les heures qui suivent avec les services municipaux permet aux services de police de récupérer un enregistrement effectué par les caméras de vidéosurveillance de la ville ; il permet de visualiser le cabanon du jardin et de constater que l'explosion a été relativement importante (***Figure 8***). On observe lors de l'explosion la formation d'une boule de feu (effets thermiques), des effets de souffle (poussée des cloisons) et des projections de débris, y compris métalliques, sur de grandes distances, ainsi que des effets thermiques.

Figure 8

Reconstitution en terrain d'essai de l'explosion survenue, sur la base des constatations techniques réalisées à partir des images de vidéosurveillance (effets de souffle et thermiques, projections).

4.2. Les dommages constatés sur le lieu de l'explosion : l'intérieur du cabanon

Les démineurs du LCPP poursuivent la sécurisation des lieux, en synergie avec l'équipe d'investiga-

Figure 9

Photos des lieux de l'explosion, à l'intérieur du cabanon.
Source : Préfecture de Police.

tion du laboratoire central (Permanence générale) chargée de mener l'enquête technique sur les lieux (***Figure 9***). Ils constatent à l'intérieur du cabanon les conséquences de l'explosion : la projection d'une multitude de petits débris partout sur de grandes distances, des cloisons qui ont été poussées de manière importante, des fenêtres et la porte qui ont été arrachées de leurs gonds ainsi que la porte, et des traces de carbonisation relativement limitées mais plus marquées au niveau du côté droit du canapé. L'ensemble des constatations conduit très rapidement à suspecter dans le cadre de cette explosion la mise en œuvre d'explosifs et permet d'exclure l'hypothèse que l'explosion soit consécutive à une fuite de gaz naturel.

En effet, les dommages constatés sont caractéristiques de la mise en œuvre de matière explosive, les blessures présentées par la victime confirment également cette hypothèse. La suspicion d'usage d'explosif se trouve avérée lors des inspections qui sont réalisées dans le reste de la maison.

4.3. L'inspection et la sécurisation des lieux par les démineurs

L'inspection des lieux permet de constater la présence de grandes quantités de produits chimiques entreposés dans le sous-sol de la maison, dans la cuisine et dans la salle de bains. Il s'agit de produits qui sont facilement accessibles car ils peuvent être achetés en grandes et moyennes surfaces (***Figure 10***) : de l'acétone, de l'acide sulfurique, de l'eau oxygénée, des nitrates, des chlorates, des engrais. Les emballages des produits étant relativement intègres voire non entamés, leur contenu est donc identifié et ne nécessite pas une vérification analytique.

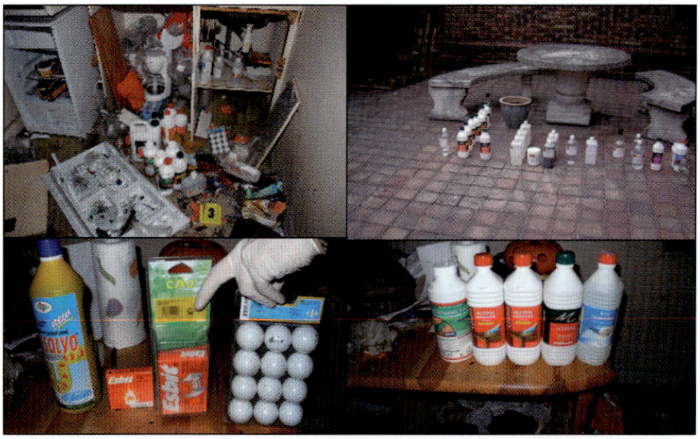

Figure 10

Au cours de l'inspection/ sécurisation par les démineurs du LCPP, de très nombreux produits chimiques sont retrouvés dans le cabanon et dans le sous-sol de la maison (produits de laboratoire et de commerce), et notamment des précurseurs d'explosifs artisanaux.

Les produits retrouvés entrent dans la fabrication d'explosifs artisanaux[4] ou dans l'élaboration de mélange explosifs avec parfois ajout de produits de consommation (sucre, café, farine,...). Un explosif artisanal peut être préparé suite à une synthèse ou à la réalisation d'un mélange relativement simple obtenu à partir de produits achetés dans le commerce. L'explosif obtenu peut posséder des propriétés extrêmement puissantes par les dommages qu'il peut occasionner. La seule limite malheureusement dans la fabrication et la mise en œuvre de ces explosifs, dont

4. D'après l'Article L2353-4, modifié par Loi n°2005-1550 du 12 décembre 2005 - art. 12 JORF 13 décembre 2005, sont punies d'un emprisonnement de cinq ans et d'une amende de 3 750 € : 1) la fabrication, sans autorisation, d'un engin explosif ou incendiaire ou d'un produit explosif, quelle que soit sa composition ; 2) la fabrication de tout autre élément ou substance destinés à entrer dans la composition d'un produit explosif. Les peines sont portées à dix ans d'emprisonnement et à 500 000 € d'amende lorsque l'infraction est commise en bande organisée. La peine privative de liberté encourue par l'auteur ou le complice des infractions prévues au présent article est réduite de moitié, si ayant averti l'autorité administrative ou judiciaire, il a permis de faire cesser les agissements incriminés et d'identifier, le cas échéant, les autres auteurs ou complices.
Le projet de loi présenté en juillet 2014 vise à renforcer l'arsenal juridique français dans la lutte contre les actes de terrorisme, par le renforcement du code pénal prenant en compte l'interdiction de diffusion de procédés permettant la fabrication d'engins explosifs et la notion d'entreprise terroriste individuelle.

les recettes sont diffusées sur les sites Internet, est l'imagination des auteurs qui en subissent parfois les conséquences, en cas d'accidents dangereux voire mortels.

Certains des explosifs artisanaux peuvent également être très sensibles à un choc ou à une variation de température : par exemple, placer au réfrigérateur la préparation et l'en sortir pourrait initier l'explosion.

Par ailleurs, de la verrerie de laboratoire, dont certains récipients contiennent des préparations non identifiables, est également retrouvée sur les lieux. L'ensemble de ces éléments permet d'établir que nous sommes en présence d'un laboratoire d'explosifs que l'on peut qualifier d'artisanal ou de « fait-maison » (home made). Dans la cuisine et la salle de bains, on retrouve des récipients et des produits de toutes natures (***Figure 11***) : des moules à gâteaux remplis avec des poudres de couleur orangée, d'autres avec de la poudre brunâtre, des boîtes de poudres chocolatées qui contiennent une poudre blanche, des sacs blancs remplis de petits granules blancs sans aucune mention, ou encore, dans des petits ramequins placés dans le réfrigérateur, de la poudre blanche légèrement cristallisée, ainsi que des blocs informes d'une

Figure 11

Des produits (poudre blanche, orange...) et récipients (moules à gâteaux, sacs plastique...) retrouvés sur le lieu de l'explosion témoignent de la présence d'un laboratoire improvisé.

Source : LCPP.

matière souple légèrement élastique dont l'aspect évoque des galettes alimentaires.

4.4. Analyse sur le terrain en vue de l'identification des substances trouvées

Le risque explosif des substances chimiques étant suspecté, il est nécessaire d'identifier la nature des produits qui ont été trouvés sur les lieux par les démineurs et établir leurs éventuelles caractéristiques pyrotechniques (sensibilité,...) afin de décider des suites des opérations à mener : notamment la manipulation des produits et la poursuite des opérations de perquisition pour les services de police dans un environnement qui doit avoir été sécurisé.

L'assistance technique du laboratoire mobile est donc demandée. Par mesure sécuritaire, les démineurs effectuent des prélèvements de quantités infimes des produits, qui sont transmis au fur et à mesure au laboratoire mobile. Ce dernier est positionné en base arrière, dans la rue, prend en charge les prélèvements et effectue en premier lieu une levée de doute quant au danger présenté par les produits (émissions de radiations, de vapeurs toxiques,...) puis poursuit les analyses en vue d'identification. En fonction du danger présenté par le produit, les intervenants restent équipés des EPI (Equipements de Protection Individuels) adaptés ; ainsi, en cas d'émanations toxiques avérées, le produit est manipulé sous hotte exclusivement et les intervenants s'équipent d'un masque de protection respiratoire filtrant

L'identification des substances se fait selon un protocole d'analyse qui est fonction de la matrice présentée par le produit. Les techniques appliquées sont rapides, non destructrices, et ne nécessitent que de faibles quantités d'échantillon. Dans le cas présent, nous sommes essentiellement en présence de produits solides ou de poudres. Les analyses font alors appel aux méthodes d'infrarouge par transformée de Fourier[5] (IRTF), de la spectrophotométrie Raman[6], et pour l'aspect minéral, de la fluorescence X[7] de terrain (***Figure 12***) est mise en oeuvre.

De manière générale, l'analyse chimique est basée sur un principe général commun : une action (excitation par de la lumière, par un bombardement de photons ou de particules,...) est exercée sur la matière qui est constituée d'atomes organisés en molé-

5. La spectroscopie infrarouge à transformée de Fourier (IRTF) est une technique utilisée pour obtenir le spectre d'absorption, d'émission, la photoconductivité ou la diffusion Raman dans l'infrarouge d'un échantillon solide, liquide ou gazeux.
6. La spectroscopie Raman est une méthode non destructive d'observation et de caractérisation de la composition moléculaire et de la structure externe d'un matériau, qui exploite le phénomène physique selon lequel un milieu modifie légèrement la fréquence de la lumière y circulant.
7. La fluorescence X est une technique d'analyse élémentaire non destructive de l'échantillon, utilisée pour l'analyse de la composition chimique des matériaux minéraux.

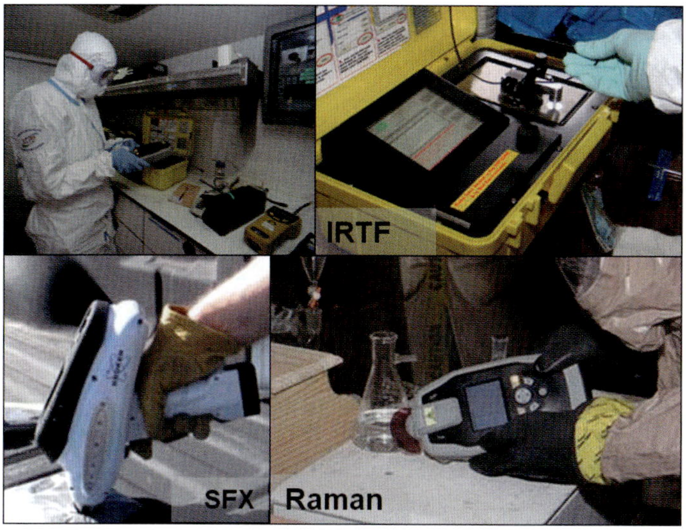

Figure 12

Une partie des équipements analytiques du laboratoire mobile.
Source : Préfecture de Police.

cules et va induire une réaction au sein de la matière : vibration, rotation, excitation, ionisation, diffusion, coupure, qui est accompagnée de phénomènes (émission de photons, d'électrons), qui sont capturés par les détecteurs internes des analyseurs.

Quelques-uns des principes utilisés sont schématisés sur la ***Figure 13***. Ainsi, l'énergie infrarouge est absorbée par la molécule et provoque des vibrations, ou dans le cas de la spectrométrie Raman, les photons incidents induisent une diffusion (***Figues 13A*** et ***13B***). Dans le cas de la fluorescence X, les photons incidents conduisent à l'éjection de l'un des électrons des couches internes de l'atome dont la lacune est comblée par une réorganisation du nuage électronique et est accompagnée d'une émission de photons qui conduisent à l'élaboration d'un spectre énergétique spécifique (***Figure 13C***).

Les rayonnements émis par la matière sont détectés et permettent l'obtention de spectres caractéristiques des molécules et des atomes présents. Ces spectres, qui sont l'empreinte identitaire de la matière analysée et des molécules qui la composent, sont comparés aux références des bibliothèques de spectres de référence intégrés dans chacun des appareils (actuellement de 21 000 références pour l'IRTF et de 8 000 pour le Raman). Il s'agit de bibliothèques évolutives qui peuvent être enrichies par les utilisateurs.

Cependant, le travail de l'identification ne se limite pas à une simple comparaison par la machine avec des spectres références ; l'expert chimiste doit déjouer certaines difficultés qui apparaissent lors de l'interprétation de spectres complexes (***Figure 14***) :

- des produits différents peuvent présenter des spectres quasiment semblables ;
- certains produits ne sont pas référencés dans les banques de données ;

Figure 13

Principe de fonctionnement des techniques d'IRTF (A), de Raman (B) et SFX (C).

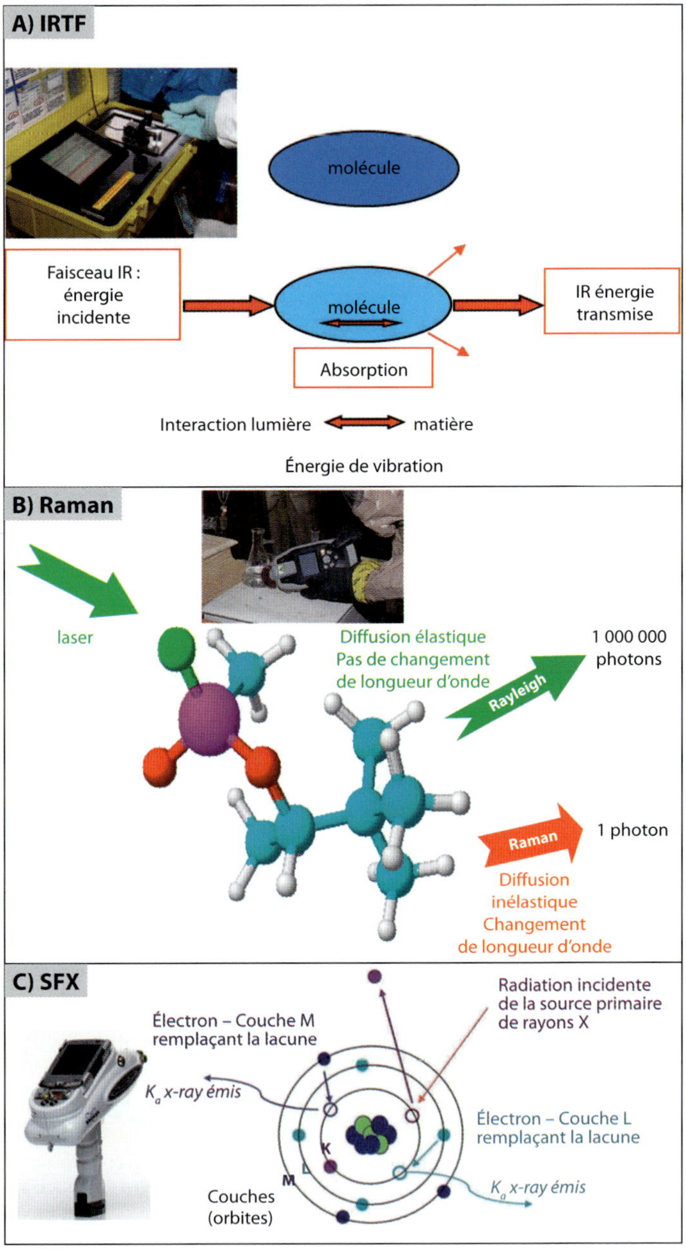

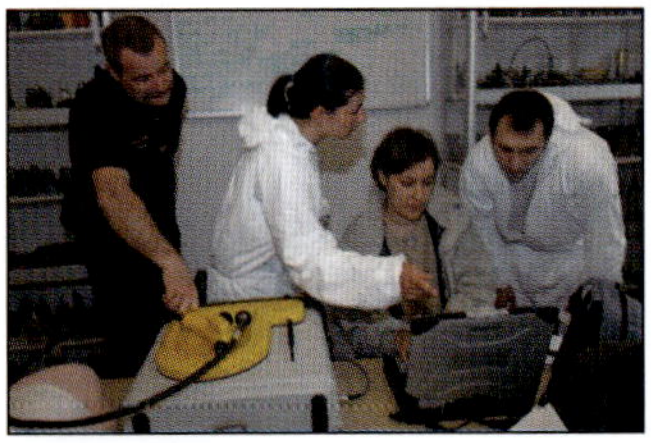

Figure 14

L'analyse sur le terrain pose parfois des difficultés aux chimistes.

Source : Préfecture de Police.

– certains mélanges peuvent conduire à des spectres très complexes difficiles à analyser ;

– des problèmes inhérents à la matrice peuvent apparaître selon la technique. Ainsi, un produit de couleur sombre va induire des phénomènes de fluorescence qui empêche de procéder à une analyse par spectrométrie Raman.

Afin d'illustrer cette méthodologie, deux exemples d'identification réalisée sur le terrain, dans le cadre de notre cas d'illustration, sont présentés.

4.5. Exemple de l'analyse de la poudre « brune » sur le terrain

Prenons comme premier exemple une poudre brune retrouvée dans un plat de cuisson en terre cuite (***Figure 15***). Cette poudre présente un aspect très hétérogène ; à l'œil nu, la présence conjointe de particules de couleur blanche et de particules de couleur jaune est observée. Au premier abord, cette poudre présente un aspect évoquant celui du sucre cassonade.

La première difficulté présentée pour une analyse terrain est la nature hétérogène de la poudre car les analyses son effectuées de manière moyennée sur une fraction de l'échantillon.

En premier lieu, l'analyse élémentaire effectuée par spectrométrie fluorescence X à dispersion d'énergie met en évidence la présence massive des éléments chlore et sodium. Il s'agit d'éléments légers dans une matrice organique et donc d'un contexte défavorable pour une analyse réalisée par SFX. En effet, la technique présente une sensibilité médiocre aux éléments légers qui peuvent néanmoins être détectés si présents en quantités importantes.

L'analyse réalisée par spectrométrie Raman permet une comparaison avec le spectre d'un chlorate de sodium. Les pics majeurs du spectre de l'échantillon correspondent au spectre référence mais le spectre acquis est très « bruité ».

L'analyse réalisée par IRTF sur une fraction moyenne de l'échantillon conduit à l'obtention d'un spectre (***Figure 15A***) qui présente un premier massif de pics autour de 1 000 cm^{-1}, un second autour de 1 500 cm^{-1} et un dernier autour de 3 000-3 500 cm^{-1}. Une comparaison du spectre acquis (en rouge) avec les spectres de référence de la bibliothèque conduit à une première proposition d'un spectre de lessive (en bleu), qui présente des similitudes avec notre acquisition mais n'est pas complètement superposable.

Notre « sucre cassonade » ne présente ni l'aspect, ni l'odeur d'un produit lessiviel ; la proposition analytique s'en trouve d'autant moins crédible.

Afin de poursuivre les analyses, un tri manuel est réalisé sur le mélange hétérogène en constituant deux fractions : l'une composée de particules de couleur jaune et l'autre de particules de couleur blanche. Ces deux fractions sont analysées par spectrométrie IRTF (***Figues 15B*** et ***15C***, respectivement). Les spectres acquis (en rouge) montrent une parfaite cohérence avec les spectres de référence d'un chlorate de soude (massif à 1 000 cm^{-1}) pour les particules jaunes et avec la référence sucre (massifs à 150 et 3 000-3 500 cm^{-1}) pour les particules de couleur blanche.

La poudre brune découverte dans le plat à four en terre cuite serait donc un mélange constitué de chlorate de sodium et de sucre. Ce mélange constitue effectivement un mélange explosif artisanal peu sensible. Le risque explosif a donc pu être rapidement

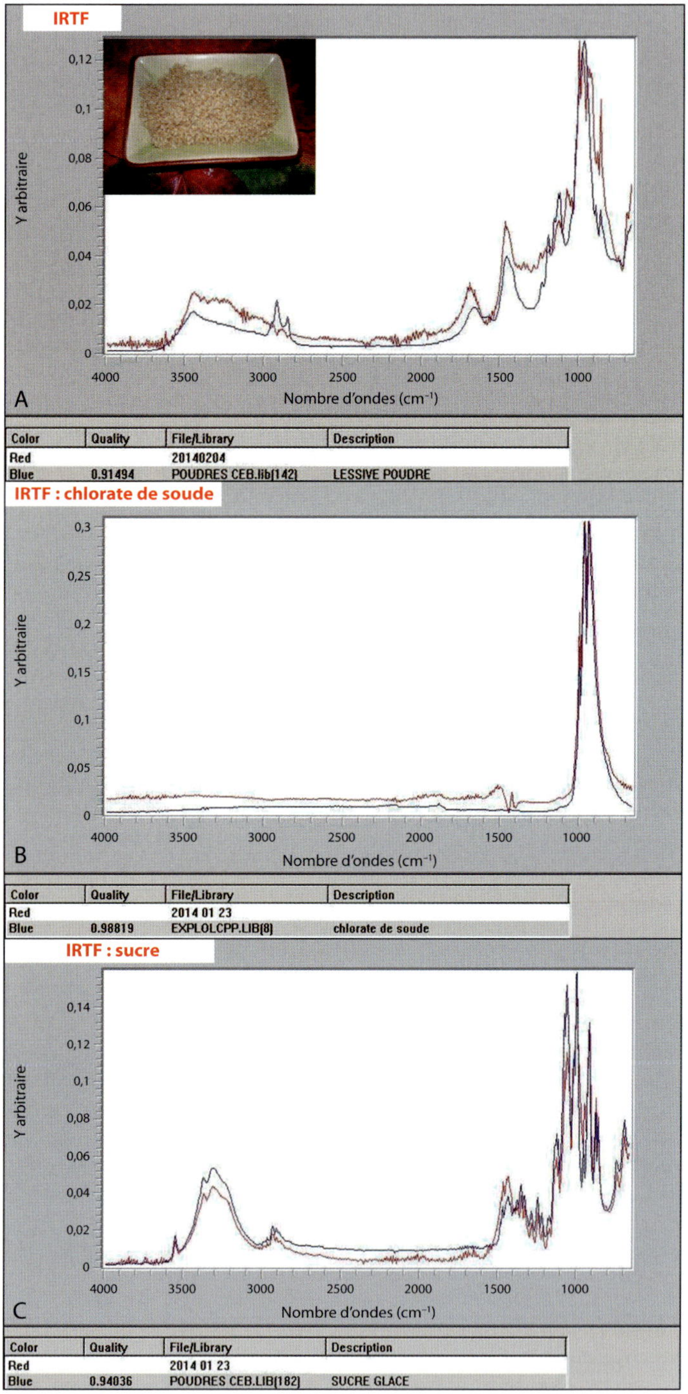

Figure 15

Résultats des analyses spectrométriques du mélange de la poudre brune : A) spectre de fluorescence X ; B) spectre Raman ; C) spectre IRFT de la poudre brune.

confirmé et évalué sur le terrain, le produit peut donc être manipulé sans danger.

4.6. Les analyses en laboratoire vont apporter des compléments pour les enquêtes de police

Un prélèvement de la poudre est conditionné dans un tube en matière plastique et ramené au LCPP pour affiner les résultats obtenus sur le terrain par les moyens analytiques d'expertise. Il s'agit de confirmer la composition des éléments majeurs et de procéder à la recherche de composés mineurs ou traces qui peuvent présenter un intérêt particulier pour l'enquête judiciaire car ils permettent d'établir la « signature » d'un explosif ou d'un mélange (rapprochement d'affaires).

L'observation au microscope (***Figure 16B***) montre effectivement la présence de deux types de cristaux différents dans la poudre. L'analyse par micro-spectrométrie IRTF permet une analyse spécifique d'un cristal choisi et l'obtention de spectres plus propres : pour le mélange brut (***Figure 16A***), le chlorate (***Figure 16C***) et le saccharose (sucre) (***Figure 16D***).

Une analyse réalisée par Chromatographie gazeuse couplée à la spectrométrie de masse (GC/MS) sur un extrait préparé à partir de la poudre permet d'établir l'absence de tout composé organique volatil dans le mélange.

La poudre est donc constituée d'un mélange de chlorates de sodium, de sucre de table et contient une faible quantité de carbonates.

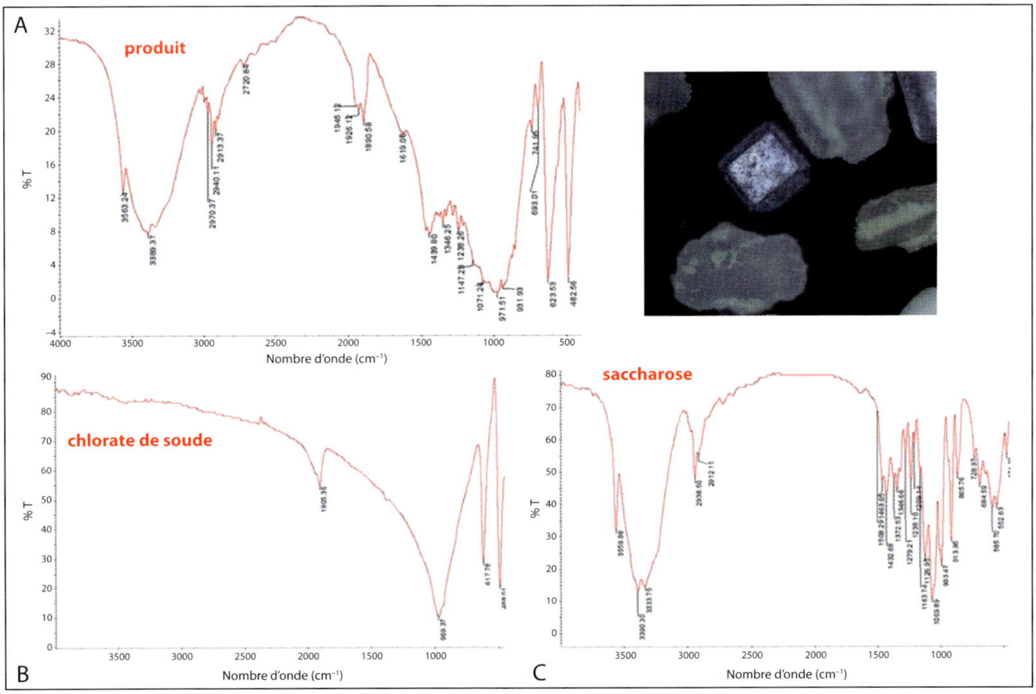

Figure 16

Analyses ITRF : A) de la poudre ; B) du chlorate de soude ; C) du saccharose. Photo : observation microscopique (×100 réflexion) de la poudre.

4.7. Analyse de la « galette » prélevée sur le terrain

Lors des opérations de reconnaissance, les démineurs ont retrouvé une sorte de « galette » constituée d'une matière souple et élastique. Une fraction est prélevée sur ce bloc par découpe à l'aide d'un outil en bois.

L'analyse par SFX effectuée sur la galette conduit à l'obtention d'un spectre qui présente une importante ligne de base mais ne permet pas d'identifier la présence de composés élémentaires car il s'agirait d'une matière de nature organique et non minérale. La technique de SFX portable dispersif d'énergie ne permet pas d'identifier la présence d'hydrogène, de carbone et d'oxygène qui constituent les composés organiques.

En revanche, les analyses effectuées par spectrométrie infrarouge IRTF (***Figure 17A***) et par spectrométrie Raman (***Figure 17B***) confirment toutes deux que la galette renferme du TATP (peroxyde d'acétone) en grandes quantités. Le TATP est un explosif primaire, très puissant relativement facile à élaborer avec des produits du commerce. Sur les spectres, bien que la présence d'autres substances ait été constatée, l'identification par les seules méthodes de terrain ne peut être réalisée. Toutefois, l'objectif d'identifier sur le terrain le danger présenté par les produits (ici explosif) est atteint, il conditionne les conditions de manipulation du produit. Seule l'analyse a permis d'identifier la présence de TATP dans cette forme non conventionnelle et transformée. En effet, le TATP est une poudre de couleur blanche cristalline à l'odeur âcre, alors que la galette présente un aspect jaune claire et une consistance qui lui a été conférée par l'ajout d'une substance qui permet de diminuer la sensibilité du TATP sans en modifier la puissance. Sous cette forme, il est plus difficile à amorcer, ce qui réduit les risques lors de sa manipulation.

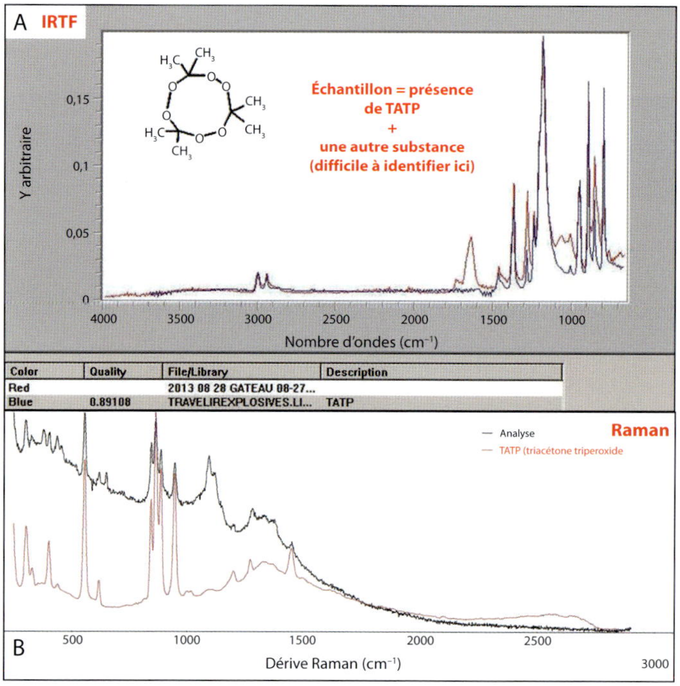

Figure 17

Analyse sur le terrain de la galette : A) spectre IRFT et B) spectre Raman.

4.8. Analyse de la « galette » au laboratoire d'expertise

Afin répondre aux besoins de l'enquête, les analyses sont poursuivies et complétées en laboratoire sur la matière. Une première analyse réalisée par IRTF sur la matière brute permet de confirmer la présence de TATP (***Figure 18A***). Une fraction de la matière est traitée par une extraction sélective qui permet de séparer le TATP des autres constituants résiduels, et l'identification de la présence de nitrocellulose (***Figure 18B***).

De la nitrocellulose (provenant d'un objet usuel) a donc été mélangée au TATP au cours du processus de fabrication afin d'en réduire sa sensibilité ; on dit qu'il a été flegmatisé.

4.9. Étude du reste des prélèvements des nombreuses poudres suspectes

De nombreuses poudres suspectes de toutes les couleurs – ocre, rose, blanc, jaune – ont été trouvées un peu partout dans la maison dans des récipients de nature très diverses, et sont analysées sur le terrain dans le camion du laboratoire mobile. Rien ne permet à l'œil nu d'établir leur nature chimique, l'apport de l'analyse sur le terrain est donc indispensable avant tout déplacement des produits (***Figure 19***).

De nombreuses substances sont identifiées : dont du PETN (pentrite[8] en poudre), qui est un explosif secondaire, du nitrate d'urée et du nitrate fioul, qui sont également des matières explosives peu sensibles, et qui peuvent être élaborées de manière artisanale, du chlorate de potassium, qui est employé en tant que précurseur, du salpêtre (le fameux KNO_3 utilisé dans la poudre noire), des mélanges chlorates-sucre, de l'hexamine, qui peut aussi être utilisée en précurseur d'un explosif artisanal primaire qui est l'HMTD, et enfin des sucres glace et des sucres semoule. Sur la base des informations

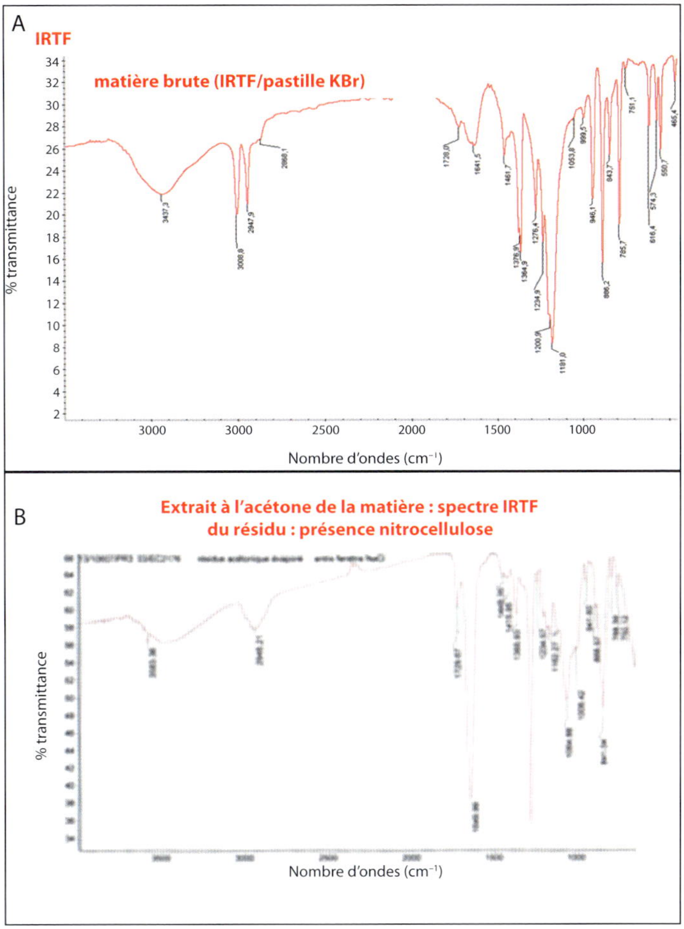

Figure 18

Analyse de la galette en laboratoire : A) spectre IRFT de la matière brute ; B) spectre IRFT du résidu obtenu après extraction du TATP présent.

8. Le tétranitrate de pentaérythritol ou PETN (tétranitrate de pentaérythrite, aussi connu sous le nom de pentrite) est l'un des plus puissants explosifs connus. Il est plus sensible aux chocs ou à la friction que le TNT. Il est principalement utilisé dans les cordeaux détonants pour les mines ou les carrières, ou dans les cartouches de petits calibres.

Figure 19

Prélèvements des diverses poudres suspectes.

issues du laboratoire mobile, une orientation est donnée à ces produits pour leur élimination en l'état et/ou neutralisation sur site, et pour certains, une étude ultérieure complétée au laboratoire d'expertise est requise.

4.10. Suite de l'intervention et de l'enquête : sécurisation, prélèvements conservatoires

Ces explosifs artisanaux (TATP et HMTD), sensibles et puissants, sont présents parmi les produits retrouvés ; leur état est inconnu et il convient dans ces conditions de les neutraliser avant tout déplacement.

Ces types d'explosifs seront donc neutralisés sur le site par les démineurs par solubilisation dans un solvant adapté afin de permettre le transport jusqu'à un site permettant sa destruction (***Figure 20***). Une faible quantité est solubilisée et conservée pour poursuivre les analyses en laboratoire. Les produits chimiques non sensibles seront évacués de manière classique et des prélèvements conservatoires constitués sur chacun.

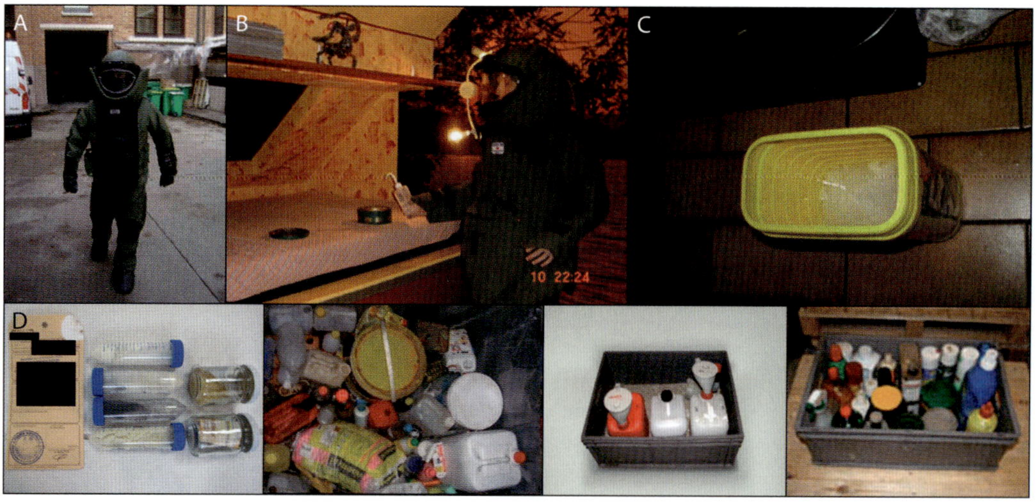

Figure 20

La fin de l'intervention : A) démineur du LCPP en tenue lourde EOD ; B) TATP en cours de neutralisation ; C) neutralisation du TATP sur site par solubilisation ; D) évacuation des produits chimiques après constitution de prélèvements conservatoires de l'ensemble des substances.

Les avantages d'un laboratoire mobile sur le terrain

Dans les exemples présentés, les analyses effectuées sur le terrain ont permis d'établir rapidement la nature chimique des substances découvertes et leur dangerosité éventuelle, permettant de prendre les décisions appropriées pour la sécurité de l'ensemble des intervenants présents sur le site et d'orienter les suites de l'enquête.

La fiabilité des résultats obtenus sur le terrain par le laboratoire mobile de la Préfecture de Police est assurée par l'expertise apportée par les intervenants chimistes qualifiés qui procèdent aux interprétations.

Fiabilité et rapidité sont donc les avantages apportés par l'action du laboratoire mobile sur le terrain qui est adossé aux laboratoires d'analyse.

Toutefois, malgré ses avantages reconnus qui en font un acteur incontournable en cas d'incident ou de malveillance à caractère chimique, le laboratoire mobile ne peut venir, à lui seul, se substituer totalement aux laboratoires d'analyses. En effet, ces derniers apportent une confirmation aux premières analyses de terrain, et les complètent par des capacités analytiques additionnelles qui permettent d'approfondir le processus d'identification.

Par ailleurs, dans le quotidien, les risques rencontrés se multiplient et les besoins d'analyse se diversifient, avec un besoin de plus en plus affirmé d'obtenir une réponse rapide et précise. Afin d'y répondre, le laboratoire central a mis en place une stratégie de maintien des compétences d'analyse par l'acquisition de nouveaux matériels, un enrichissement des bibliothèques de référence et une adaptation des processus de laboratoire aux contraintes des appareils de terrain en développant notamment de nouvelles méthodes, ceci afin de répondre aux besoins émergents.

René Amalberti

Opinion publique et exigence sécuritaire

Conséquences pour les installations industrielles

Spécialiste français de la sécurité des systèmes complexes, qu'ils soient biologiques ou techniques, et plus particulièrement de l'erreur humaine, René Amalberti a effectué une grande partie de sa carrière dans le Service de Santé des Armées, carrière qu'il a quittée pour rejoindre la Haute Autorité de Santé. Il a participé à un grand nombre de sociétés savantes et de conseils scientifiques, en particulier la direction du Conseil scientifique de l'Institut National de l'Environnement industriel et des Risques[1] *(INERIS). Enfin, il a participé à la création de l'Institut pour une culture de sécurité industrielle (Foncsi) dont il est l'actuel directeur (bénévole).*

1 Leçons industrielles de la sécurité

1.1. Une évolution dans tous les domaines

Le fait marquant en matière de sécurité est une spectaculaire progression dans tous les domaines. En sécurité routière, on a progressé d'un facteur deux dans les trente dernières années (***Figure 1***), et le taux d'accidents aériens a diminué de facteur 0,5 depuis les années 1970 (***Figure 2***).

Mais, quand on dit que la sécurité progresse, il faut admettre que cela reste tout de même relatif et varie dans des proportions considérables selon les types d'activités ; la sécurité dépend d'une multitude de paramètres. La ***Figure 3*** montre bien les niveaux très différents que présentent différents domaines en matière de sécurité.

1. L'INERIS est un établissement public (EPIC) créé le 7 septembre 1990 et placé sous tutelle du ministère chargé de l'Écologie (site : www.ineris.fr). Voir la présentation générale de l'INERIS dans le ***Chapitre de P. Toulhoat*** dans *Chimie et expertise, sécurité des biens et des personnes*, coordonné par M.-T. Dinh-Audouin, D. Olivier et P. Rigny, EDP Sciences, 2014.

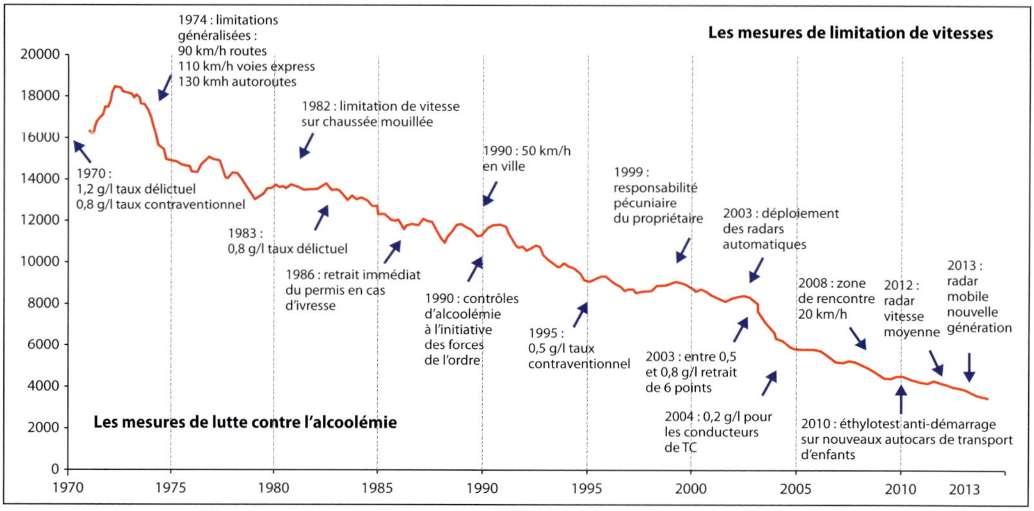

Figure 1

Évolution de la mortalité sur les routes en France métropolitaine et des mesures de sécurité routière depuis 1970 (moyenne glissante sur douze mois).

Source : d'après l'Observatoire national interministériel de la sécurité routière (ONISR), 2014.

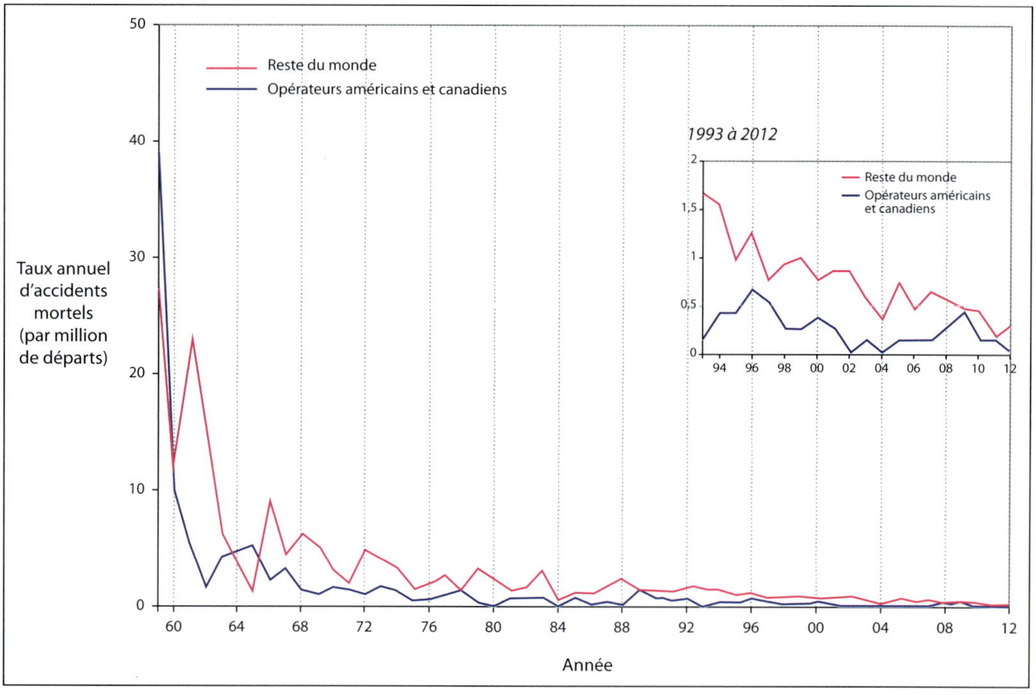

Figure 2

Évolution des accidents aériens depuis 1959.

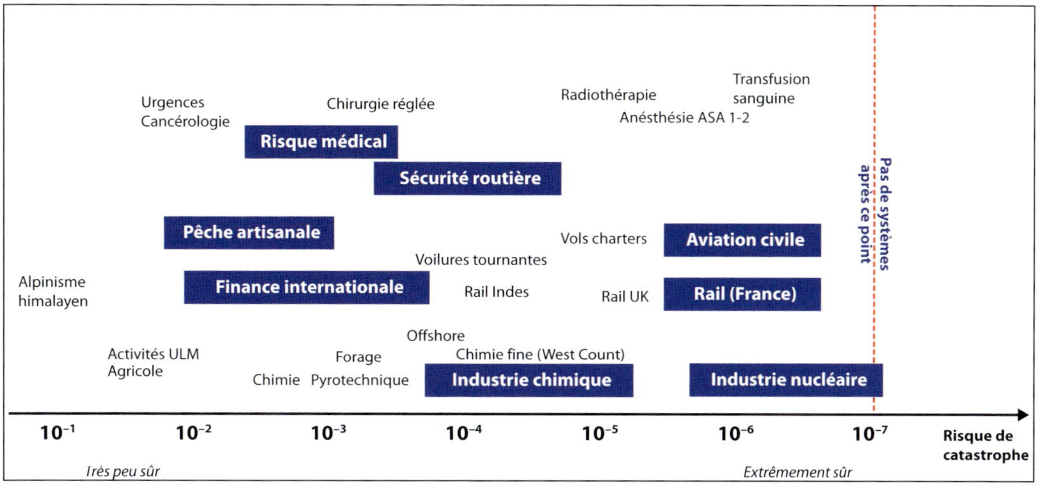

1.2. Différentes approches dans la gestion du risque

Considérons quelques cas. D'abord celui des marins pécheurs professionnels, une des professions artisanales les plus risquées du monde. Ces marins paraissent en première analyse peu sensibles à leur sécurité ; la quantité et la qualité du poisson pêché, les quotas, le prix à la criée, les pêches de leurs concurrents sont autant d'éléments qui les motivent fortement, loin devant les considérations sur les avaries, les dégradations météo et bien d'autres éléments liés à la sécurité immédiate du bateau. Pour autant, ils sont fortement demandeurs en matière de sécurité, par exemple pour se prémunir d'être percutés par de gros pétroliers.

Passons ensuite à un autre univers, celui de l'aviation civile par exemple. Dans les années 1990, avec l'arrivée des nouveaux avions automatisés, plusieurs accidents et incidents ont montré que les pilotes étaient en perte de compétence progressive en termes de maniement de leurs avions, particulièrement pour engager des manœuvres inusuelles. Le constat était mondial, et inquiétant. Comment ont réagi les autorités internationales devant cette situation ? Paradoxalement, elles n'ont pas demandé de formation pour ré-augmenter l'expertise de ces pilotes, visiblement perdue, mais ont décidé de miser encore plus sur la technologie, protéger l'avion par des mesures technologiques de filet de sauvegarde électronique ; ces autorités ont surtout décidé d'éviter de reformer une catégorie de pilotes qu'elles avaient mis trente ans à supprimer : des pilotes « cow-boys » indisciplinés engageant sur leur propre initiative des manœuvres dangereuses et des décisions personnelles contraires à celles du superviseur de la sécurité. Redonner massivement à l'échelle mondiale de la com-

Figure 3

Risques comparés dans les activités humaines.
Source : Amalberti R., Auroy Y., Berwick D., Barach P. (2005). *Ann Intern Med.*

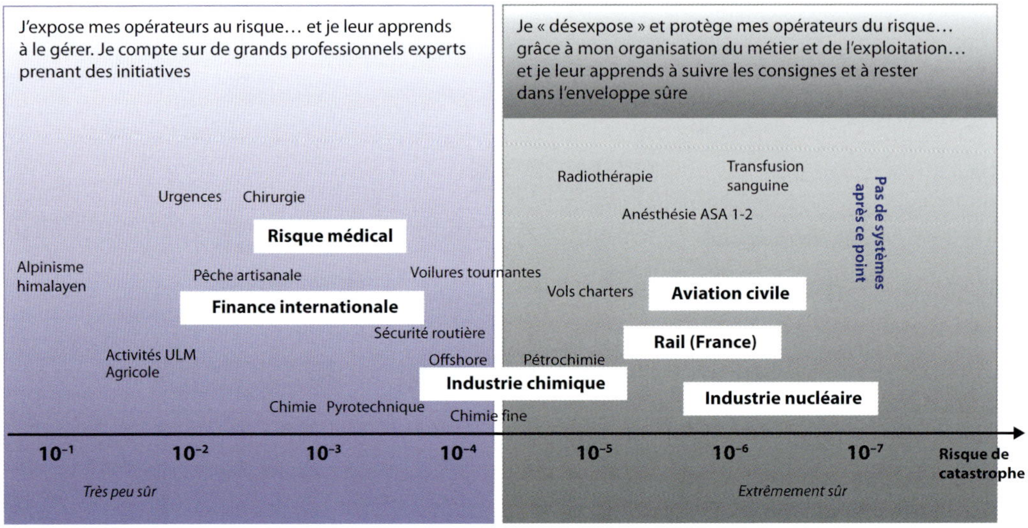

Figure 4

Deux stratégies de gestion du risque, en fonction du type de risque.

Figure 5

Le modèle des pompiers : travailler sur l'adaptation collective.

pétence rare aux pilotes était vécu par les autorités comme pouvant exceptionnellement sauver la mise d'une situation dangereuse (bénéfice rare), mais pouvant massivement donner de la sur-confiance et engager des prises de risque à mauvais escient (inconvénient dépassant largement le bénéfice rare escompté).

On devine dans ces deux exemples deux manières très différentes de gérer le risque (***Figure 4***). Quand on est du côté des systèmes les moins sûrs, on compte sur les experts, sur les outils qui permettent de rester exposé au risque et d'y résister. Dans les systèmes les plus sûrs, on fait une démarche qui est franchement différente : on s'en remet à un « superviseur » qui donne toutes directives pour éviter l'exposition au risque. Si vous voulez partir à Miami et qu'il y a une tornade à Miami, vous ne partirez pas à Miami ; aucun avion au monde ne se posera à Miami. Le risque est évité plutôt qu'affronté.

Un troisième modèle de gestion de la sécurité s'est développé entre ces deux extrêmes, dénommé HRO (« *High Reliability Organizations* »). Il repose sur la conviction qu'un groupe est plus capable qu'un individu d'analyser les causes d'un accident et de définir des mesures correctrices, à condition qu'il ait cultivé des valeurs d'engagement, d'alerte au moindre fait bizarre, de transparence sur les vraies causes des problèmes (éviter les accusations et les simplifications), de solidarité et de respect. Il est illustré par les équipes de pompiers, qui doivent et savent communiquer leurs impressions, leurs analyses et leurs propositions (***Figure 5***).

Le ***Tableau 1*** résume ces différentes situations, qui soustendent trois modèles de gestion des risques.

Tableau 1

Trois authentiques modèles de sécurité.

	Modèle de la Résilience	Modèle des HRO High-Reliability Systems	Modèles de l'Ultra sécurité
Rationalité, valeurs	La prise de risque est l'essence du métier. On recherche le risque pour survivre dans le métier	Le risque n'est pas recherché, mais il fait partie du métier. On protège les operateurs en priorité	Le risque n'est pas accepté, et est exclu, autant que possible. On protège les clients en priorité
Exemples	Pêche professionnelle Forage Aviation de combat (temps de guerre) Finance internationale Urgences hospitalières	Marine marchande Pompiers Industries pétrolières Industries de transformation Blocs opératoire, la plupart de l'hôpital	Aviation civile Trains et métros Industrie nucléaire Radiothérapie, laboratoire
Traits de culture principal	Fighter spirit, culte des exploits, des champions et des héros	Culte de l'intelligence du groupe, du leadership, de l'équipe, du « suivi de procédure intelligent »	Culte de la supervision technique (big brother), de l'application stricte des procédures et de la sécurité maximale. Poids des tutelles
Quel modèle de sécurité ?	La sécurité est bâtie sur les récits des héros qui ont survécu à des situations exceptionnelles. Seuls les succès sont vraiment analysés	On apprend des échecs passés pour surtout mieux gérer la même situation dégradée à l'avenir (récupération et atténuation)	On apprend des échecs passés pour surtout ne plus s'exposer à de telles condition (prévention)
Quel modèle de compétence et de formation ?	COWBOYS On forme les experts La compétence tient à l'expertise de chaque acteur	TEAM PLAYERS La compétence la plus importante à acquérir est celle de l'équipe à s'organiser (rôles), à se protéger mutuellement, à appliquer les procédures et compenser les manques	SUPERVISION La compétence des superviseurs est plus importante que l'expertise exceptionnelle des acteurs sur le terrain
Sécurité et progrès possibles	Entre 10^{-2} et10^{-4}	Entre 10^{-3} et10^{-5}	Entre 10^{-5} et10^{-6}

2 Les cycles de vie des solutions techniques

2.1. Les grandes phases des systèmes

Le niveau de sécurité d'une installation n'est pas dicté par les outils qui sont mis à disposition mais par le modèle économique et social dans lequel elle évolue. L'opinion publique et le niveau d'exigence qu'exprime ce modèle jouent un rôle déterminant. La notion de « cycle de vie », où l'on observe que la demande de sécurité varie avec la maturité, la jeunesse ou le vieillissement de l'installation, apparaît comme très importante (***Figure 6***).

Première phase : les temps héroïques, conception innovante

Une installation ou une technologie nouvelle est d'abord l'affaire des découvreurs. Ils évoluent dans une phase de risque maximum et bénéficient d'une tolérance très grande de la part de l'opinion due au fait que la technologie qu'ils découvrent, dont les risques sont mal connus et ne peuvent avoir de précédent, n'est pas exposée à une régulation juridique ou sociale concernant son niveau de risque.

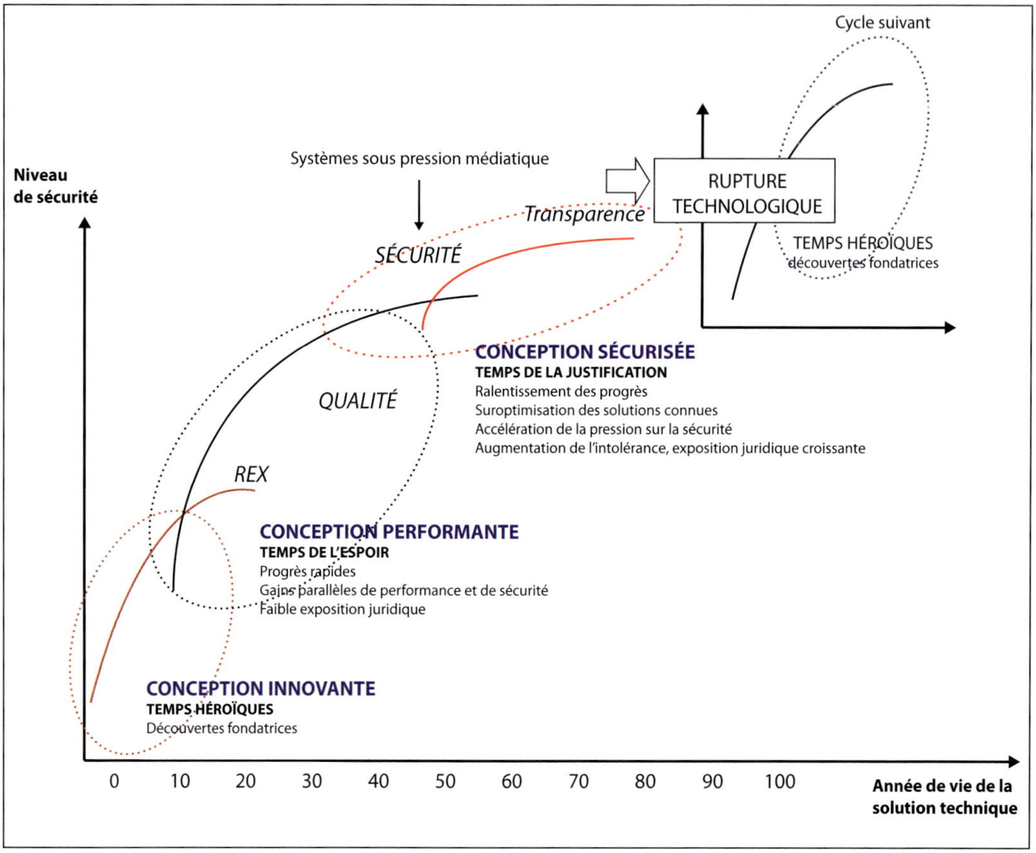

Figure 6

Cycle de vie des systèmes et exposition à l'intolérance.

Deuxième phase : les temps de l'espoir, conception performante

Suit une très longue période pendant laquelle les ingénieurs se saisissent de la découverte pour l'optimiser. C'est le temps heureux des techniciens puisque l'optimisation fait cohabiter performance et sécurité, et une très faible exposition à la justice, venant de l'absence d'expérience et donc de réglementation. En effet, cette situation entraîne l'évitement de la justice, qui ne peut pas vous condamner de ne pas posséder une connaissance qui n'existe pas, ni au niveau international ni au niveau national.

Troisième phase : les temps de la conception sécurisée

Au bout d'une certaine période, dont la durée dépend de la technologie en question, la possibilité de progression de la solution technique choisie atteint une limite. C'est en quelque sorte la fin de vie du système au point de vue technique, une phase où, du fait de l'expérience, on est arrivé au sommet de sa sécurité. Paradoxalement, la justice est à ce moment-là particulièrement agressive puisque tout étant connu, tout accident est suspect d'être dû à une mauvaise utilisation et donc de la responsabilité de l'opérateur. Il s'en suit que l'intensité de l'effort mis sur la sécurité est amené à croître très rapidement, au point de constituer un frein économique... et favoriser l'apparition de technologies nouvelles concurrentes.

2.2. Les exemples de la photographie et de l'aviation

Toutes les industries ont exactement suivi ces différentes phases. Voici deux exemples.

La photographie argentique, arrivée sur un plateau de non-évolution a essayé de mettre en œuvre de multiples optimisations coûteuses ; elle s'est fait déborder, puis complètement balayée, par une autre solution, la photographie numérique. On fait toujours de la photo : le système ne s'arrête jamais de faire ce qu'il doit faire, mais il le fait avec des logiques différentes.

C'est aussi ce qui s'est passé pour les ballons dirigeables, nés en 1910 en termes de technologie maîtrisée, qui a atteint en 1913 l'état de technologie exploitable, et en 1919 le plateau de l'explosion commerciale. En 1939, cette technique est morte parce qu'il n'y avait plus d'avenir avec l'hydrogène et qu'elle se trouvait concurrencée par une nouvelle alternative : l'aviation commerciale. L'aviation commerciale telle que nous la connaissons a eu pendant vingt ans un niveau de sécurité inférieur à celui des dirigeables, mais c'était toléré car il s'agissait de ses tout débuts.

3 Les paradoxes de la tolérance au risque

Quittons ces considérations pour parler d'opinion, puisque c'est elle qui en fin de compte détermine le degré de tolérance des installations, donc de sécurité. Et cette situation n'est pas sans entraîner l'apparition de paradoxes qui dominent le panorama de la sécurisation des systèmes déjà sûrs.

3.1. Premier paradoxe

La compréhension, la gestion et le coût des risques changent avec la sécurisation progressive des systèmes (**Figure 7**). À un niveau faible, par exemple à un niveau de risque de 10^{-2}, la cause du risque peut être comprise sans difficulté. Pour un système chimique par

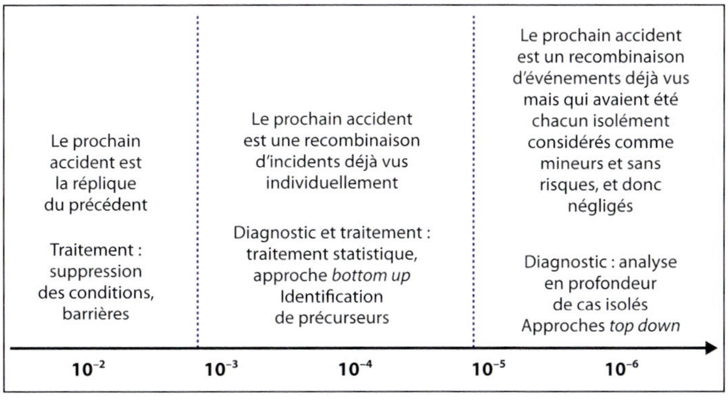

Figure 7

Premier paradoxe : les modèles de risques changent avec la sécurisation progressive des systèmes.

exemple, on pourrait la trouver dans un manuel pour débutants. Au niveau de 10^{-6}, on a affaire à des causes multiples telles que rencontrées dans les interventions précédentes et qui peuvent mettre en cause le fonctionnement des équipements et des équipes. Les modèles d'analyse de sécurité sont totalement différents et ne sont pas certains d'aboutir au même niveau d'explication que celui qu'on avait à 10^{-2}. D'où ce premier problème pour les analystes des risques : il faut changer de modèle à mesure qu'on sécurise le système. Les succès du passé ne permettent pas de progresser très loin dans le futur.

Une façon de formuler ce paradoxe est de dire que la sécurisation va toujours avec un échange de risques. En sécurisant un système, on supprime un risque fréquent et connu mais on ouvre la possibilité d'apparition de risques rares et inconnus ; l'incident restant est bien plus rare mais aussi bien plus grave, puisqu'il ne sera pas aussi compris que les accidents d'avant, auxquels on savait remédier en introduisant des mesures adéquates. Pour pallier à cette difficulté, la tendance sera d'accentuer les analyses du fonctionnement de l'installation (équipements et procédures) par des experts extérieurs et par des méthodes sophistiquées très différentes de l'exploitation concrète (voir l'***Encart : « Efficacité, probabilités et événements rares »***).

L'amélioration de la sécurité par le fait des modifications successives introduites dans le système entraîne toujours une perte d'autonomie des acteurs. En sécurisant un système, on enlève nécessairement de la marge aux acteurs ; par exemple, un objectif de sécurisation des personnels amènera à mettre des caméras de surveillance et des

EFFICACITÉ, PROBABILITÉS ET ÉVÉNEMENTS RARES

Chaque année nous avons 37 ou 38 millions de décollages, et nous avons 27, 28 ou 29 accidents, ce qui représente moins de 1 000 morts dans l'année au niveau mondial.

Si l'année prochaine, nous avons 24 accidents (« seulement »), le directeur mondial de l'aéronautique (qui n'existe pas…) dit « *c'est super, je n'ai eu que 24 accidents* », il va probablement demander à passer à la télévision, parce que naturellement c'est humain. Il va pouvoir déclarer que ce bon résultat est dû à telle mesure qu'il a décidée cette année.

Et s'il a un conseiller qui est un peu statisticien, il lui dira dans l'oreille « *Monsieur le Directeur, avec cette variation pour l'année, vous devriez attendre 18 ans, pour qu'en se répétant chaque année, vous puissiez attribuer cette variation à la décision que vous avez prise cette année* ». Bien sûr personne n'écoutera : on ira à la télévision, on dira qu'on a gagné beaucoup, et on accumulera d'une année sur l'autre les « solutions » sans avoir aucune preuve de leur efficacité. Car plus les événements sont rares plus les calculs sur leur probabilité d'occurrence exigent de reposer que sur un grand nombre d'observations.

C'est cette **perte du modèle d'efficacité** qui met en grande difficulté tout le processus d'analyse des risques dans les installations sûres.

comptages partout au détriment de l'autonomie des gens.

Par ailleurs, la sécurité de l'installation ayant fait l'objet d'améliorations, on fait davantage confiance aux solutions techniques mises en place et on en conclut à un moindre besoin d'experts purement techniques sur les équipements. On s'éloigne de la résilience – qui consiste à corriger une difficulté en s'adaptant localement –, et on se penche de plus en plus finement sur les procédures qui dictent ou interdisent un certain nombre de comportements et mettent l'accent sur l'organisation.

La technologie de l'imagerie médicale pourrait ainsi rapidement impacter les fonctionnements des services d'urgences hospitalière. Supposons qu'à l'accueil, on place un appareil assez sophistiqué, hémi-scanner ou autre, imposé à toute entrée. Le risque est de faire confiance aveuglément à ses résultats et à mettre ensuite en doute l'utilité des médecins dans leur fonction actuelle. Le développement d'analyses chimiques très performantes aura inéluctablement le même résultat. L'échange de risque est prévisible : le résultat statistique global sera meilleur (on aura moins de diagnostics ratés), et c'est sans doute ce qui poussera à adopter ce type de solution, mais les cas rares où l'expertise humaine des médecins serait nécessaire seront systématiquement moins bien traités (perte d'expertise des professionnels lié à une pratique moins régulière et une confiance réduite).

Ces évolutions, dues à la recherche d'une sécurisation toujours meilleure, ont des conséquences profondes sur l'exploitation des grands systèmes, qui logiquement conduisent à leur abandon au profit de technologies nouvelles alors en « première phase » de vie (voir l'***Encart : « Le paradigme de la dernière victime »***).

LE PARADIGME DE LA DERNIÈRE VICTIME

Le bilan financier de la sécurité est toujours neutre ou négatif. Vous ne gagnez jamais d'argent avec la sécurisation à cause du paradigme de la dernière victime : votre dernier accident vous coûte toujours plus cher que tous les accidents que vous avez eus auparavant.

C'est logique : quand il y a beaucoup d'accidents, les primes d'indemnisation que vous allez dépenser pour chaque accident vont rester (relativement) faibles puisque les accidents sont si fréquents qu'ils sont d'une certaine façon considérés comme « routiniers du système ». Quand la sécurité a été tellement améliorée qu'il n'y a pratiquement plus d'accident, et qu'il en survient un, il est forcément considéré comme une erreur, une « faute » du système et forcément insupportable pour les victimes.

La justice va souvent imposer dans ce cas une indemnité sans comparaison à ce qui avait été accordé précédemment. Ce paradoxe absolument infernal fait que vous ne pouvez pas gagner en termes de compensation par une stratégie de sécurisation.

Ces différentes contraintes expliquent l'échappement final vers un autre cycle technologique.

3.2. Second paradoxe

En optimisant la sécurité, on produit à coup sûr l'intolérance au risque de la part de la population. C'est un paradoxe puisque c'est évidemment l'inverse que vous voudriez faire : en sécurisant le système par toutes les solutions possibles, on voudrait espérer que les usagers accepteront mieux le risque ; hélas, la perception des progrès par le public conduit à la conséquence inverse. Il n'y a pas de seuil haut de la sécurité. Vous pouvez toujours faire mieux, du moment qu'il reste un accident, un incident ou une erreur, et ce dernier accident est toujours plus intolérable que les précédents.

La course à l'optimisation de sécurité finale d'un système provoque à la fois une baisse de l'innovation et une perte de la résilience (adaptation déclenchée par les difficultés). Du fait de l'importance que revêt l'opinion, on privilégie les solutions bien ancrées, bien éprouvées et on réduit l'innovation. Finalement, il va falloir « échapper » à cette situation qui se bloque parce que l'intolérance de la population ne peut que grandir. Accepter la bascule vers une autre technologie devient la seule solution d'échappement au cercle vicieux de l'optimisation de sécurité, en retombant dans un nouveau cycle de vie des systèmes et en profitant de sa moindre exposition juridique. Pour le dire autrement, c'est quand le système est dans l'état le plus sécurisé de son cycle qu'il est aussi tout près de sa mort et de son remplacement par un nouveau système.

La prise en compte de l'opinion fait donc apparaître un besoin impossible de risque zéro, un infini souci de santé et de sécurité, une mise à distance de la maladie et de la mort qui caractérisent les systèmes qui ont cette prétention à l'ultrasécurité, et, pour l'opinion, toute atteinte prématurée ou toute menace d'atteinte provoque l'indignation sociale.

L'évolution de la sécurité qui a été mise en œuvre par le responsable du système sous la pression de l'opinion publique a, en fait, échangé une fréquence d'accident contre un degré de gravité (***Figure 8***) ; après les « améliorations », on n'aura plus que très peu d'accidents, mais ils constitueront des surprises très graves puisque survenues dans un modèle amélioré, très procéduralisé et donc conçu comme parfaitement sûr. Éventuellement, ils pourront être ressentis comme le « big one » et entraîner le basculement de la technique dans le cycle suivant. Cette situation de déstabilisation d'une situation considérée comme ultra-sûre fait humoristiquement l'objet de l'énoncé du « paradigme de la dinde inductiviste » (***Encart : « La dinde inductiviste de Bertrand Russell »***).

La question de base pour les responsables de systèmes, lorsqu'ils mettent en place des améliorations de sécurité, est de savoir s'ils sont en train de sécuriser un système dans sa première phase ou d'amener un système dans une nouvelle phase déjà mûre et qui va conduire progressivement à sa mise à l'écart et à son

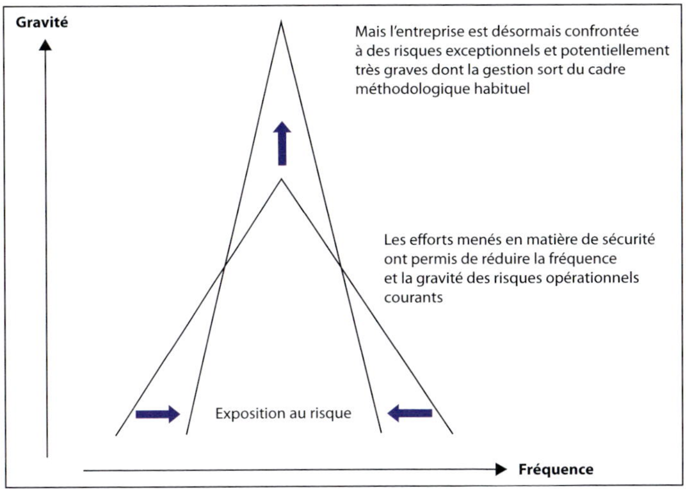

Figure 8

Illustration de l'échange fréquence/gravité.

Source : d'après Patrick Gourgeon, ESCP Europe, 2013.

LA DINDE INDUCTIVISTE DE BERTRAND RUSSELL

Dès le matin de son arrivée dans la ferme pour dindes, une dinde s'aperçut qu'on la nourrissait à 9h00 du matin avec environ 350 grains par jour. Toutefois, en bonne inductiviste, elle ne s'empressa pas d'en conclure quoi que ce soit. Elle attendit donc d'avoir observé de nombreuses fois qu'elle était nourrie à 9h00 du matin, et elle recueillit ces observations dans des circonstances fort différentes, les mercredis et jeudis, les jours chauds et les jours froids, les jours de pluie et les jours sans pluie. Chaque jour, elle ajoutait un nouvel énoncé d'observation à sa liste.

Elle recourut donc à un raisonnement inductif pour conclure : « *je suis toujours nourrie à 9h00 du matin* ». Or, cette conclusion se révéla fausse quand, un jour de noël, à la même heure, on lui tordit le cou.

Leçon de l'histoire : le raisonnement inductif se caractérise donc par le fait que toutes les prémisses peuvent être vraies et pourtant mener à une conclusion fausse. Si à tel moment la dinde a constaté qu'elle a été nourrie, il se peut toujours que le moment d'après, elle ne le soit pas. L'induction est un raisonnement non fondé logiquement (***Figure 9***).

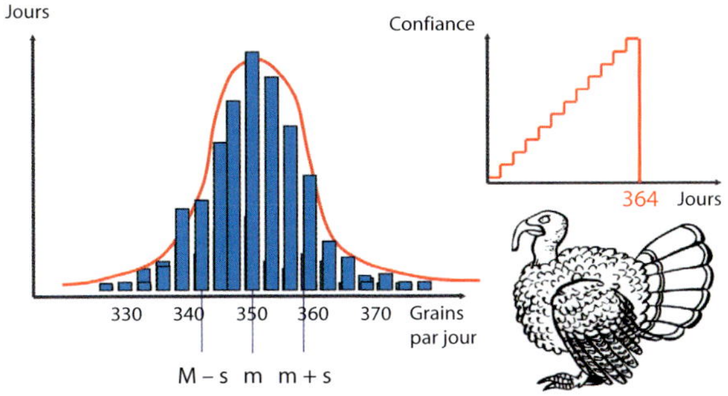

Figure 9

La dinde inductiviste : illustration du concept.

Figure 10

Évolution de l'opinion sur sa confiance envers la science (baromètre IRSN). Un scepticisme scientifique croissant. « Diriez vous aujourd'hui que vous faites plus confiance ou moins confiance à la science qu'il y a une dizaine d'années ? ».

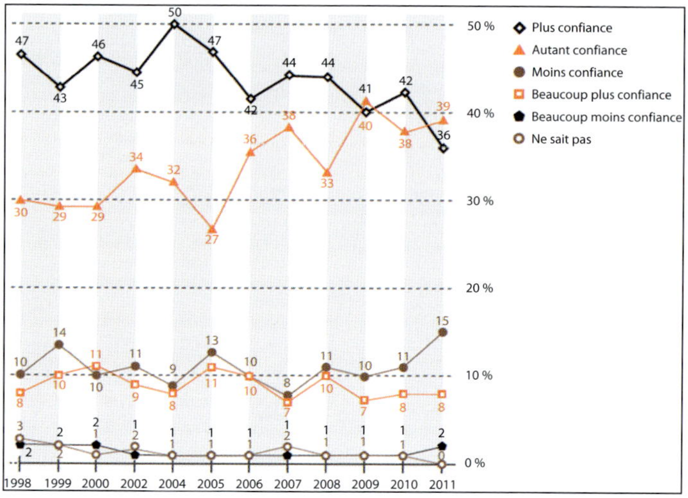

remplacement par une technologie nouvelle qui pourra durer quatre-vingt ou quatre-vingt-dix années. Cette question de stratégie se pose bien sûr pour les technologies de la chimie comme pour les autres, et détermine l'évolution de l'industrie chimique.

3.3. Troisième paradoxe

Le troisième paradoxe est qu'un système en troisième phase du cycle d'évolution – qu'on appelle aussi la phase d'échappement – est exposé à une crise croissante de la science. Cela est par exemple mis en évidence sur baromètre de l'IRSN[2] relatif aux paramètres de la perception du risque par la population (***Figure 10***), et bien sûr cela détermine la nature des protections mises en place par les opérateurs ou par les pouvoirs publics.

Dans les années 1970, le risque était l'accident du travail sur chantier, et toute la logique de la médecine du travail était de protéger les gens sur leur site. Dans les années 1990, ce n'est plus l'impact immédiat de l'accident qui a eu la priorité mais ses effets éventuels à long terme sur la santé des personnes et même sur l'espérance de vie des citoyens. On a donc complexifié le niveau de protection des travailleurs et de la population. Dans les années 2000, les accidents devenant de plus en plus rares, on s'est inquiété de savoir si le travail considéré, créant des mutations, ne pourrait pas avoir des effets sur les générations futures. Mais sur ces aspects-là, la science est bien en mal de faire des prévisions convaincantes, et la crise de confiance envers la science s'installe. Les agences d'expertise, dont la mission est d'évaluer les risques à la santé et à l'environnement,

2. L'IRSN (Institut de radioprotection et de sureté nucléaire), fondé en 2001, est un établissement public à caractère industriel et commercial. L'IRSN est l'expert public en matière de recherche et d'expertise sur les risques nucléaires et radiologiques.

rencontrent ainsi des difficultés croissantes à prononcer des avis bien acceptés[3].

Des risques aux nouveaux visages

Cette situation de perte de confiance, alors même que la fréquence d'accidents a été amenée à des niveaux très bas, entraîne l'apparition de nouveaux visages de risques. L'opinion publique est maintenant plus sensible au risque réel tel qu'annoncé par un certain nombre de marqueurs scientifiques, mais par une inquiétude diffuse encouragée par **l'invisibilité du risque**, malgré les efforts des agences d'expertise qui cherchent à les mettre en évidence, à **l'universalité de l'exposition au risque**, personne n'étant assuré d'échapper à son **incontrôlabilité**. Ces facteurs construisent un risque différent pour lequel l'appel à une forte implication des pouvoirs publics est exigé.

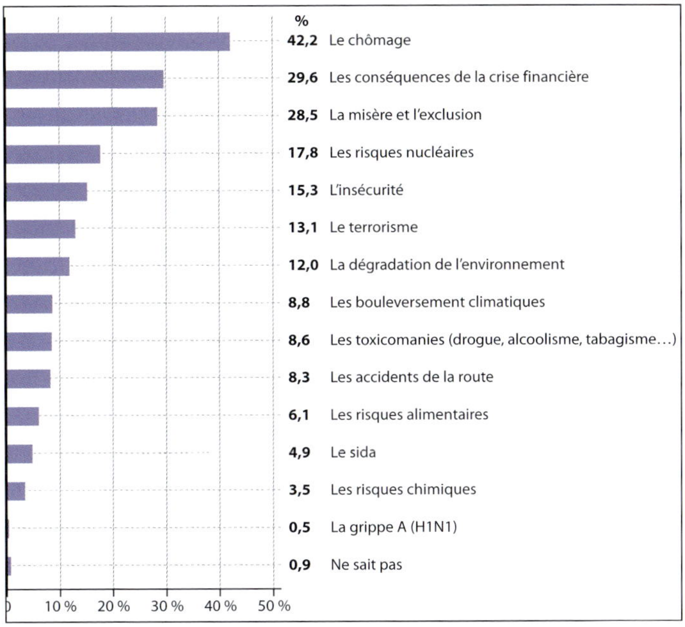

Figure 11

« En France, parmi les problèmes actuels suivants, lequel est pour vous le plus préoccupant ? » *(résultats cumulés premier et second choix).* Source : Baromètre IRSN 2012.

3.4. Quatrième paradoxe

Le quatrième paradoxe est que les craintes des gens varient selon le contexte. Les choses se passent comme s'il y avait une « dose » maximum de risque que l'on puisse ressentir et qu'on échange l'angoisse d'un risque à un autre en fonction du contexte immédiat (***Figures 11*** et ***12***).

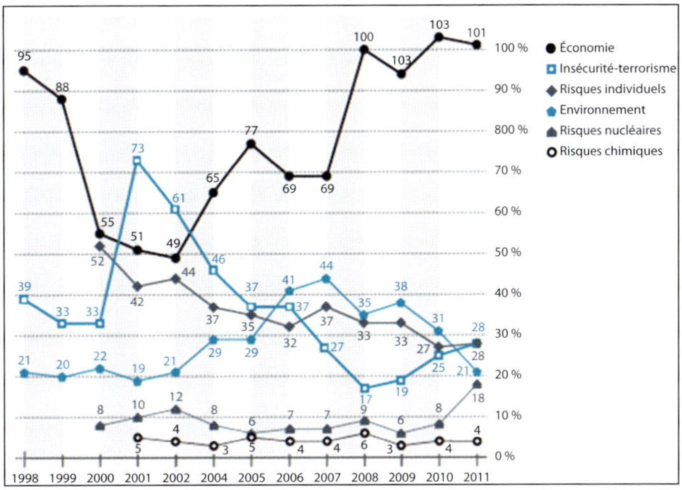

Figure 12

Analyse de la perception des risques en France entre 1998 et 2011. Échanges de la « dose risque » dans les préoccupations de l'opinion.
« En France, parmi les problèmes actuels suivants, lequel est pour vous le plus préoccupant ? »

3. Le règlement européen REACH (enRegistrement, Évaluation, Autorisation et restrictions des substances Chimiques), entré en vigueur le 1er juin 2007, a bien illustré ces difficultés. REACH rationalise et améliore l'ancien cadre règlementaire de l'Union européenne sur les produits chimiques.

Au cours des années 1990, le risque « prioritaire » était l'accident environnemental, mais à partir de 2001, le risque sociétal de menace sur le terrorisme puis sur le chômage et sur la vie immédiate en matière de modèle de société s'est fortement accru ; cela a progressivement fait descendre l'angoisse sur les risques d'environnement. Ce qui offre une dangereuse possibilité de pilotage de l'opinion : en ajoutant une nouvelle source de risque, on peut faire baisser l'acuité des craintes sur d'autres risques.

Une pyramide des menaces

Dans cette hiérarchisation des risques ressentis, certains facteurs psychologiques peuvent être reconnus[4]. Ainsi une menace immédiate perçue par l'opinion fait reculer les autres inquiétudes. Si les gens n'ont plus d'inquiétude sur les menaces immédiates, ils vont monter en priorité la menace sur l'avenir personnel, et si cette menace n'est pas également trop forte, ils vont s'investir sur la menace sur les tiers absents puis sur les générations futures. Mais si alors une menace immédiate crédible – terrorisme, guerre ou problème de chômage aigu qui menace leur statut – est réinjectée, toutes les autres menaces vont disparaitre très vite et par exemple être beaucoup plus neutres sur le risque industriel. Cette observation a un côté inquiétant puisqu'elle pourrait servir à piloter l'opinion publique.

4. Cela a été modélisé par Abraham Maslow sous forme d'une pyramide des priorités.

3.5. Cinquième paradoxe

Le cinquième paradoxe est que les effets calculés directs de l'accident sont toujours très inférieurs aux effets collatéraux. L'important pour l'opinion, comme d'ailleurs pour l'économie du système, ce n'est pas tant l'accident en lui-même que ses conséquences. Le terrorisme illustre bien ce point : un attentat cause certes des morts, mais il est surtout préjudiciable par ses conséquences sur la vie politique ou la vie sociale, qui peuvent être tout à fait considérables.

Le milieu de l'assurance a beaucoup cherché à modéliser les effets collatéraux des accidents, mais sans réellement y parvenir. Pour l'aviation par exemple, il faut passer de la sécurisation des appareils pour éviter des accidents à l'évaluation de toutes les conséquences économiques que peut avoir un accident. L'exemple des Twin Towers a fait reculer les modèles de façon très importante, puisqu'on voit bien que l'évaluation des préjudices économiques d'un attentat comme celui du 11 septembre 2001 est inabordable dans un système assuranciel – on ne peut pas gérer ce préjudice et on introduit une clause de retrait assuranciel.

Exemple de BP : le « coût de l'image » (opinion publique)

Le préjudice subit par la compagnie pétrolière BP du fait de la catastrophe de pollution en mer du Mexique donne un autre exemple de cette situation. Le cours de l'action s'est effondré très rapidement (***Figure 13***). Le coût des frais financiers engagés pour réparer les dommages correspond à la moitié de la perte de valeur des actions réelles de BP. L'autre moitié correspond au coût du dommage fait à l'image – un dommage collatéral. Il serait important de savoir évaluer de tels coûts car l'évaluation des seuls aspects techniques est bien loin d'être suffisante ; c'est aujourd'hui un sujet de recherche.

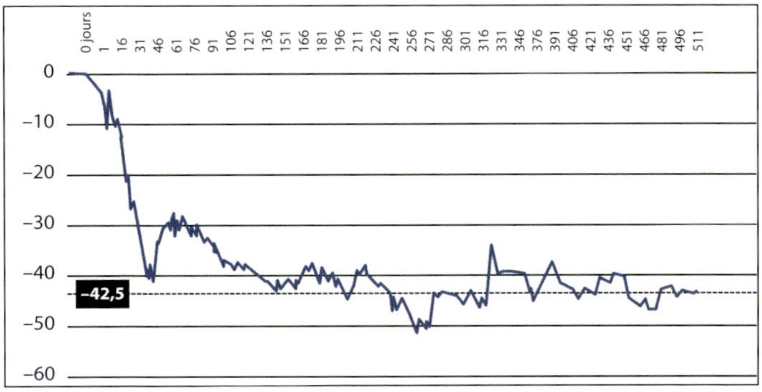

Figure 13

Évolution de l'action BP suite à la catastrophe en mer du Mexique.
Source : Patrick Gourgeon ESCP Europe 2013.

La seule considération de la technique ne répond pas aux demandes sécuritaires de la société

La seule considération de la technique ne répond pas aux demandes sécuritaires de la société (voir l'***Encart : « La technique peut elle réduire le risque ? »***). L'opinion publique est la clé de la compréhension de l'importance des installations humaines sur l'évolution de

> LA TECHNIQUE PEUT-ELLE RÉDUIRE LE RISQUE?
>
> OUI
> - Comprendre plus
> - Réduire le risque objectif
>
> Mais NON
> - Transfert de risque
> - Exigences croissantes, référentiels changeants
> - Préjudices économiques et sociétaux divers associés à la sécurisation technique, effets de bord
> - La société produit le risque, ses valeurs, ses inégalités (industrie, société civile) : la technique n'est pas un outil magique de gestion de ce risque

la société induite par le développement de la technologie. Même si elle n'est qu'extension de l'opinion personnelle, elle doit être modélisée pour pouvoir être maîtrisée.

On peut ainsi se demander comment l'introduction massive de la chimie modifierait (ou modifiera) la situation, et cela aussi peut se modéliser : on peut prédire quand elle causera une rupture dans l'opinion publique, le passage d'un stade au suivant de la technologie en cause – soit le passage à une phase de stabilité et d'acceptation, soit une phase de rupture vers une nouvelle technologie.

D'une certaine manière, l'introduction de la chimie telle que décrite dans les émissions policières de la télévision traduit ces possibilités : est-ce que demain, l'enquête sera différente, plus performante si bien que l'on n'acceptera plus les méthodes d'aujourd'hui, et est-ce que, dans ce nouveau cycle, on saura stabiliser les techniques de reconstitution des faits ?

Derrière toutes ces questions, c'est du comportement humain qu'il sera question, qu'il faudra prévoir grâce à l'établissement de modèles basés sur les observations de la réalité des réactions sociales de l'opinion.

Impression & brochage sepec - France
Numéro d'impression : 04545141006
Dépôt légal : novembre 2014

IMPRIM'VERT®

PEFC 10-31-1470 / Certifié PEFC / Ce produit est issu de forêts gérées durablement et de sources contrôlées. / pefc-france.org